振动及其控制

陈怀海　贺旭东　编著

国防工業出版社

·北京·

内 容 简 介

本书共分10章。前3章讲述线性振动基本理论，第4章讲述随机振动理论，第5、6章讲述用有限元计算振动问题，第7~9章主要讲述振动主动控制有关方法，第10章简述了系统识别与模型缩减方法。本书行文简洁，内容结合学科的新发展，其主要特色是算例结合Matlab编程，实用性强，有利于相关专业学生由知识学习型向课题研究型的转变。

本书可作为工程力学、飞行器设计、机械设计等专业研究生的教材，也可作为相关专业本科生的选修教材或作为其他工程技术人员参考用书。

图书在版编目(CIP)数据

振动及其控制/陈怀海，贺旭东编著．—北京：国防工业出版社，2015.2

ISBN 978-7-118-09885-3

Ⅰ.①振… Ⅱ.①陈… ②贺… Ⅲ.①振动控制-研究 Ⅳ.①TB53

中国版本图书馆CIP数据核字(2015)第038668号

※

国防工业出版社出版发行

（北京市海淀区紫竹院南路23号 邮政编码100048）

北京奥鑫印刷厂印刷

新华书店经售

*

开本 787×1092 1/16 **印张** 10 **字数** 260千字

2015年2月第1版第1次印刷 **印数** 1—3000册 **定价** 26.00元

国防书店：(010)88540777 发行邮购：(010)88540776

发行传真：(010)88540755 发行业务：(010)88540717

前　言

振动现象广泛存在于航空、航天、机械制造、汽车、电子产品和土木工程等领域。振动对产品的品质和性能具有重要的影响。例如，产品在运输过程中可能遭遇“异常振动”而受损；高速飞行的飞行器产生的振动，可能会造成部件疲劳损坏甚至飞行器解体；车辆在行进过程中的振动会造成乘员的疲劳和不适；机床在加工零件时的振动会影响加工精度或损坏刀头；地震时地面的不规则运动可能会造成建筑物裂缝、倾斜甚至倒塌。工程实际中，振动问题能否很好地解决往往成为制约产品质量和可靠性的关键。

要解决工程中的振动问题一般先从振动系统建模开始。振动系统的模型可以通过理论分析建模、有限元法建模、试验建模等来建立。有了模型后就可以进行计算分析，找到系统振动的特性，进而优化改进设计，最后再通过实际产品的试验来验证其有关性能。因此，掌握振动的基本理论、分析计算方法和信号分析要点是处理振动问题的基础。

归根结底，振动问题的解决是要实现对产品振动性能的控制。振动控制可分为被动控制和主动控制。被动控制是通过事先改变振动系统的结构或所受载荷特性达到控制目的；主动控制则是通过额外附加的控制力对结构的振动进行控制。被动控制的基础源自振动理论，主动控制的基础源自控制论。本书主要简介振动主动控制方法。

全书共分 10 章。前 3 章简要讲述线性振动基本理论，第 4 章讲述随机振动理论和谱分析方法，第 5 和第 6 章讲述用有限元计算振动问题，第 7~9 章简介振动主动控制有关方法，第 10 章简述了系统识别与模型缩减方法。

本书由陈怀海教授和贺旭东副教授负责编写，博士生张步云参与了统稿工作。书中主要内容在南京航空航天大学相关专业的研究生课程中进行过讲述。由于编者水平有限，书中错误在所难免，欢迎读者批评指正。

编　者

2014 年 9 月

目　　录

第1章 单自由度系统振动

1.1 单自由度系统振动方程

振动是结构物围绕某一位置的往复运动。描述系统运动所需的独立空间坐标数是系统的**运动空间维数**。例如，系统仅沿空间 x 坐标运动时，则为一维空间运动。单自由度振动系统是对实际振动结构的一种高度抽象和简化。结构发生振动的必要条件是具有质量和弹性，实际结构对振动能量总有一定的耗散能力，即阻尼作用。因此，一个振动系统通常有质量、刚度、阻尼 3 个振动特性参数。单自由度振动系统可用图 1-1(a)表示，图中 m、k、c 分别为**质量系数、刚度系数、阻尼系数**，在米制体系下，它们的单位分别为 kg、N/m、N/(m/s)；x 为空间坐标，$u(t)$ 为运动坐标，表示质量沿空间 x 坐标方向的位移，此处以质量静平衡处作为 $u(t)$ 的零点位置。易知，对于这样的运动系统，仅需要一个运动坐标 $u(t)$ 就可描述系统在任何时刻的运动状态，故称之为**单自由度系统**。**自由度**就是指能够完整描述系统运动状态所需的独立运动坐标的个数。单自由度系统的振动一定是一维空间运动。

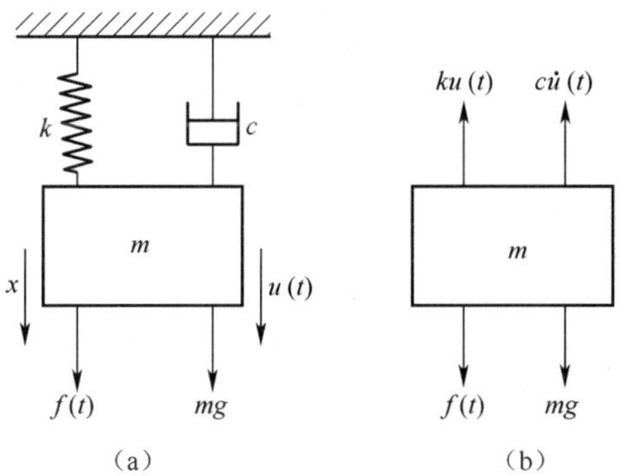

图 1-1 单自由度振动系统

参考受力分析图 1-1(b)，根据牛顿第二定律可得

$$\begin{cases} m\ddot{u}(t) + c\dot{u}(t) + k(u(t) + \delta_{st}) = f(t) + mg \\ u(0) = u_0,\ \dot{u}(0) = \dot{u}_0 \end{cases} \tag{1-1}$$

式中：δ_{st} 为在质量块重力作用下弹簧的静态变形。由于

$$k\delta_{st} = mg \tag{1-2}$$

所以有

$$\begin{cases} m\ddot{u}(t) + c\dot{u}(t) + ku(t) = f(t) \\ u(0) = u_0,\ \ddot{u}(0) = \dot{u}_0 \end{cases} \tag{1-3}$$

由式(1－3)可知，将静平衡处作为 $u(t)$ 的零点时，振动方程中将不包含质量重力的影响，公式中的 $m\ddot{u}$、$c\dot{u}$、ku、f 分别表示惯性力、阻尼力、弹性力、外力；$u(0)$ 和 $\dot{u}(0)$ 分别表示初始时刻的位移和速度，将其分别简写为 u_0 和 $\dot{u}_0$，$u(0)$ 和 $\dot{u}(0)$ 又称为**初始条件**。研究振动问题的主要目的就是求解式(1－3)，得到在任意给定时刻的位移解 $u(t)$。

1.2 单自由度系统对初始条件激励的响应

式(1－3)为线性非齐次二阶常微分方程，根据常微分方程理论，它的解由其齐次方程的通解和非齐次方程任意一个特解通过线性组合构成。首先研究齐次方程的通解。式(1－3)对应的齐次方程为

$$\begin{cases} m\ddot{u}(t) + c\dot{u}(t) + ku(t) = 0 \\ u(0) = u_0,\ \dot{u}(0) = \dot{u}_0 \end{cases} \tag{1-4}$$

这种情况下结构上没有外力作用，称这样的振动状态为**自由振动**。自由振动是由初始条件引起的，此时结构上虽无外力作用，但其内部仍有惯性力、阻尼力和弹性力。

为求解方程式(1－4)，先对其进行标准化处理，即将方程两边同除以 m，得

$$\begin{cases} \ddot{u}(t) + \dfrac{c}{m}\dot{u}(t) + \dfrac{k}{m}u(t) = 0 \\ u(0) = u_0,\ \dot{u}(0) = \dot{u}_0 \end{cases} \tag{1-5}$$

令

$$\begin{cases} \dfrac{k}{m} = \omega_n^2 \\ \dfrac{c}{m} = 2\zeta\omega_n \end{cases} \tag{1-6}$$

式中：ω_n 为系统**无阻尼固有圆频率**(rad/s)，简称固有频率；ζ 为**阻尼比**。

根据式(1－6)，阻尼比又可表示为

$$\zeta = \frac{c}{2\sqrt{km}} \tag{1-7}$$

式中：$2\sqrt{km}$ 为系统的**临界阻尼系数**。

将式(1－6)代入式(1－5)中，可得

$$\begin{cases}\ddot{u}(t)+2\zeta\omega_{\mathrm{n}}\dot{u}(t)+\omega_{\mathrm{n}}^{2}u(t)=0\\ u(0)=u_0,\ \dot{u}(0)=\dot{u}_0\end{cases}\tag{1-8}$$

采用**试探解** $u(t)=\bar{u}e^{\lambda t}$（其中 $\bar{u}$ 和 λ 为常数，且 $\bar{u}$ 不为零），代入式(1-8)可得

$$\lambda^{2}+2\zeta\omega_{\mathrm{n}}\lambda+\omega_{\mathrm{n}}^{2}=0\tag{1-9}$$

式(1-9)为单自由度振动系统的**特征方程**，λ 称为系统的**特征根**。解之可得

$$\lambda_{1,2}=-\zeta\omega_{\mathrm{n}}\pm\omega_{\mathrm{n}}\sqrt{\zeta^{2}-1}\tag{1-10}$$

可见，随阻尼比 ζ 的取值不同，λ 可能为一对共轭复根（$\zeta<1$，**欠阻尼**）、两个相异负实根（$\zeta>1$，**过阻尼**）、两个相同负实根（$\zeta=1$，**临界阻尼**）。λ 在复平面上的情形如图 1-2 所示，在阻尼比由零逐渐增大的过程中，两特征根分别由虚轴开始转向实轴，当 $\zeta=1$ 时，两者相会于实轴，随后一个向实轴负方向运动，另一个向原点靠近。

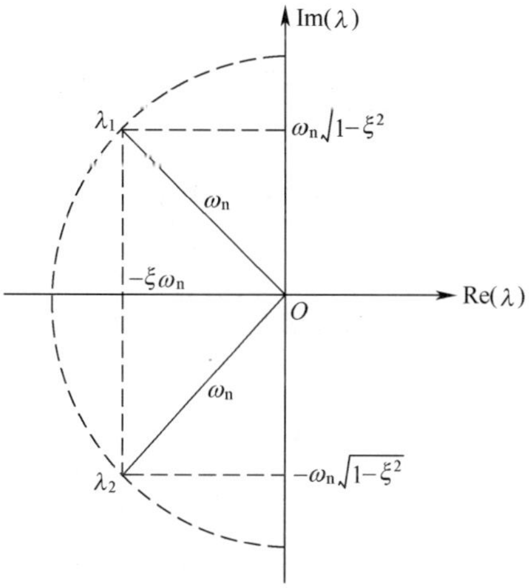

图 1-2　复平面上的特征根

由于系统有两个特征根，可分别构成两个试探解，当 $\zeta\neq1$ 时，系统的实际响应可由这两个试探解线性叠加组成，即

$$u(t)=c_1e^{\lambda_1 t}+c_2e^{\lambda_2 t}\tag{1-11}$$

当 $\zeta=1$，$\lambda_1=\lambda_2=-\omega_{\mathrm{n}}$ 时，系统的实际响应可由两个试探解采用以下方式叠加组成，即

$$u(t)=(c_1+c_2t)e^{-\omega_{\mathrm{n}}t}\tag{1-12}$$

当 $\zeta<1$ 时，将式(1-8)中的初始条件代入式(1-11)并利用欧拉公式 $e^{i\theta}=\cos\theta+i\sin\theta$，可得

$$u(t)=e^{-\zeta\omega_{\mathrm{n}}t}\left(u_0\cos\omega_{\mathrm{d}}t+\frac{\dot{u}_0+\zeta\omega_{\mathrm{n}}u_0}{\omega_{\mathrm{d}}}\sin\omega_{\mathrm{d}}t\right)\tag{1-13}$$

式中：$\omega_{\mathrm{d}}=\omega_{\mathrm{n}}\sqrt{1-\zeta^{2}}$，称为系统的**有阻尼振动频率**。

当 $\zeta>1$ 时，利用式(1-8)中的初始条件可得式(1-11)中的两个常数分别为

$$c_1=\frac{\dot{u}_0+(\zeta+\sqrt{\zeta^{2}-1})\omega_{\mathrm{n}}u_0}{2\omega_{\mathrm{n}}\sqrt{\zeta^{2}-1}},\quad c_2=\frac{-\dot{u}_0-(\zeta-\sqrt{\zeta^{2}-1})\omega_{\mathrm{n}}u_0}{2\omega_{\mathrm{n}}\sqrt{\zeta^{2}-1}}\tag{1-14}$$

当 $\zeta=1$ 时，利用式(1-8)中的初始条件可得式(1-12)中的两个常数分别为

$$c_1 = u_0, c_2 = \dot{u}_0 + \omega_n u_0 \tag{1-15}$$

令 $\omega_n = 1\text{rad/s}, u_0 = 0.01\text{m}, \dot{u}_0 = 0.01\text{m/s}, \zeta = 0.15$、1.5、1，利用上面3式画出系统响应如图1-3所示。由图1-3可见，当阻尼比大于或等于1时，系统不会发生往复振动，因此，以下主要研究系统为欠阻尼情形下的振动问题。

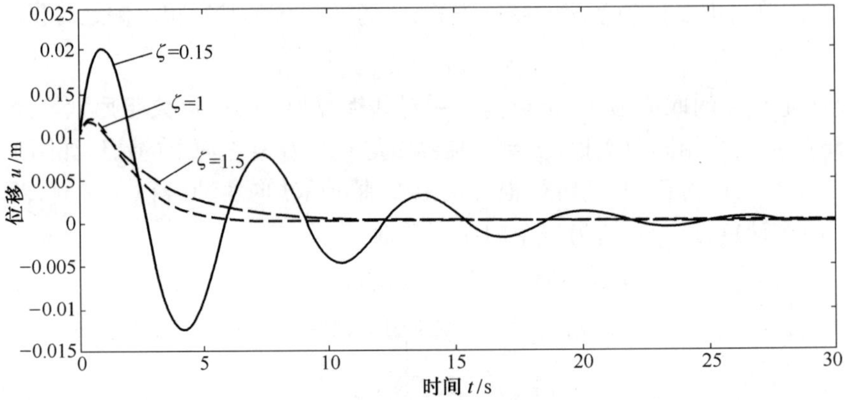

图1-3　单自由度系统对初始条件的响应

1.3　单自由度系统对正弦力激励的响应

在方程式(1-3)中，若外加激励力为正弦力，则该方程可写为

$$\begin{cases} m\ddot{u}(t) + c\dot{u}(t) + ku(t) = f_0\sin\omega t \\ u(0) = u_0,\ \dot{u}(0) = \dot{u}_0 \end{cases} \tag{1-16}$$

式中：f_0 为正弦激励力的幅值；ω 为激励的频率。

式(1-16)是二阶非齐次常微分方程，它的解由对应的齐次方程的通解 $u_h(t)$ 和非齐次方程的任意一个特解 $u_p(t)$ 构成，即 $u(t) = u_h(t) + u_p(t)$ 。由

$$m\ddot{u}_h(t) + c\dot{u}_h(t) + ku_h(t) = 0 \tag{1-17}$$

得到

$$u_h(t) = e^{-\zeta\omega_n t}(a_1\cos\omega_d t + a_2\sin\omega_d t) \tag{1-18}$$

式中：a_1 和 a_2 为待定常数。特解 $u_p(t)$ 满足的方程为

$$m\ddot{u}_p(t) + c\dot{u}_p(t) + ku_p(t) = f_0\sin\omega t \tag{1-19}$$

令 $u_p(t) = A\sin(\omega t + \phi)$ ，ϕ 是位移响应与激励之间的相位差，折算成时间差为 ϕ/ω (s)。将 u_p 代入式(1-19)中可得

$$(k - \omega^2 m)A\sin(\omega t + \phi) + c\omega A\cos(\omega t + \phi) = f_0\sin(\omega t + \phi - \phi) \tag{1-20}$$

将式(1-20)右端展开，并比较 $\sin(\omega t + \phi)$ 和 $\cos(\omega t + \phi)$ 的系数得到

$$\begin{cases} (k - \omega^2 m)A = f_0\cos\phi \\ \omega cA = -f_0\sin\phi \end{cases} \tag{1-21}$$

由式(1-21)可解得

$$\begin{cases} A = \dfrac{f_0}{\sqrt{(k-\omega^2 m)^2 + (\omega c)^2}} \\ \phi = \arctan \dfrac{-\omega c}{k-\omega^2 m} \end{cases} \tag{1-22}$$

由 $u(t) = u_h(t) + u_p(t)$ 并根据初始条件，可得到

$$\begin{cases} a_1 = u_0 - \dfrac{c\omega^2 A^2}{f_0} \\ a_2 = \dfrac{\dot{u}_0 + \zeta\omega_n u_0}{\omega_d} - \dfrac{\omega A^2 (k - \omega^2 m + c\zeta\omega\omega_n)}{\omega_d f_0} \end{cases} \tag{1-23}$$

在方程式(1－16)中，令 $m = 1\text{kg}$, $c = 0.25\text{N}\cdot\text{s/m}$, $k = 1\text{N/m}$, $f_0 = 1\text{N}$, $\omega = 6\text{rad/s}$, $u_0 = 0.01\text{m}$, $\dot{u}_0 = 0.01\text{m/s}$，得到位移响应 $u(t)$ 如图 1－4 所示。从图中可见，系统响应可分为两个阶段，前一阶段(大约 30s 前)受初始条件影响，系统响应不规则，称该阶段为**瞬态阶段**；后一阶段系统响应完全受激励影响，表现为稳定的简谐振动，称该阶段为**稳态阶段**。

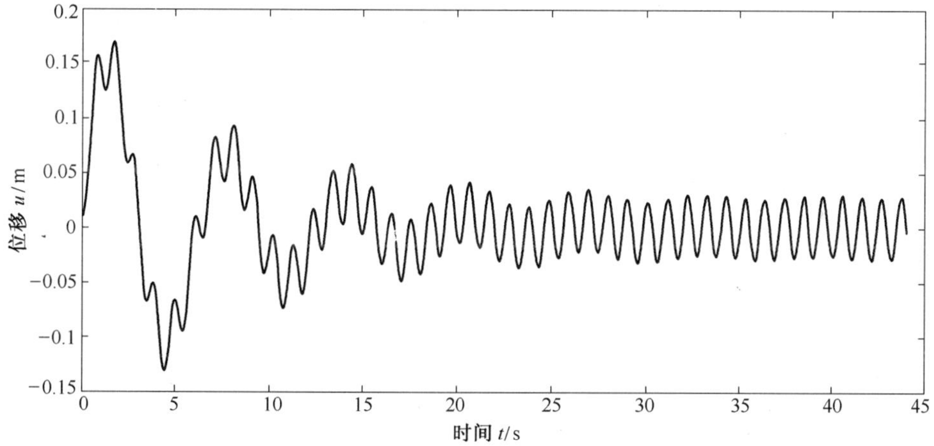

图 1－4　单自由度系统对初始条件和简谐激励响应

需要注意的是，若单自由度系统无阻尼，则系统对初始条件响应部分不会衰减，此时系统振动为固有频率正弦振动与激励频率正弦振动的叠加。若两正弦振动的频率比是有理数，则它们的合成结果一定是周期函数，证明如下。

设两个正弦函数分别为

$$f_1(t) = A_1 \sin(\omega_1 t + \phi_1) \tag{1-24}$$

$$f_2(t) = A_2 \sin(\omega_2 t + \varphi_2) \tag{1-25}$$

若 $\omega_2/\omega_1 = a$ 为有理数，则它们最小正周期的比为

$$\frac{T_1}{T_2} = \frac{2\pi/\omega_1}{2\pi/\omega_2} = \frac{\omega_2}{\omega_1} = a \tag{1-26}$$

由于 a 为有理数，总可以找到一个正整数 m_1，使得 $m_2 = m_1 a$ 为正整数，对式(1－26)两边同乘以 m_1 可得

$$m_1 T_1 = m_1 a T_2 = m_2 T_2 \tag{1-27}$$

取

$$T = m_1 m_2 T_1 = m_2^2 T_2 \tag{1-28}$$

由于 m_1、m_2 为正整数，则 $m_1 m_2$、m_2^2 也必为正整数，因此 T 同时是函数 f_1、f_2 的周期，即

$$\begin{cases} f_1(t+T) = f_1(t) \\ f_2(t+T) = f_2(t) \end{cases} \tag{1-29}$$

因此若

$$f(t) = f_1(t) + f_2(t) \tag{1-30}$$

则必有

$$f(t+T) = f_1(t+T) + f_2(t+T) = f_1(t) + f_2(t) = f(t) \tag{1-31}$$

即 $f(t)$ 一定为周期函数。

1.4 单自由度系统在正弦力激励下的稳态响应

由上节可知，单自由度阻尼系统在正弦力激励下系统位移响应可分为瞬态和稳态两个阶段，瞬态阶段持续时间的长短与系统阻尼比的大小有关。在其他条件不变的情况下，阻尼比越大，瞬态阶段持续时间则越短。系统稳态阶段与工程中旋转机器启动后的稳定运行状态相对应，因此有必要对系统的稳态响应进行更细致的分析。对式(1－22)的右侧分子和分母同时除以质量 m 再整理后可得

$$\begin{cases} A = \dfrac{A_0}{\sqrt{(1-\lambda^2)^2 + (2\zeta\lambda)^2}} \\ \phi = \arctan \dfrac{-2\zeta\lambda}{1-\lambda^2} \end{cases} \tag{1-32}$$

式中：$A_0 = f_0/k$，$\lambda = \omega_n/\omega$。

A_0 可以看作系统受静态力 f_0 作用下的位移。显然有

$$\frac{A}{A_0} = \frac{1}{\sqrt{(1-\lambda^2)^2 + (2\zeta\lambda)^2}} \tag{1-33}$$

式(1－33)是系统动态位移响应幅值与静态位移的比值，称之为**位移放大因子**，该放大因子与频率比 λ 以及阻尼比 ζ 有关。式(1－32)中的 ϕ 是位移响应落后于激励的相位量，它同样是频率比 λ 以及阻尼比 ζ 的函数。给定阻尼比后，可画出 A/A_0 以及 ϕ 与频率比 λ 的关系图，分别称之为**位移幅频曲线**和**位移相频曲线**，如图 1－5 和图 1－6 所示。通过对式(1－33)求导数可得图 1－5 所示峰值对应的频率比为

$$\lambda_d = \sqrt{1-2\zeta^2} \tag{1-34}$$

可见 $\lambda_d < 1$。当 $\lambda = \lambda_d$ 时，系统振幅达到最大，称为**位移共振**，共振峰的高度由阻尼比决定；当 $\lambda > 1$ 时，位移放大因子接近于 1，系统响应振幅主要由刚度决定；当 $\lambda < 1$ 时，位移放大因子接近于 0，系统响应振幅主要由质量决定。由图 1－6 可以看出，当频率比 $\lambda < 1$ 时，阻尼比越小位移响应滞后于激励的相位越小。当 $\lambda = 1$ 时，位移响应滞后于激励的相位与阻尼比无关，恒等于 $\pi/2$。由于 $\tan(\omega t + \phi + \pi) = \tan(\omega t + \phi)$，因此在 $\lambda = 1$ 左右两侧，可认为 ϕ 发生了 180° 突变，位移响应由滞后于激励突变为超前于激励。例如，$\phi = -110° + 180° = 70°$，即当相位落后

110°时，实际上可看成超前70°。另外，由图 1-6 还可以看到，当 $\zeta = 0.707$ 时，在 $\lambda < 1$ 时相位差 ϕ 几乎随 λ 线性变化。

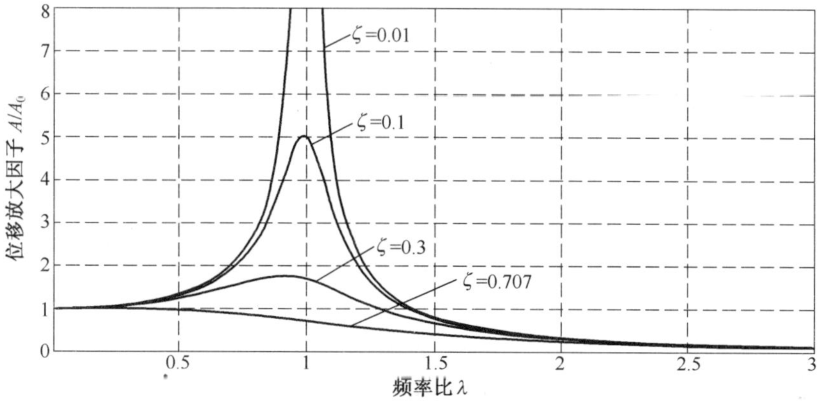

图 1-5　位移幅频曲线

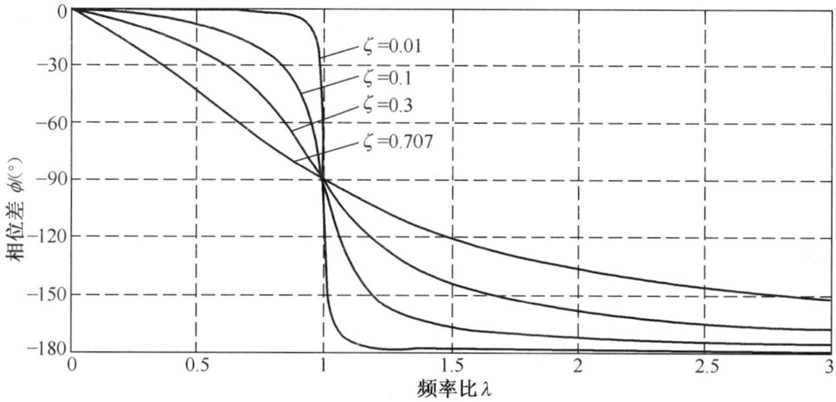

图 1-6　位移相频曲线

如果位移的稳态响应为 $u_p(t) = A\sin(\omega t + \phi)$，则速度和加速度的稳态响应分别为

$$\dot{u}_p(t) = A\omega\sin\left(\omega t + \phi + \frac{\pi}{2}\right) \tag{1-35}$$

$$\ddot{u}_p(t) = A\omega^2\sin(\omega t + \phi + \pi) \tag{1-36}$$

定义 $\lambda A/A_0$ 和 $\lambda^2 A/A_0$ 分别为速度和加速度的放大因子，则可得到它们的幅频曲线分别如图 1-7 和图 1-8 所示。

同样，可以得到**速度共振**和**加速度共振**时对应的频率比分别为

$$\lambda_v = 1 \tag{1-37}$$

$$\lambda_a = \sqrt{1 + 2\zeta^2} \tag{1-38}$$

因此，速度共振时，频率比刚好等于 1；加速度共振时，频率比大于 1。实际中，系统的阻尼比常比较小，λ_d 和 λ_a 的值都很接近于 1，所以通常取 $\lambda = 1$ 作为系统发生共振时的频率比，也即当外界激励的频率等于系统的固有频率时系统发生共振。共振时，位移、速度、加速度的放大因子同为

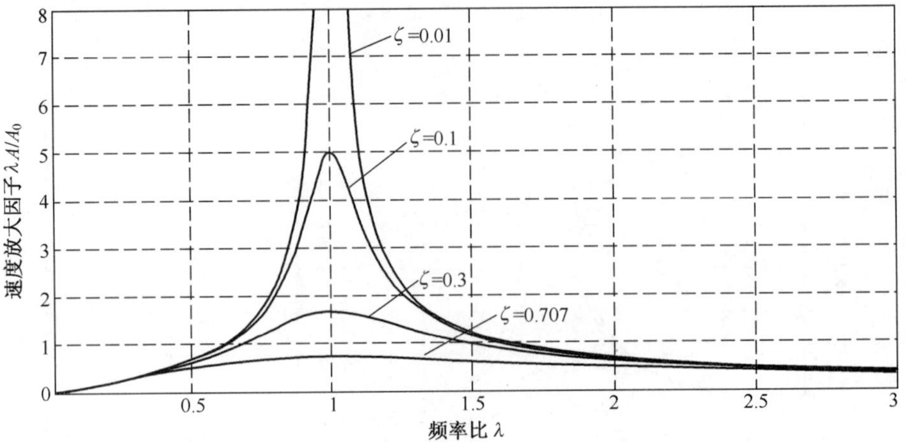

图 1-7　速度幅频曲线

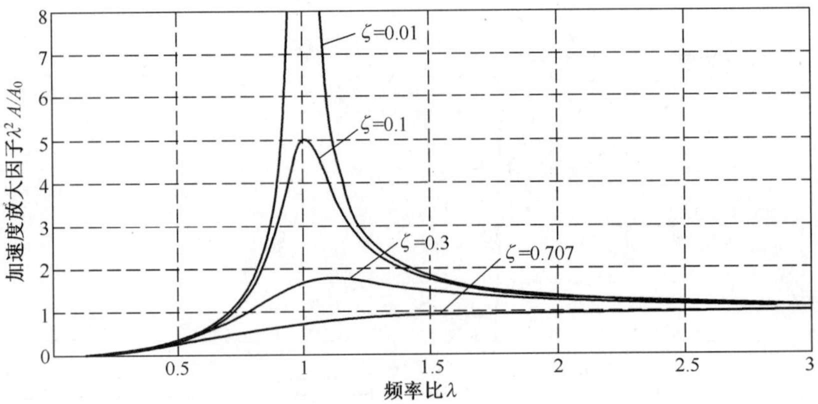

图 1-8　加速度幅频曲线

$$Q=\frac{1}{2\zeta} \tag{1-39}$$

式中：Q 为系统的品质因子，它反映出系统的共振峰的尖锐程度，阻尼比越小，共振峰越尖锐。

1.5　确定阻尼比的半功率带宽法

沿幅频曲线自共振峰分别向左、右下降至共振峰值的 $1/\sqrt{2}$ 倍，即约 0.707 倍时，两个点对应的频率比之间的频带宽度称为系统的半功率带宽 B_{half}，如图 1-9 所示。

令

$$\frac{\lambda}{\sqrt{(1-\lambda^2)^2+(2\zeta\lambda)^2}}=\frac{1}{\sqrt{2}}\frac{1}{2\zeta} \tag{1-40}$$

解之得

$$\begin{cases}\lambda_{\mathrm{A}}=\sqrt{\zeta^2+1}-\zeta\\ \lambda_{\mathrm{B}}=\sqrt{\zeta^2+1}+\zeta\end{cases} \tag{1-41}$$

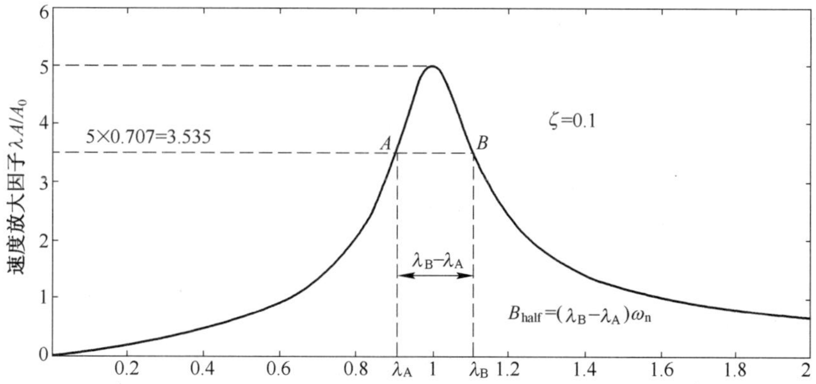

图 1-9　半功率带宽

所以有

$$\zeta=\frac{\lambda_B-\lambda_A}{2}=\frac{1}{2}\frac{(\omega_B-\omega_A)}{\omega_n}=\frac{1}{2}\frac{B_{half}}{\omega_n} \tag{1-42}$$

式中：ω_A 和 ω_B 分别为 A 点和 B 点处对应的激励力频率，可用该公式估计系统的阻尼比。

1.6　基础激励与振动隔离

如图 1-10 所示，单自由度系统受基础激励时，其运动方程为

$$m\ddot{u}+c(\dot{u}-\dot{u}_b)+k(u-u_b)=0 \tag{1-43}$$

令质量块相对基础的位移为

$$u_r(t)=u(t)-u_b(t) \tag{1-44}$$

则式(1-43)可化为

$$m\ddot{u}_r+c\dot{u}_r+ku_r=-m\ddot{u}_b \tag{1-45}$$

式(1-45)就是基础激励下的系统相对运动方程，求得相对位移 u_r 后，可由式(1-44)得到绝对位移 $u=u_r+u_b$。

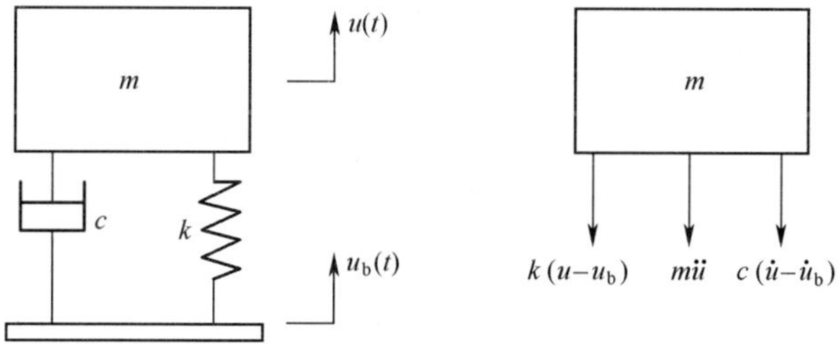

图 1-10　单自由度系统受基础激励

假设基础位移为正弦形式，即

$$u_b(t)=A_b\sin\omega t \tag{1-46}$$

则式(1-45)为

$$m\ddot{u}_r+c\dot{u}_r+ku_r=m\omega^2A_b\sin\omega t \tag{1-47}$$

当仅考虑稳态相对运动时，可令

$$u_r(t) = A_r\sin(\omega t + \phi_r) \tag{1-48}$$

利用式(1－21)和式(1－22)可得

$$\begin{cases} A_r = \dfrac{m\omega^2 A_b}{\sqrt{(k-\omega^2 m)^2 + (c\omega)^2}} \\ \cos\phi_r = \dfrac{(k-\omega^2 m)}{\sqrt{(k-\omega^2 m)^2 + (c\omega)^2}} \end{cases} \tag{1-49}$$

令系统的绝对位移为 $u = A\sin(\omega t + \phi)$，则

$$u = A\sin(\omega t + \phi) = u_r + u_b = A_r\sin(\omega t + \phi_r) + A_b\sin\omega t \tag{1-50}$$

运用三角函数公式可得

$$A = \sqrt{A_r^2 + A_b^2 + 2A_rA_b\cos\phi_r} \tag{1-51}$$

定义绝对位移传递率为

$$T_d = \frac{A}{A_b} \tag{1-52}$$

将式(1－49)和式(1－51)代入式(1－52)可得

$$T_d = \sqrt{1 + \frac{\lambda^2(2-\lambda^2)}{(1-\lambda^2)^2 + (2\zeta\lambda)^2}} = \sqrt{\frac{1 + (2\zeta\lambda)^2}{(1-\lambda^2)^2 + (2\zeta\lambda)^2}} \tag{1-53}$$

由式(1－53)可明显看出，当 $\lambda = \omega/\omega_n = \sqrt{2}$ 时，$T_d \equiv 1$；当 $\lambda < \sqrt{2}$ 时，$T_d > 1$；当 $\lambda > \sqrt{2}$ 时，$T_d < 1$。T_d 与频率比 λ 的关系如图 1－11 所示。因此，若要有效隔离基础激励，系统的固有频率相对基础的激励频率要尽可能低，只有当 $\omega_n < \omega/\sqrt{2}$ 时，隔振才有效果。图 1－10 中的弹簧和阻尼器可看作实际中的隔振器。根据图 1－11，在有效隔振区域，频率比越大，隔振效果越好；但阻尼比越大，隔振效果却越差。因此，在设计隔振器时，在满足静态位移等要求下，弹簧应尽可能软，阻尼比应尽可能小。

减小基础激励对系统的影响的隔振称为隔幅；反之，若系统本身处于振动状态，而基础本身无振动，为减少系统振动对基础影响的隔振则称为隔力。隔力模型如图 1－12 所示。

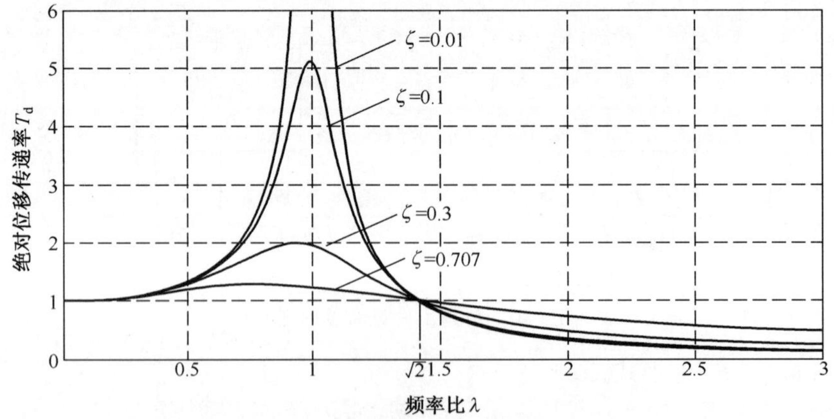

图 1－11　基础激励绝对位移传递率

稳态时，系统传递到基础上的动态力为

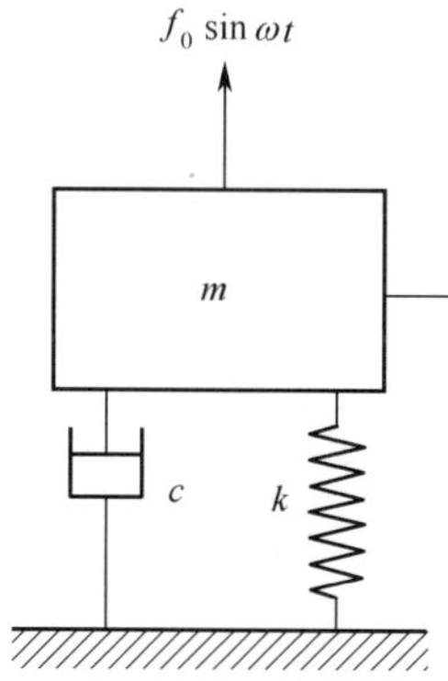

图 1－12　隔力模型

$$f_b(t) = A_b \sin(\omega t + \phi_b) = ku(t) + c\dot{u}(t) \tag{1-54}$$

根据式(1－22)可得

$$f_b(t) = A_b \sin(\omega t + \phi_b) = kA\sin(\omega t + \phi) + c\omega A\cos(\omega t + \phi) \tag{1-55}$$

$$A_b = A\sqrt{k^2 + (c\omega)^2} = f_0\sqrt{1 + \frac{\lambda^2(2 - \lambda^2)}{(1 - \lambda^2)^2 + (2\zeta\lambda)^2}} \tag{1-56}$$

定义力的传递率为

$$T_f = \frac{A_b}{f_0} \tag{1-57}$$

则有

$$T_f = \sqrt{1 + \frac{\lambda^2(2 - \lambda^2)}{(1 - \lambda^2)^2 + (2\zeta\lambda)^2}} = \sqrt{\frac{1 + (2\zeta\lambda)^2}{(1 - \lambda^2)^2 + (2\zeta\lambda)^2}} \tag{1-58}$$

可见,力的传递率 T_f 与绝对位移的传递率 T_d 表达式完全相同,因此其隔离方法也相同,此处不再赘述。

1.7　质量、刚度和阻尼的等效处理

在将实际结构抽象转化为单自由振动系统时,常需要进行质量、刚度和阻尼的等效处理,处理的基本原则是依据**能量等效**方法,以下分别举例予以说明。

如图 1－13 所示,假设弹簧的总质量为 m_k ,质量在任意时刻沿其瞬时长度 l 分布均匀。若将弹簧质量简化等效到系统质量 m 上,可做以下处理。假设弹簧沿长度上各点位移呈线性分布,等效后系统的总质量为 M 。应用动能相等可得

$$\frac{1}{2}M\dot{u}^2 = \frac{1}{2}m\dot{u}^2 + \int_0^l \frac{1}{2}\frac{dx}{l}m_k\left(\frac{x}{l}\dot{u}\right)^2 \tag{1-59}$$

经积分化简后可得

$$\frac{1}{2}M\dot{u}^2 = \frac{1}{2}\left(m + \frac{1}{3}m_k\right)\dot{u}^2 \tag{1-60}$$

所以

$$M = m + \frac{1}{3}m_k \tag{1-61}$$

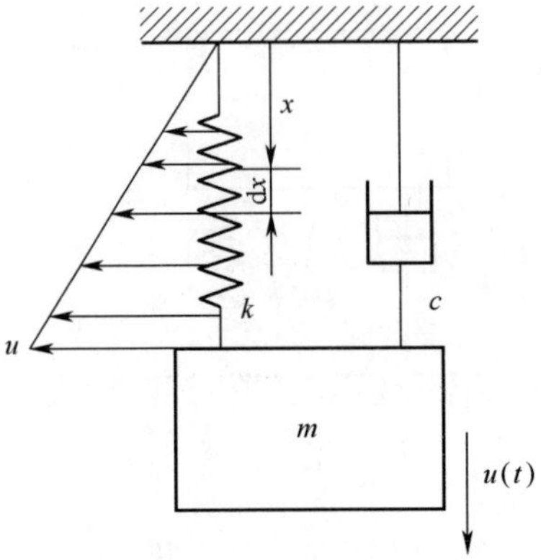

图 1-13　弹簧分布质量等效

图 1-14 给出了弹簧并联和串联的等效示意图。对于并联,运用弹性势能相等等效原则可得

$$\frac{1}{2}ku^2 = \frac{1}{2}k_1u^2 + \frac{1}{2}k_2u^2 \tag{1-62}$$

从而可得

$$k = k_1 + k_2 \tag{1-63}$$

串联时,两弹簧弹性力应相等,由此先得到

$$u_1 = \frac{k_2}{k_1 + k_2}u \tag{1-64}$$

再由势能相等得到

$$\frac{1}{2}ku^2 = \frac{1}{2}k_1u_1^2 + \frac{1}{2}k_2(u - u_1)^2 = \frac{1}{2}\frac{k_1k_2}{k_1 + k_2}u^2 \tag{1-65}$$

所以

$$k = \frac{k_1k_2}{k_1 + k_2} \tag{1-66}$$

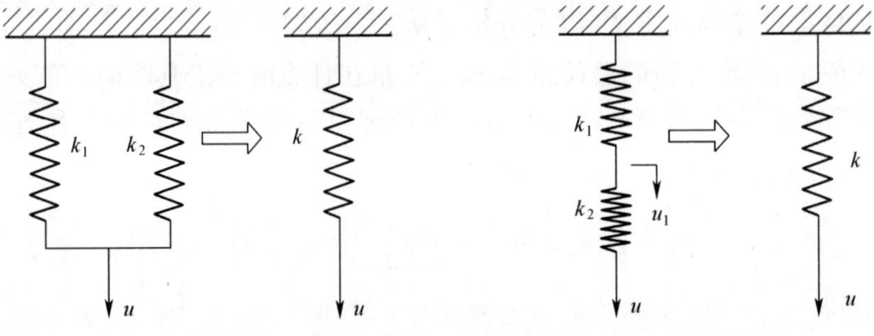

图 1-14　刚度系数等效

振动分析中,常将系统的非黏性阻尼等效为黏性阻尼,其基本方法为:设系统位移为正弦振动 $u=A\sin(\omega t-\phi)$;求出系统的非黏性阻尼在一个振动周期内消耗的能量,并将其等价为黏性阻尼在一个振动周期内消耗的能量,从而得到**等效黏性阻尼**。

黏性阻尼系数为 c 的系统在一个振动周期内阻尼消耗的能量为

$$E_c=\int_0^T c\dot{u}\cdot\dot{u}\mathrm{d}t=\pi c\omega A^2 \tag{1-67}$$

若非黏性阻尼在一个振动周期内消耗的能量为 E,则其等效黏性阻尼系数为

$$c=\frac{E}{\pi\omega A^2} \tag{1-68}$$

1.8　周期力激励下的响应分析

周期力是指每过一定确定的时间后就重复自己的力,如正弦力、方波力、三角波力等都是周期力。设 $f(t)$ 是周期力,其最小正周期为 T,则有

$$f(t)=f(t+T) \tag{1-69}$$

若 $f(t)$ 在一个周期内只有有限个第一类间断点和极值点,则可对其进行傅里叶级数展开,即

$$f(t)=f_0+f_1\sin(\omega_1 t+\phi_1)+f_2\sin(2\omega_1 t+\phi_2)+\cdots \tag{1-70}$$

式中:f_0 为 $f(t)$ 的平均值,它使系统产生静变形;ω_1 为基频。则单自由度系统在周期力作用下的方程为

$$m\ddot{u}+c\dot{u}+ku=f_0+f_1\sin(\omega_1 t+\phi_1)+f_2\sin(2\omega_1 t+\phi_2)+\cdots \tag{1-71}$$

在系统为线性时,可利用**线性叠加原理**求解式(1-71)。线性叠加原理指出,线性系统受若干力同时作用的响应等于各力分别作用下响应之和。因此,在运用 1.3 节方法求得式(1-71)在右端各力单独作用下的响应后再进行叠加,即可得系统在周期力作用下的响应。具体过程不再赘述。需要注意的是,根据周期力的定义,理论上一个周期力在时间 $t\in(-\infty,\infty)$ 上无限延续,既无开始时刻也无结束时刻或称“无头无尾”。因此,工程实际中不存在严格意义上的周期力。

1.9　瞬态力激励下的响应分析

与周期力的“无头无尾”相对照,瞬态力可大致分为以下 3 种类型:“有头无尾”型,如阶跃力;“无头有尾”型,如静载突卸力;“有头有尾”型,如有限时长激励力。具体如图 1-15 所示。

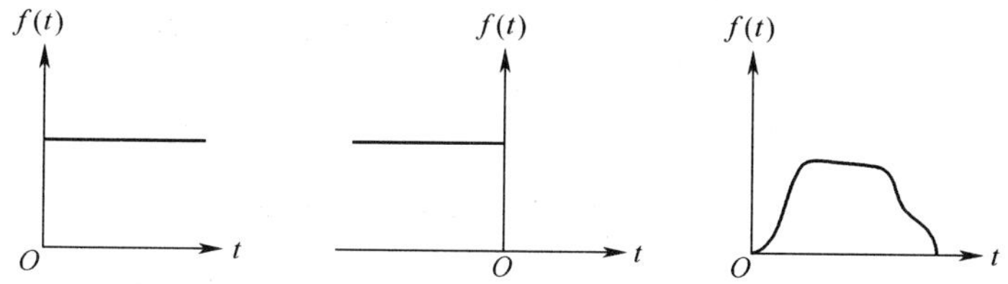

(a) 阶跃　　(b) 静载突卸　　(c) 有限时长激励

图 1-15　瞬态激励力类型

求解瞬态力激励下系统响应的基本思想为：将瞬态力近似为一系列等间隔的小矩形区间力，根据微积分思想，只要间隔足够小，这种近似的精度就足够高；求出每个小矩形区间力作用下系统的响应；运用线性叠加原理得到整个瞬态力作用下的系统响应。如图 1-16 所示，瞬态激励力 $f(t)$ 被等间隔的一系列小矩形区间力所近似，现在先求 $t=\tau$ 处小矩形力激励下系统的响应，此时暂不考虑系统初始条件以及其他小矩形力的影响。$t=\tau$ 处第 i 个小矩形力产生的冲量为

$$I=f(\tau)\Delta t \tag{1-72}$$

式中：$f(\tau)=f(i\Delta t)$ 和 Δt 均为常数，简记为 $f(i\Delta t)=f_i$ 。

当 Δt 无限小时，该冲量施加到系统中的效应是使系统质量瞬间获得了一个速度而位移尚未来得及产生，由于暂不考虑系统初始条件和其他小矩形力的影响，在 $t>\tau$ 时系统的运动方程可写为

$$\begin{cases} m\ddot{u}_i(t)+c\dot{u}_i(t)+ku_i(t)=0 \\ u_{i0}=0,\dot{u}_{i0}=\dfrac{f_i\Delta t}{m} \end{cases} \tag{1-73}$$

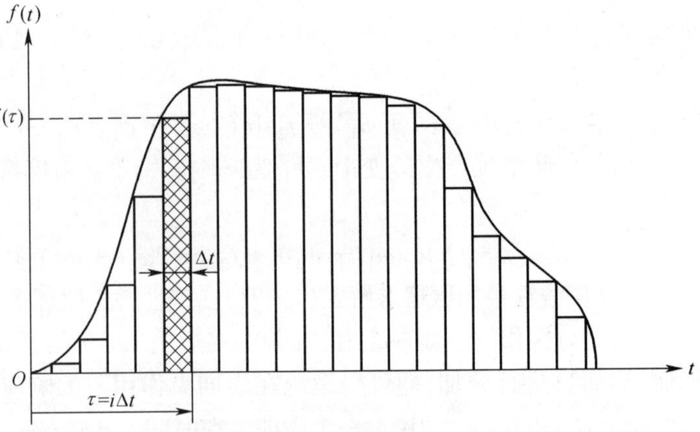

图 1-16　瞬态激励力的近似

解之可得

$$u_i(t)=\frac{f_i\Delta t}{m\omega_d}e^{-\zeta\omega_n t}\sin\omega_d t \quad t\geqslant i\Delta t \tag{1-74}$$

要特别注意，第 i 个小矩形力仅对 $t\geqslant i\Delta t$ 的时段响应有贡献。容易推得第 $(i-1)$ 个小矩形力对响应的贡献为

$$u_{i-1}(t)=\frac{f_{i-1}\Delta t}{m\omega_d}e^{-\zeta\omega_n t}\sin\omega_d t \quad t\geqslant (i-1)\Delta t \tag{1-75}$$

第一个小矩形力对响应的贡献为

$$u_1(t)=\frac{f_1\Delta t}{m\omega_d}e^{-\zeta\omega_n t}\sin\omega_d t \quad t\geqslant \Delta t \tag{1-76}$$

因此，对 $\tau=i\Delta t$ 这一时刻的响应 $u(\tau)$ 有贡献的小矩形力为前 i 个，且

$$u(\tau)=u_1(\tau)+u_2(\tau-\Delta t)+\cdots+u_i(\Delta t) \quad \tau=i\Delta t \tag{1-77}$$

注意：式(1-77)中 u_i 比 u_1 推迟 $(i-1)\Delta t$ 发生，且各 u_i 中的 f_i 为常数，它与 $\tau-(i-1)\Delta t$

无关。将式(1－74)至式(1－76)代入式(1－77),当 Δt 无限趋近于零时得到

$$u(\tau)=\int_0^\tau \frac{f(t)}{m\omega_d}e^{-\zeta\omega_n(\tau-t)}\sin\omega_d(\tau-t)\mathrm{d}t \quad t\leqslant\tau \tag{1-78}$$

实用中,可将式(1－78)的变量 τ 和 t 对换,可得

$$u(t)=\int_0^t \frac{f(\tau)}{m\omega_d}e^{-\zeta\omega_n(t-\tau)}\sin\omega_d(t-\tau)\mathrm{d}\tau \quad \tau\leqslant t \tag{1-79}$$

式(1－79)称为零初始条件下系统在瞬态力作用下响应的**杜哈梅(Duhamel)积分**。由于在 $t=0$ 瞬态力开始施加这一时刻瞬态力并未对系统运动造成影响,因此考虑初始条件时,系统在瞬态力作用下的总响应为系统对初始条件的响应加上杜哈梅积分,即

$$u(t)=e^{-\zeta\omega_n t}\left(u_0\cos\omega_d t+\frac{\dot{u}_0+\zeta\omega_n u_0}{\omega_d}\sin\omega_d t\right)+\int_0^t \frac{f(\tau)}{m\omega_d}e^{-\zeta\omega_n(t-\tau)}\sin\omega_d(t-\tau)\mathrm{d}\tau \quad \tau\leqslant t \tag{1-80}$$

1.10 频响函数与传递函数

系统的**频响函数**定义为系统响应的傅里叶变换与系统激励傅里叶变换的比。函数可进行傅里叶变换的条件是:在任一有限区间上仅有有限个第一类间断点或极值点,并在 $(-\infty,+\infty)$ 上绝对可积(函数绝对值在无限域上积分值有限)。设 $F(\omega)$ 和 $U(\omega)$ 分别是激励力 $f(t)$ 和响应 $u(t)$ 的傅里叶变换(正变换),分别定义以下傅里叶变换对,即

$$\begin{cases} F(\omega)=\int_{-\infty}^{\infty} f(t)e^{-i\omega t}\mathrm{d}t, & \text{正变换} \\ f(t)=\dfrac{1}{2\pi}\int_{-\infty}^{\infty} F(\omega)e^{i\omega t}\mathrm{d}\omega, & \text{逆变换} \end{cases} \tag{1-81}$$

$$\begin{cases} U(\omega)=\int_{-\infty}^{\infty} u(t)e^{-i\omega t}\mathrm{d}t, & \text{正变换} \\ u(t)=\dfrac{1}{2\pi}\int_{-\infty}^{\infty} U(\omega)e^{i\omega t}\mathrm{d}\omega, & \text{逆变换} \end{cases} \tag{1-82}$$

那么系统频响函数为

$$H(\omega)=\frac{U(\omega)}{F(\omega)} \tag{1-83}$$

注意,傅里叶变换的绝对可积条件较为苛刻。例如,理论上的正弦函数是“无头无尾”的周期函数,不满足绝对可积条件,因而正弦函数不存在常规意义下的傅里叶变换。但工程中的正弦激励力或正弦响应都是有限长度的,满足绝对可积条件,可进行傅里叶变换(傅里叶变换性质及傅里叶变换表可参阅其他相关书籍)。

对单自由度系统方程

$$m\ddot{u}(t)+c\dot{u}(t)+ku(t)=f(t) \tag{1-84}$$

两边进行傅里叶变换得到

$$-\omega^2 mU(\omega)+j\omega cU(\omega)+kU(\omega)=F(\omega) \tag{1-85}$$

式中:j 为虚数因子。系统的频响函数为

$$H(\omega)=\frac{U(\omega)}{F(\omega)}=\frac{1}{-\omega^2 m+\mathrm{j}\omega c+k} \tag{1-86}$$

由式(1－86)可见,频响函数是复数,也可以用其模和辐角来表示,即

$$H(\omega)=|H(\omega)|\mathrm{e}^{\mathrm{j}\omega\phi} \tag{1-87}$$

式中

$$\begin{cases}|H(\omega)|=\dfrac{1}{\sqrt{(k-\omega^2 m)^2+(\omega c)^2}}\\ \phi=\arctan\dfrac{-\omega c}{k-\omega^2 m}\end{cases} \tag{1-88}$$

式中:$|H(\omega)|$ 为频响函数的幅频特性;ϕ 为频响函数的相频特性。

对照式(1－88)与式(1－22)可知,系统的频响函数的幅频特性和相频特性就是单位正弦力激励下系统响应的振幅和相位。$|H(\omega)|$ 又称为系统的**增益特性**,它代表了系统对不同频率正弦激励的放大能力。频响函数的幅频特性和相频特性图合称为系统的 **Bode 图**。图 1－17 所示为 $m=1\mathrm{kg}$,$c=1\mathrm{N\cdot s/m}$,$k=100\mathrm{N/m}$ 系统的 Bode 图。其中幅频图的纵坐标采用了 dB 单位,其值由 $20\lg(|H(\omega)|/A_0)$ 得到,其中 $A_0=1\mathrm{m}$。例如,在 $\omega=10\mathrm{rad/s}$ 时,$|H(\omega)|\approx 0.1\mathrm{m}$,因此对应的 dB 值为-20dB。

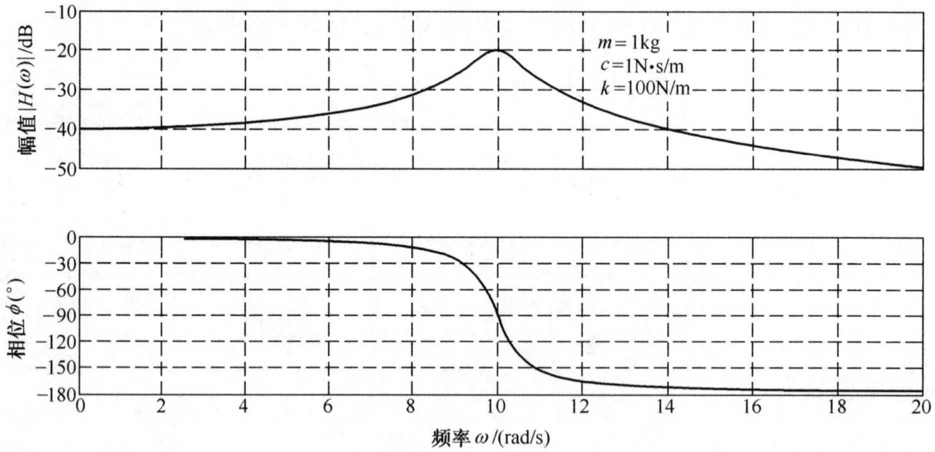

图 1－17　Bode 图示例

系统的**传递函数**定义为系统响应的拉普拉斯变换与系统激励拉普拉斯变换的比。激励 $f(t)$ 和响应 $u(t)$ 的拉普拉斯变换分别定义为

$$F(s)=\int_0^{+\infty} f(t)\mathrm{e}^{-st}\mathrm{d}t \tag{1-89}$$

$$U(s)=\int_0^{+\infty} u(t)\mathrm{e}^{-st}\mathrm{d}t \tag{1-90}$$

式中:$s=\sigma+\mathrm{j}\omega$ 为复数拉普拉斯变量。拉普拉斯变换性质及拉普拉斯变换表可参阅其他相关资料。

在零初始条件下对方程式(1－84)两边进行拉普拉斯变换,可得

$$(ms^2+cs+k)U(s)=F(s) \tag{1-91}$$

因此，系统的传递函数为

$$H(s)=\frac{U(s)}{F(s)}=\frac{1}{ms^2+cs+k} \tag{1-92}$$

显然，若令 $s=\mathrm{j}\omega$，则有

$$H(s)\big|_{s=\mathrm{j}\omega}=\frac{1}{-\omega^2 m+\mathrm{j}\omega c+k}=H(\omega) \tag{1-93}$$

1.11　单自由度系统状态空间方程

单自由度系统的运动方程为

$$\begin{cases} m\ddot{u}+c\dot{u}+ku=f \\ u(0)=u_0,\ \dot{u}(0)=\dot{u}_0 \end{cases} \tag{1-94}$$

将该方程第 1 式两边同除以 m，并进行移项可得

$$\begin{cases} \ddot{u}=-\dfrac{c}{m}\dot{u}-\dfrac{k}{m}u+\dfrac{f}{m} \\ u(0)=u_0,\ \dot{u}(0)=\dot{u}_0 \end{cases} \tag{1-95}$$

若令

$$\boldsymbol{x}=\begin{bmatrix} x_1 \\ x_2 \end{bmatrix}=\begin{bmatrix} u \\ \dot{u} \end{bmatrix} \tag{1-96}$$

$\boldsymbol{x}$ 称为系统的状态向量，显然 $x_2=\dot{x}_1$。则方程式(1-95)可化为

$$\begin{cases} \dot{\boldsymbol{x}}=\boldsymbol{A}\boldsymbol{x}+\boldsymbol{B}f \\ \boldsymbol{x}_0=\begin{bmatrix} u_0 \\ \dot{u}_0 \end{bmatrix} \end{cases} \tag{1-97}$$

式中

$$\boldsymbol{A}=\begin{bmatrix} 0 & 1 \\ -\dfrac{k}{m} & -\dfrac{c}{m} \end{bmatrix},\quad \boldsymbol{B}=\begin{bmatrix} 0 \\ \dfrac{1}{m} \end{bmatrix} \tag{1-98}$$

$\boldsymbol{A}$ 为系统矩阵，$\boldsymbol{B}$ 为输入矩阵。

可用输出矩阵 $\boldsymbol{C}$ 从状态向量中取出所需输出的物理量，例如

$$\dot{u}=\boldsymbol{C}x=[0\quad 1]\begin{bmatrix} u \\ \dot{u} \end{bmatrix} \tag{1-99}$$

则

$$\boldsymbol{C}=[0\quad 1] \tag{1-100}$$

控制论中常用式(1-101)完整地表示系统的输出，即

$$y=\boldsymbol{C}\boldsymbol{x}+\boldsymbol{D}u \tag{1-101}$$

式中 $\boldsymbol{D}$ 为直通矩阵,表示输入直接到输出,多数情况下 $\boldsymbol{D}=0$。

1.12 应用举例

例 1.1 图 1-18 所示系统中,不计刚性杆的质量,求系统绕 O 点围绕静平衡位置微幅摆动的阻尼振动频率和临界阻尼系数。

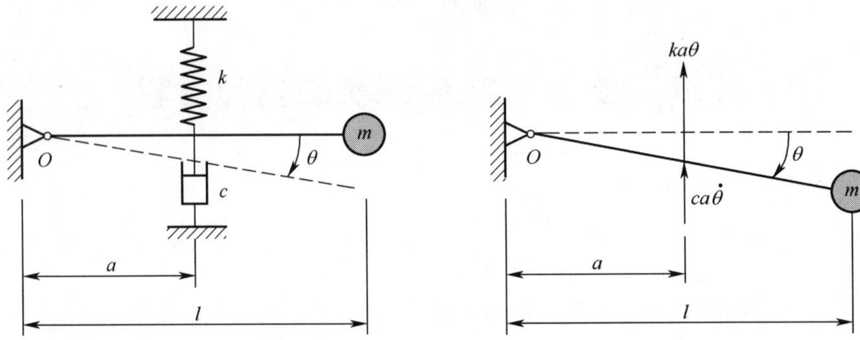

图 1-18 摆振系统例题

解: 首先选取刚性杆的转动角 θ 作为系统位移(θ 很小),并确定 θ 的正方向,然后对系统进行受力分析,以 O 点为转动中心,由动量矩定理可得系统运动方程为

$$ml^2\ddot{\theta} = -ka^2\theta - ca^2\dot{\theta} \tag{a}$$

式(a)可进一步化为

$$\ddot{\theta} + \frac{ca^2}{ml^2}\dot{\theta} + \frac{ka^2}{ml^2}\theta = 0 \tag{b}$$

所以系统的固有频率为

$$\omega_{\mathrm{n}} = \sqrt{\frac{k}{m}}\,\frac{a}{l} \tag{c}$$

系统的阻尼比为

$$\zeta = \frac{ca^2}{ml^2}/(2\omega_{\mathrm{n}}) = \frac{ca}{2l\sqrt{km}} \tag{d}$$

系统阻尼振动频率为

$$\omega_{\mathrm{d}} = \omega_{\mathrm{n}}\sqrt{1-\zeta^2} \tag{e}$$

在式(d)中,当 $\zeta = 1$ 时可得系统的临界阻尼系数为

$$c_{\mathrm{c}} = \frac{2l\sqrt{km}}{a} \tag{f}$$

例 1.2 图 1-19 所示为均匀悬臂梁,长度为 L,质量密度为 ρ,弹性模量为 E,横截面积为 A,截面转动惯性矩为 I,不计阻尼的影响,试将其相对自由端简化为单自由度质量—弹簧模型,求出简化模型的固有频率。

解: 由材料力学可知,当梁的自由端施加竖向静态力 P 时,其自由端的挠度为

$$w_{\max} = \frac{PL^3}{3EI} \tag{a}$$

因此,悬臂梁在自由端的竖向刚度系数为

$$k = \frac{P}{w_{\max}} = \frac{3EI}{L^3} \tag{b}$$

假设梁振动时自由端的速度幅值 $\dot{w}_{\max}$ 最大,由自由端至固定端各点速度幅值按线性递减,且各点速度同步。则运用动能等效可得

$$\int_0^L \frac{1}{2}\rho A \mathrm{d}x\left(\frac{x}{L}\dot{w}_{\max}\right)^2 = \frac{1}{2}m\dot{w}_{\max}^2 \tag{c}$$

从而得到

$$m = \frac{1}{3}\rho AL \tag{d}$$

由式(d)可见,简化系统的质量是梁总质量的 1/3。则简化后系统的固有频率为

$$\omega_{\mathrm{n}} = \sqrt{\frac{k}{m}} = \frac{3}{L^2}\sqrt{\frac{EI}{\rho A}} \tag{e}$$

式(e)可作为悬臂梁第一阶振动固有频率的估计,而悬臂梁第一阶振动固有频率的理论解为

$$\omega_1 = \frac{3.516}{L^2}\sqrt{\frac{EI}{\rho A}} \tag{f}$$

两者相差约 17%。

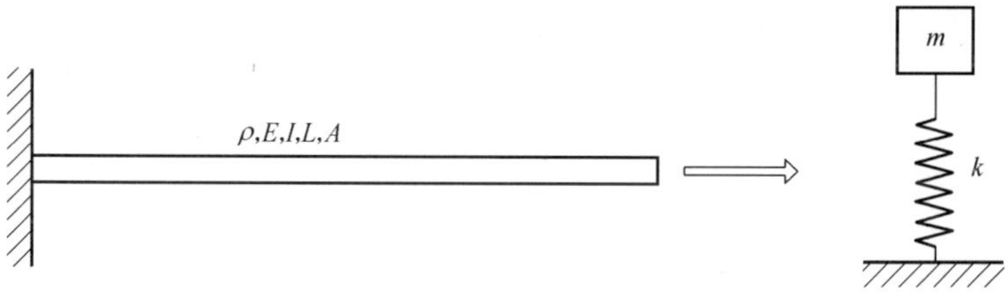

图 1-19　悬臂梁简化例题

例 1.3　如图 1-20 所示系统,求在 $t=0$ 瞬间 m_2 释放后系统的位移振动响应。

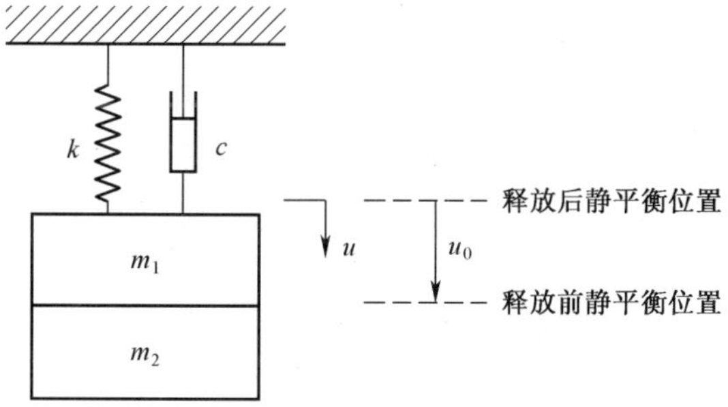

图 1-20　质量释放例题

解:由题意知道,在 m_2 释放瞬间, m_1 的初始速度为零,初始位移为

$$u_0 = \frac{(m_1 + m_2)g}{k} - \frac{m_1 g}{k} = \frac{m_2 g}{k} \tag{a}$$

则由式(1－13)得

$$
\begin{aligned}
u(t) &= u_0 e^{-\zeta\omega_n t}\left(\cos\omega_d t + \frac{\zeta}{\sqrt{1-\zeta^2}}\sin\omega_d t\right) \\
&= \frac{m_2 g}{k} e^{-\zeta\omega_n t}\left(\cos\omega_d t + \frac{\zeta}{\sqrt{1-\zeta^2}}\sin\omega_d t\right)
\end{aligned} \tag{b}
$$

式中：$\omega_n = \sqrt{k/m_1}$；$\omega_d = \omega_n\sqrt{1-\zeta^2}$；$\zeta = c/(2\sqrt{km_1})$。

例 1.4 求零初始条件下，单自由度系统在单位阶跃力 $s(t)$ 作用下的响应。$s(t)$ 的表达式为 $s(t) = \begin{cases} 0 & t < 0 \\ 1 & t \geqslant 0 \end{cases}$。

解：由式(1－79)得到

$$
\begin{aligned}
u(t) &= \int_0^t \frac{s(\tau)}{m\omega_d} e^{-\zeta\omega_n(t-\tau)} \sin\omega_d(t-\tau)\,d\tau \\
&= \int_0^t \frac{1}{m\omega_d} e^{-\zeta\omega_n(t-\tau)} \sin\omega_d(t-\tau)\,d\tau \\
&= \frac{1}{k}\left[1 - \frac{e^{-\zeta\omega_n t}}{\sqrt{1-\zeta^2}}\sin(\omega_d t + \varphi)\right]
\end{aligned}
$$

式中：$\varphi = \arctan\dfrac{\sqrt{1-\zeta^2}}{\zeta}$。

取 $m = 1\text{kg}$，$c = 1\text{Ns/m}$，$k = 100\text{N/m}$ 绘制 $u(t)$，如图 1－21 所示。从该图中可见，系统在单位阶跃激励下的响应，相当于系统围绕静态位移 $1/k$ 处做自由衰减振动。

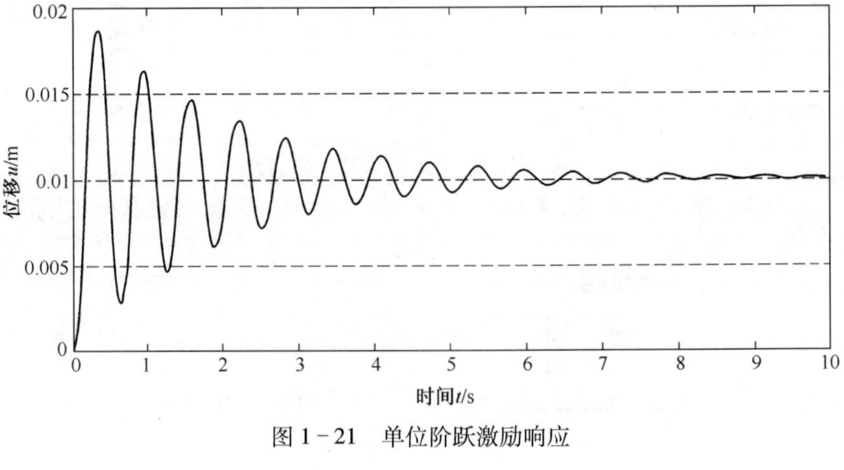

图 1－21 单位阶跃激励响应

例 1.5 如图 1－22(a)所示的旋转机械，机器总重为 M，偏心转子质量为 m，半径为 r，角速度为 ω，(1)试推导系统稳态响应的振幅；(2)当 $M = 20\text{kg}$，$m = 0.1\text{kg}$，$k = 1000\text{N/m}$，$c = 100\text{Ns/m}$，$r = 0.2\text{m}$，转速为 120r/min（$\omega = 12.56\text{rad/s}$），计算稳态振幅的具体数值；(3)计算转速 $\omega = \omega_n$ 时，稳态振幅数值。

解：(1)该机械系统可简化为图 1－22(b)所示的单自由度系统，运动方程为

$$M\ddot{u} + c\dot{u} + ku = mr\omega^2\sin\omega t \tag{a}$$

参考式(1－22)，可得该系统的稳态响应振幅和相位为

$$\begin{cases} A = \dfrac{mr\omega^2}{\sqrt{(k-\omega^2 M)^2+(\omega c)^2}} \\ \phi = \arctan\dfrac{-\omega c}{k-\omega^2 M} \end{cases} \tag{b}$$

（2）将题目中给定的参数值代入式(b)后可得

$$A = \frac{0.1\times 0.2\times 12.56^2}{\sqrt{(1000-20\times 12.56^2)^2+(12.56\times 100)^2}} = 1.26(\mathrm{mm}) \tag{c}$$

（3）当 $\omega=\omega_n$ 时

$$A = \frac{mr\omega_n^2}{c\omega_n} = mr\omega_n = 0.1\times 0.2\times\sqrt{\frac{1000}{20}} = 0.1414(\mathrm{m}) \tag{d}$$

可见当转速 $\omega=\omega_n$ 时，稳态振幅很大，因此 ω_n 称为转子系统的**临界转速**。

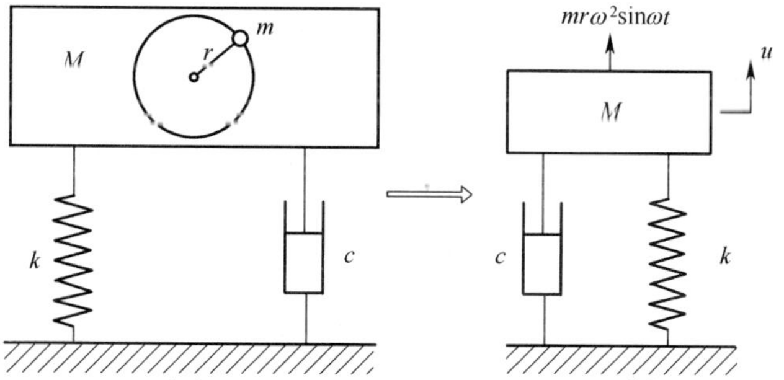

图 1-22　旋转机械例题

例 1.6　如图 1-23 所示，某压电传感器固定于被测试件的表面，假设传感器内压电材料的输出电压与其受到的作用力成正比，若试件的运动方式为 $u_b = A_b\sin\omega t$，试对 m、k 进行设计，使传感器输出电压幅值 U 与被测试件表面的加速度幅值 $\omega^2 A_b$ 成正比。

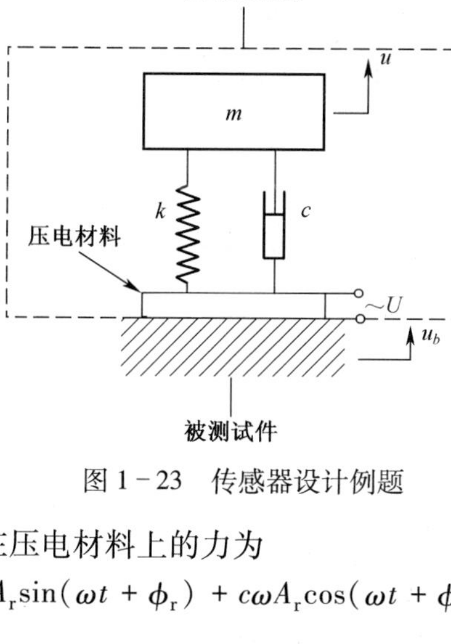

图 1-23　传感器设计例题

解：由 1.3 节可知，作用在压电材料上的力为

$$f = ku_r + c\dot{u}_r = kA_r\sin(\omega t+\phi_r) + c\omega A_r\cos(\omega t+\phi_r) = A\sin(\omega t+\phi) \tag{a}$$

$$A_r = \frac{m\omega^2 A_b}{\sqrt{(k-\omega^2 m)^2 + (c\omega)^2}} \tag{b}$$

$$A = A_r\sqrt{k^2 + (c\omega)^2} = m\omega^2 A_b T \tag{c}$$

其中，$T = \sqrt{1 + \frac{\lambda^2(2-\lambda^2)}{(1-\lambda^2)^2 + (2\zeta\lambda)^2}}$，$\lambda = \omega/\omega_n, \omega_n = \sqrt{k/m}$。观察图 1－11 可知，当 $\lambda > 1$ 时，$T \approx 1$。可见，如使传感器输出电压幅值 U 与被测试件表面的加速度幅值 $\omega^2 A_b$ 成正比，需要 $\omega_n >> \omega$，即传感器的固有振动频率需比试件振动频率大得多，因此传感器中的 k 要尽量大，m 要尽量小。

例 1.7 求单自由度系统零初始条件下在图 1－24 所示瞬态力作用下的响应。若系统的 $m = 1\text{kg}$，$c = 1\text{Ns/m}$，$k = 100\text{N/m}$，$f_0 = 10\text{N}$，$t_1 = 1\text{s}$，分别绘制 $t_2 = 2\text{s}$、1.1s、1.01s 时的位移响应曲线。

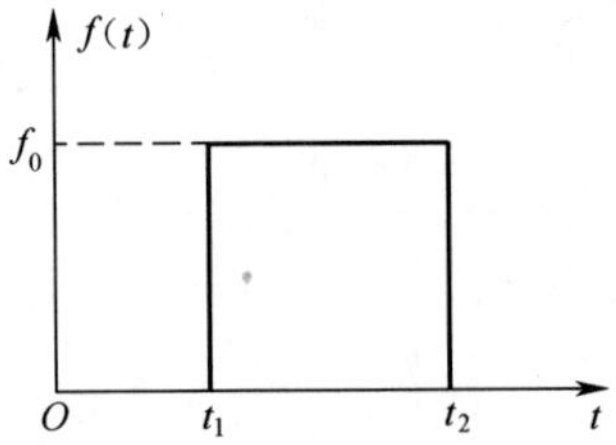

图 1－24 瞬态激励例题

解：分析题意可知，该系统位移响应在时间上应分为 3 个阶段求解，如图 1－25 所示。

第一阶段：$0 < t < t_1$，此时激励力为零，又由于系统为零初始条件，因此

$$u(t) = 0 \quad 0 < t < t_1 \tag{a}$$

第二阶段：$t_1 \leqslant t \leqslant t_2$，此时激励力施加时段为 $[t_1, t]$，运用杜哈梅积分可得响应为

$$\begin{aligned} u(t) &= \int_{t_1}^{t} \frac{f_0}{m\omega_d} e^{-\zeta\omega_n(t-\tau)} \sin\omega_d(t-\tau)\,d\tau \\ &= \frac{f_0}{k}\left\{1 - \frac{e^{-\zeta\omega_n(t-t_1)}}{\sqrt{1-\zeta^2}}\sin[\omega_d(t-t_1) + \phi]\right\} \quad t_1 \leqslant t \leqslant t_2 \end{aligned} \tag{b}$$

式中：$\varphi = \arctan\frac{\sqrt{1-\zeta^2}}{\zeta}$。

第三阶段：$t > t_2$，此时激励力施加时段为 $[t_1, t_2]$，运用杜哈梅积分可得响应为

$$\begin{aligned} u(t) &= \int_{t_1}^{t_2} \frac{f_0}{m\omega_d} e^{-\zeta\omega_n(t-\tau)} \sin\omega_d(t-\tau)\,d\tau \\ &= \frac{f_0}{k\sqrt{1-\zeta^2}}\{e^{-\zeta\omega_n(t-t_2)}\sin[\omega_d(t-t_2) + \phi] - e^{-\zeta\omega_n(t-t_1)}\sin[\omega_d(t-t_1) + \phi]\} \quad t > t_2 \end{aligned} \tag{c}$$

例 1.8 若单自由度系统的 $m = 1\text{kg}$，$c = 1\text{Ns/m}$，$k = 100\text{N/m}$，$f(t) = 10\sin(2t)\text{N}$，初始条件 $u_0 = 0.1\text{m}, \dot{u}_0 = 0.2\text{m/s}$。试用 Matlab 计算系统的位移响应，画出位移响应曲线。

解：由式(1－97)得到系统的状态空间方程为

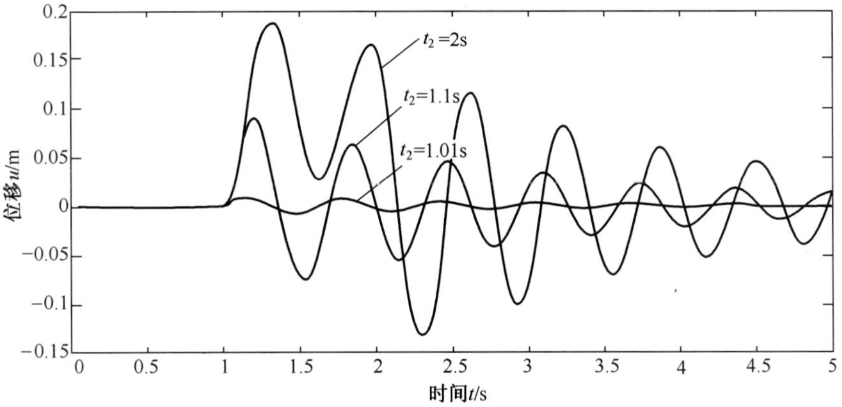

图 1－25 瞬态激励响应

$$\begin{cases}\dot{\boldsymbol{x}} = \boldsymbol{A}\boldsymbol{x} + \boldsymbol{B}f \\ \boldsymbol{x}_0 = \begin{bmatrix} u_0 \\ \dot{u}_0 \end{bmatrix} = \begin{bmatrix} 0.1 \\ 0.2 \end{bmatrix}\end{cases} \tag{a}$$

其中

$$\boldsymbol{A} = \begin{bmatrix} 0 & 1 \\ -\dfrac{k}{m} & -\dfrac{c}{m} \end{bmatrix} = \begin{bmatrix} 0 & 1 \\ -100 & -1 \end{bmatrix}, \quad \boldsymbol{B} = \begin{bmatrix} 0 \\ \dfrac{1}{m} \end{bmatrix} = \begin{bmatrix} 0 \\ 1 \end{bmatrix} \tag{b}$$

易知

$$u = [1 \quad 0]\begin{bmatrix} u \\ \dot{u} \end{bmatrix} = \boldsymbol{C}x$$

$$\boldsymbol{C} = [1 \quad 0] \tag{c}$$

针对以上结果用 Matlab 编制的程序如下：

```
%例题 1.8 程序
clc% 清屏
clear all %清除内存变量
close all %关闭已有的绘图窗口
k=100; %刚度系数
m=1; %质量系数
c=1; %阻尼系数
A=[0,1;-k/m,-c/m]; %输入 A 矩阵
B=[0;1/m]; %输入 B 矩阵
C=[1 0]; %输入 C 矩阵
D=0; %输入 D 矩阵
sys=ss(A,B,C,D); %生成系统模型
x0=[0.1;0.2]; %输入初始条件
t=0:0.01:16; %生成时间点,0~16s,间隔 0.01s
f=10*sin(2*t); %生成激励力
[y,t,x]=lsim(sys,f,t,x0); %求解响应
```

```
plot(t,y,'k','LineWidth',1) % 绘制位移图
ylim([-0.16 0.2]) % 设定 y 轴坐标范围
xlabel('时间 \itt \rm (s)','fontname','Times New Roman','fontsize',9) % 设定 x 轴说明
ylabel('位移 \itu \rm (m)','fontname','Times New Roman','fontsize',9) % 设定 y 轴说明
set(gca,'fontsize',9,'fontname','Times New Roman') % 设定坐标刻度字体大小及字型
```

运用以上程序得到的位移响应曲线如图 1-26 所示。

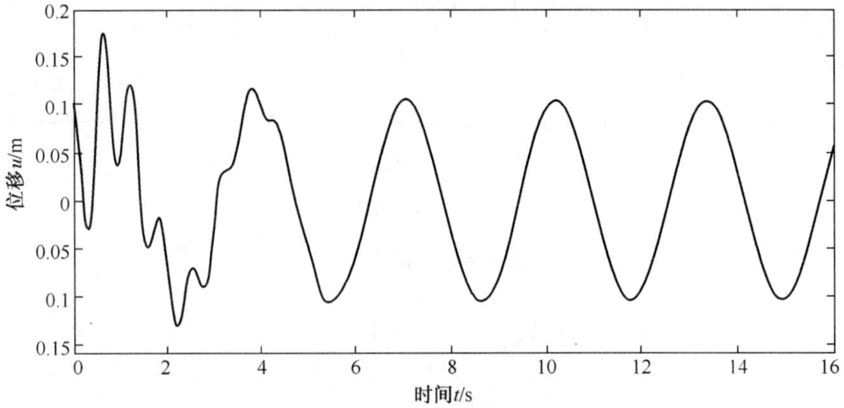

图 1-26　状态空间法计算响应

习　题

1-1　如图 1-27 所示，不计摆杆质量，当摆角 θ 很小时，求系统摆动的固有频率。

（参考答案：$\omega_n = \sqrt{\frac{g}{L}}$ rad/s）。

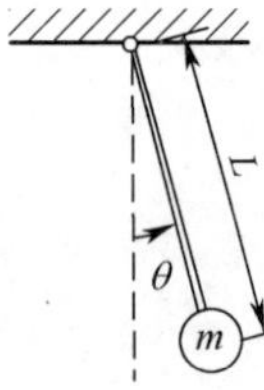

图 1-27　习题 1-1 图

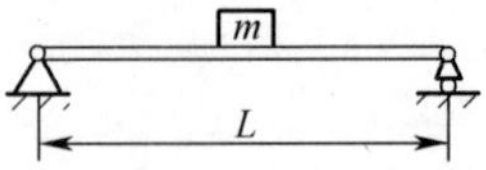

图 1-28　习题 1-2 图

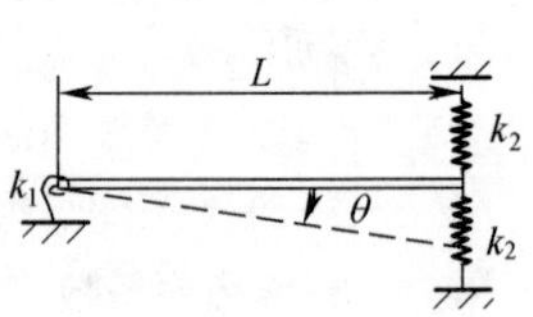

图 1-29　习题 1-3 图

1-2　如图 1-28 所示，简支梁在中部连接一质量块，不计简支梁的质量，求系统振动固有频率。

（参考答案：$\omega_n = \sqrt{48EI/L^3}$ rad/s）。

1-3　如图 1-29 所示，均匀刚性直杆，已知其绕端点的转动惯量 $J = \frac{1}{3}mL^2$，求其绕左端点微幅转动的固有频率。

（参考答案：$\omega_n = \sqrt{\frac{3k_1 + 6k_2L^2}{mL^2}}$）。

1－4　如图 1－30 所示，$m = 10\text{kg}$，$k = 500\text{N/m}$，$c = 40\text{Ns/m}$。初始时系统静止，若给质量块一初速度 $\dot{u}_0 = 0.98\text{m/s}$，求其后系统的位移和速度响应。

（参考答案：$u(t) = 0.1\text{e}^{-2t}\sin 9.8t\ \text{m}$，$\dot{u}(t) = \text{e}^{-2t}(-0.2\sin 9.8t + 0.98\cos 9.8t)\ \text{m/s}$。）

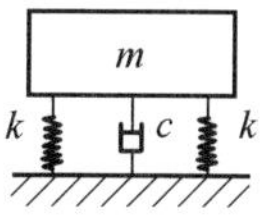

图 1－30　习题 1－4 图

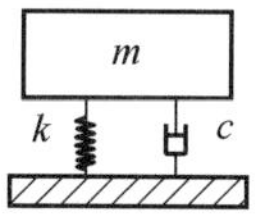

图 1－31　习题 1－8 图

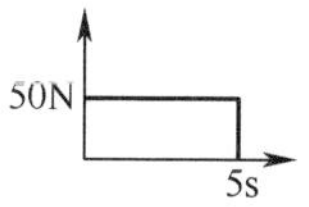

图 1－32　习题 1－9 图

1－5　在上题中若质量块受到正弦激励 $f(t) = 100\sin 20t\text{N}$，求系统的稳态位移响应。

（参考答案：$u(t) = 0.032\sin(20t + 0.26)\ \text{m}$）。

1－6　设机体的振动频率为 30Hz，仪表板重 20kg，在仪表板和机体之间加装的隔振器刚度系数 $k = 2000\text{N/m}$，阻尼系数 $c = 50\text{Ns/m}$，求机体到仪表板运动的被隔振率。

（参考答案：84.44%）

1－7　鼓风机的转速为 3000r/min，重 2t，偏心质量为 0.1kg，偏心距为 0.5m，不计阻尼影响，若需鼓风机传递到地板上的力幅小于 1N，求地板与鼓风机之间加装隔振器的刚度系数需满足的条件。

（参考答案：$k < 3.97 \times 10^4\text{N/m}$）。

1－8　如图 1－31 所示，质量块通过弹簧和阻尼器支撑在振动台面上，如 $m = 10\text{kg}$，$k = 1000\text{N/m}$，$c = 40\text{Ns/m}$，振动台面位移 $u_\text{b} = 0.05\sin 20t\ \text{m}$，求质量块相对台面的位移振动幅值。

（参考答案：0.0632m）。

1－9　求图 1－30 所示系统在零初始条件下受图 1－32 所示力作用下的位移响应。

（参考答案：$t \leqslant 5\text{s}$ 时，$u(t) = 0.05 - 0.0102\text{e}^{-2t}(\sin 9.8t + 4.9\cos 9.8t)$，$t > 5\text{s}$ 时，$u(t) = 0.0102\text{e}^{-2(t-5)}[\sin 9.8(t-5) + 4.9\cos 9.8(t-5)] - 0.0102\text{e}^{-2t}(\sin 9.8t + 4.9\cos 9.8t)$）。

1－10　用状态空间法采用 Matlab 绘制题 1－9 在初始条件 $u_0 = 0.05\text{m}$，$\dot{u}_0 = 0.1\text{m/s}$，且在图 1－32 所示力的作用下的位移响应曲线。

（参考答案：见图 1－33）

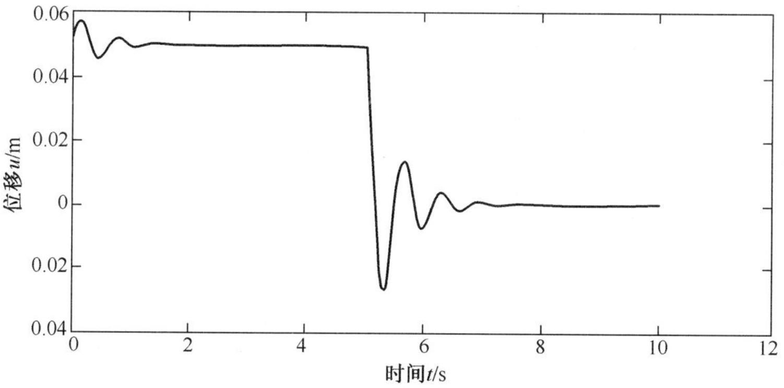

图 1－33　习题 1－10 参考答案

第2章

多自由度振动系统

2.1 多自由度系统

自由度是指能够完整描述系统运动状态所需的独立运动坐标的个数。在振动系统中,独立运动坐标一般是指位移坐标。若描述系统振动需要两个以上的位移坐标,则系统具有多自由度,称为**多自由度系统**。如图2-1所示系统,需要两个独立的位移坐标 $u_1(t)$ 和 $u_2(t)$ 才能完整描述系统的运动状态,所以该系统是两自由度系统。需注意的是,图2-1所示系统是一维空间运动,即仅考虑系统沿 x 方向的运动,不考虑系统在空间其他方位的运动。易知,系统的自由度与其运动空间维数是相关的,运动的空间维数越多则自由度越多。图2-1所示模型是对实际系统的一种简化。实际系统质量、阻尼、刚度常呈分布状态,因此又称图2-1所示类型系统为**集中参数系统**或**离散参数系统**。本书仅限于研究系统参数不随时间变化的线性系统,即**线性时不变系统**。

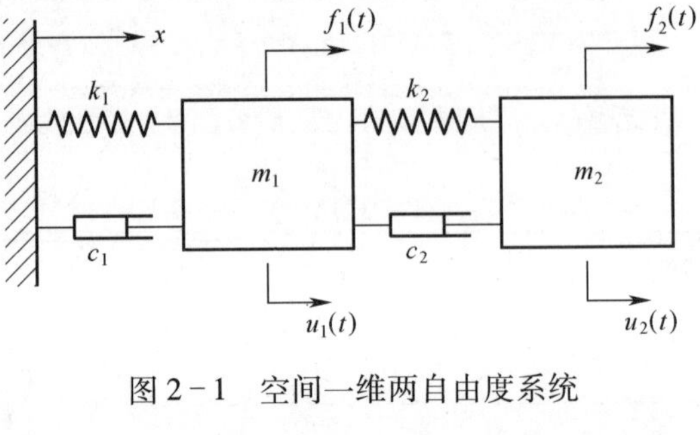

图2-1　空间一维两自由度系统

2.2 多自由度系统振动方程

建立图2-1所示系统振动方程的最基本方法仍是运用牛顿第二定律或**达朗贝尔原理**。此处采用**达朗贝尔原理**来建立系统运动方程。为此,先对系统进行分离体受力分析,如图2-2所示。

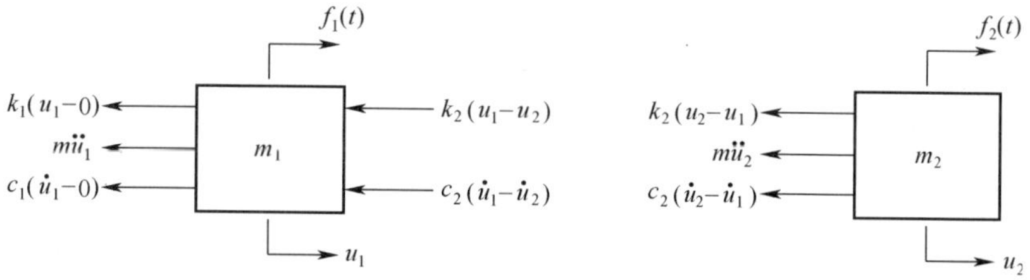

图2-2　两自由度系统受力分析

画该分离体受力分析图可依据以下规则:

(1) 确定运动坐标的正方向,如 $u_1(t)$ 、$u_2(t)$ 。

(2) 外力,如 $f_1(t)$ 、$f_2(t)$ 画在运动坐标的正方向。

(3) 惯性力、阻尼力、弹性力画在运动坐标的负方向。

(4) 惯性力为绝对力,大小为作用点处质量乘以该质量的加速度。

(5) 阻尼力为相对力,大小等于阻尼系数乘以相对速度,相对速度等于阻尼力作用点处的速度减去阻尼器另一端点的速度。

(6) 弹性力为相对力,大小等于弹性系数乘以相对位移,相对位移等于弹性力作用点处的位移减去弹簧另一端点的位移。

依据分离体受力分析图可列出以下力平衡方程,即

$$\begin{cases} m_1\ddot{u}_1 + c_1\dot{u}_1 + c_2(\dot{u}_1 - \dot{u}_2) + k_1u_1 + k_2(u_1 - u_2) = f_1 \\ m_2\ddot{u}_2 + c_2(\dot{u}_2 - \dot{u}_1) + k_2(u_2 - u_1) = f_2 \end{cases} \tag{2-1a}$$

整理并写成矩阵形式,可得

$$\begin{bmatrix} m_1 & 0 \\ 0 & m_2 \end{bmatrix}\begin{bmatrix} \ddot{u}_1 \\ \ddot{u}_2 \end{bmatrix} + \begin{bmatrix} c_1 + c_2 & -c_2 \\ -c_2 & c_2 \end{bmatrix}\begin{bmatrix} \dot{u}_1 \\ \dot{u}_2 \end{bmatrix} + \begin{bmatrix} k_1 + k_2 & -k_2 \\ -k_2 & k_2 \end{bmatrix}\begin{bmatrix} u_1 \\ u_2 \end{bmatrix} = \begin{bmatrix} f_1 \\ f_2 \end{bmatrix} \tag{2-1b}$$

可进一步简写为

$$\boldsymbol{M}\ddot{\boldsymbol{u}}(t) + \boldsymbol{C}\dot{\boldsymbol{u}}(t) + \boldsymbol{K}\boldsymbol{u}(t) = \boldsymbol{f}(t) \tag{2-2}$$

式中:$\boldsymbol{M}$、$\boldsymbol{C}$、$\boldsymbol{K}$ 分别为质量矩阵、阻尼矩阵和刚度矩阵,统称为系统矩阵;$\boldsymbol{f}$ 为外力列向量;$\boldsymbol{u}$、$\dot{\boldsymbol{u}}$、$\ddot{\boldsymbol{u}}$ 分别为位移、速度、加速度列向量。

方程式(2-3)是**多自由度系统振动方程的一般形式**。一般情况下,系统矩阵都是**实对称**的,且质量矩阵**正定**,刚度矩阵和阻尼矩阵正定或**半正定**。

类似于图2-1所示的一维简单系统,其系统矩阵也可用以下方法直接写出:

(1) 质量矩阵为对角阵,对角元为各质量系数。

(2) 阻尼矩阵为对称阵,对角元为与各质量相连的阻尼系数之和,非对角元为质量之间连接阻尼系数的负值。

(3) 刚度矩阵为对称阵,对角元为与各质量相连的刚度系数之和,非对角元为质量之间连接刚度系数的负值。

对于具有复杂运动状态的系统,可以采用**能量法**建立系统矩阵,该法的基本步骤如下:

(1) 确定描述系统振动的独立运动坐标 $u_i(i = 1,2,\cdots,n)$。

（2）写出系统的总动能 T、总势能 V 和耗散能 D 函数，并化为以下形式，即

$$T = \frac{1}{2}\dot{\boldsymbol{u}}^{\mathrm{T}}\boldsymbol{M}\dot{\boldsymbol{u}} \tag{2-3}$$

$$V = \frac{1}{2}\boldsymbol{u}^{\mathrm{T}}\boldsymbol{K}\boldsymbol{u} \tag{2-4}$$

$$D = \frac{1}{2}\dot{\boldsymbol{u}}^{\mathrm{T}}\boldsymbol{C}\dot{\boldsymbol{u}} \tag{2-5}$$

其中，$\boldsymbol{M}$、$\boldsymbol{C}$、$\boldsymbol{K}$ 要保持对称。

（3）得到系统矩阵 $\boldsymbol{M}$、$\boldsymbol{C}$、$\boldsymbol{K}$。

例 2.1 图 2-3 所示为一均匀平面刚性杆，其质心为 c，质量为 m，绕质心转动惯量为 J，试用能量法建立系统矩阵。

解：选择杆质心平动位移 u_1 和杆的转动角度 u_2 作为系统的运动自由度，则

$$T = \frac{1}{2}m\dot{u}_1^2 + \frac{1}{2}J\dot{u}_2^2 = \frac{1}{2}[\dot{u}_1 \quad \dot{u}_2]\begin{bmatrix} m & 0 \\ 0 & J \end{bmatrix}\begin{bmatrix} \dot{u}_1 \\ \dot{u}_2 \end{bmatrix} \tag{2-6}$$

$$V = \frac{1}{2}k_1(u_1 - au_2)^2 + \frac{1}{2}k_2(u_1 + bu_2)^2 = \frac{1}{2}[u_1 \quad u_2]\begin{bmatrix} k_1 + k_2 & bk_2 - ak_1 \\ bk_2 - ak_1 & a^2k_1 + b^2k_2 \end{bmatrix}\begin{bmatrix} u_1 \\ u_2 \end{bmatrix} \tag{2-7}$$

$$D = \frac{1}{2}c_1(\dot{u}_1 - a\dot{u}_2)^2 + \frac{1}{2}c_2(\dot{u}_1 + b\dot{u}_2)^2 = \frac{1}{2}[\dot{u}_1 \quad \dot{u}_2]\begin{bmatrix} c_1 + c_2 & bc_2 - ac_1 \\ bc_2 - ac_1 & a^2c_1 + b^2c_2 \end{bmatrix}\begin{bmatrix} \dot{u}_1 \\ \dot{u}_2 \end{bmatrix} \tag{2-8}$$

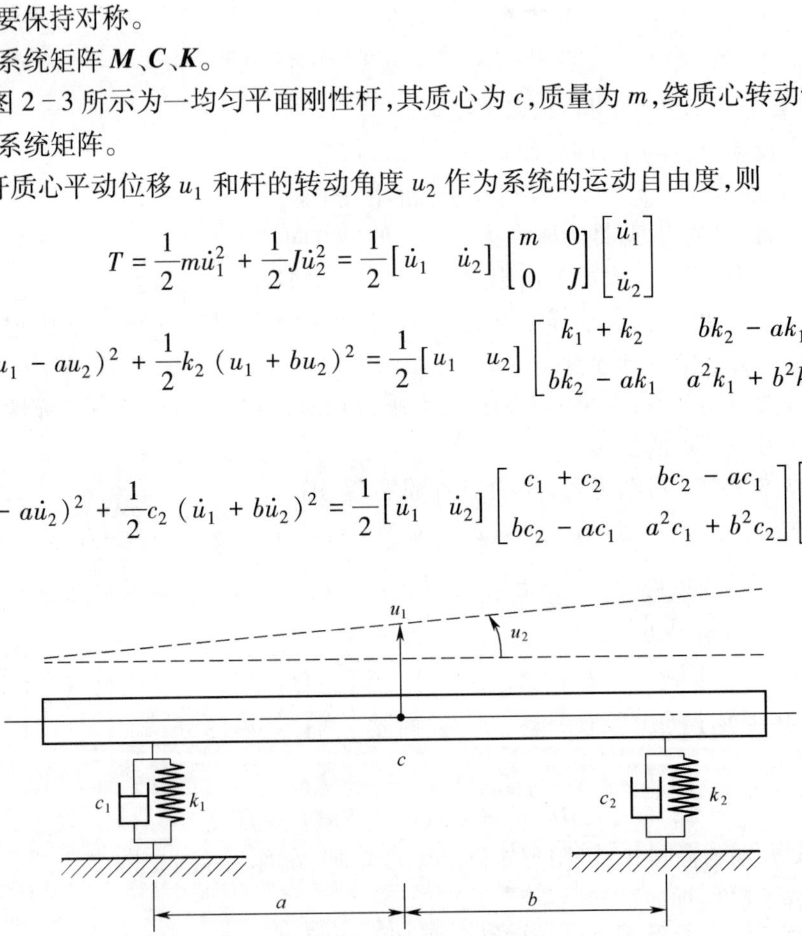

图 2-3　两自由度平面运动刚杆

从而可得系统矩阵为

$$\boldsymbol{M} = \begin{bmatrix} m & 0 \\ 0 & J \end{bmatrix} \tag{2-9}$$

$$\boldsymbol{K} = \begin{bmatrix} k_1 + k_2 & bk_2 - ak_1 \\ bk_2 - ak_1 & a^2k_1 + b^2k_2 \end{bmatrix} \tag{2-10}$$

$$\boldsymbol{C} = \begin{bmatrix} c_1 + c_2 & bc_2 - ac_1 \\ bc_2 - ac_1 & a^2c_1 + b^2c_2 \end{bmatrix} \tag{2-11}$$

一般工程结构系统具有更为复杂的运动形式，通常采用**有限元方法**建立系统的振动方程。

2.3　无阻尼多自由度系统的振动

多自由度系统振动方程式（2-3）对应的无阻尼自由振动方程为

$$\begin{cases} M\ddot{u}(t)+Ku(t)=0 \\ u(0)=u_0,\dot{u}(0)=\dot{u}_0 \end{cases} \tag{2-12}$$

假设该方程具有以下形式解，即

$$u(t)=\varphi\sin\omega t \tag{2-13}$$

式中：φ 为未知常数向量；ω 为未知常数频率。将该形式解代入式（2-12）得

$$(-\omega^2 M+K)\varphi\sin\omega t=0 \tag{2-14}$$

由于 $\sin\omega t$ 不恒等于零，所以

$$(-\omega^2 M+K)\varphi=0 \tag{2-15}$$

可将式（2-15）看成是求解 φ 的齐次线性代数方程组，它有非零解的充要条件为

$$|-\omega^2 M+K|=0 \tag{2-16}$$

至此得到了求出形式解式（2-13）的思路：由式（2-16）解出 ω，代入式（2-15）解出 φ，从而得到形式解。

假设系统有 n 个自由度，则 M、K 都是 $n\times n$ 维矩阵，式（2-16）是关于 ω^2 的 n 次方代数方程，可以求得 n 个 ω^2，从而可得 n 个对应的 φ。将这 n 个 ω^2 按从小到大次序排列，即

$$\omega_1^2\leqslant\omega_2^2\cdots\leqslant\omega_n^2 \tag{2-17}$$

称它们为系统的**特征值**，它们都是非负实数；而相应的 $\varphi_1,\varphi_2,\cdots,\varphi_n$ 称为系统的**特征向量**，它们是实数向量，在振动问题中它们又常称为**振型**；(ω_i^2,φ_i) 称为系统的第 i 个**特征对**。由于 M、K 是实对称矩阵，M 正定，K 正定或半正定，因此系统的特征值为不小于零的实数，振型为实数振型，简称**实振型**。

由上述分析可知，求解无阻尼多自由度振动问题的关键在于求解式（2-15），得到系统的特征对。式（2-15）称为系统的**广义特征值问题**，对较少自由度问题（一般不超过 3 个自由度）可采用解析方法进行求解，更一般的求解方法是采用数值计算。

例 2.2　求解图 2-4 所示系统的广义特征值问题。

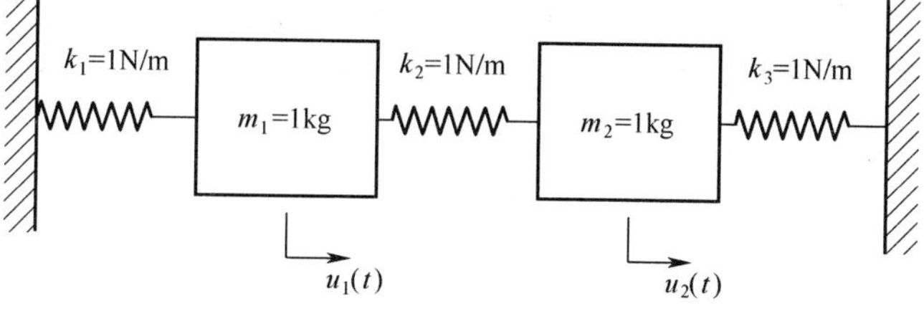

图 2-4　两自由度广义特征值问题算例

解：可以直接写出系统矩阵为

$$\boldsymbol{M}=\begin{bmatrix}1 & 0\\0 & 1\end{bmatrix} \tag{2-18}$$

$$\boldsymbol{K}=\begin{bmatrix}2 & -1\\-1 & 2\end{bmatrix} \tag{2-19}$$

代入式(2-16)得

$$\begin{vmatrix}2-\omega^2 & -1\\-1 & 2-\omega^2\end{vmatrix}=0 \tag{2-20}$$

令 $\lambda=\omega^2$ 得

$$(\lambda-1)(\lambda-3)=0 \tag{2-21}$$

解之可得

$$\omega_1^2=\lambda_1=1,\quad \omega_2^2=\lambda_2=3 \tag{2-22}$$

用 $\omega_1^2=1$ 代替式(2-15)中的 ω^2 并用$\boldsymbol{\varphi}_1$ 代替其中的 $\boldsymbol{\varphi}$,得

$$\begin{bmatrix}1 & -1\\-1 & 1\end{bmatrix}\varphi_1=0 \tag{2-23}$$

分别用 φ_{11} 和 φ_{21} 表示$\boldsymbol{\varphi}_1$ 中的两个元素,即 $\boldsymbol{\varphi}_1=\begin{bmatrix}\varphi_{11}\\\varphi_{21}\end{bmatrix}$,则有

$$\begin{cases}\varphi_{11}-\varphi_{21}=0\\-\varphi_{11}+\varphi_{21}=0\end{cases} \tag{2-24}$$

上面两个方程其实是一个方程,即

$$\varphi_{11}=\varphi_{21} \tag{2-25}$$

假设 a 是任意非零常数,则$\boldsymbol{\varphi}_1$ 可写为

$$\boldsymbol{\varphi}_1=\begin{bmatrix}a\\a\end{bmatrix}=\begin{bmatrix}1\\1\end{bmatrix}a \tag{2-26}$$

将 ω_1、$\boldsymbol{\varphi}_1$ 代入式(2-15)中有

$$\begin{aligned}&(-\omega_1^2\boldsymbol{M}+\boldsymbol{K})\boldsymbol{\varphi}_1=0\\&\Rightarrow(-\omega_1^2\boldsymbol{M}+\boldsymbol{K})\begin{bmatrix}1\\1\end{bmatrix}a=0\\&\Rightarrow(-\omega_1^2\boldsymbol{M}+\boldsymbol{K})\begin{bmatrix}1\\1\end{bmatrix}=0\end{aligned} \tag{2-27}$$

可见非零常数 a 对于振型$\boldsymbol{\varphi}_1$ 来讲无关紧要,重要的是振型$\boldsymbol{\varphi}_1$ 中元素之间的相对比值。因此,实际求解振型时,总是给定振型中各元素具体数值,并保证各元素之间具有一个确定的比值。一种取法是使一个振型中绝对值最大的元素为1,其他元素再按比例得到,这种振型称为**最大值归一化振型**。例如,式(2-26)可写为

$$\boldsymbol{\varphi}_1=\begin{bmatrix}1\\1\end{bmatrix} \tag{2-28}$$

采用以上步骤,同样可以得到

$$\boldsymbol{\varphi}_2=\begin{bmatrix}1\\-1\end{bmatrix} \tag{2-29}$$

令

$$\boldsymbol{\Phi} = [\boldsymbol{\varphi}_1 \quad \boldsymbol{\varphi}_2] = \begin{bmatrix} \varphi_{11} & \varphi_{12} \\ \varphi_{21} & \varphi_{22} \end{bmatrix} \tag{2-30}$$

称 $\boldsymbol{\Phi}$ 为系统的**振型矩阵**。可以将各阶振型画在系统下面,形成振型图,如图 2-5 所示。

画振型图的基本步骤如下:

(1) 根据系统边界确定固定点,如图 2-5 中的 A、B。

(2) 通过固定点画出基准线。

(3) 标出振型各自由度数值点,如图 2-5 中的 C、D,正值在基准线上方,负值在基准线下方(注意,振型中的正负只具有相对意义,可认为正负对换的振型图相同)。

(4) 顺次连接固定点和各数值点,形成振型图。

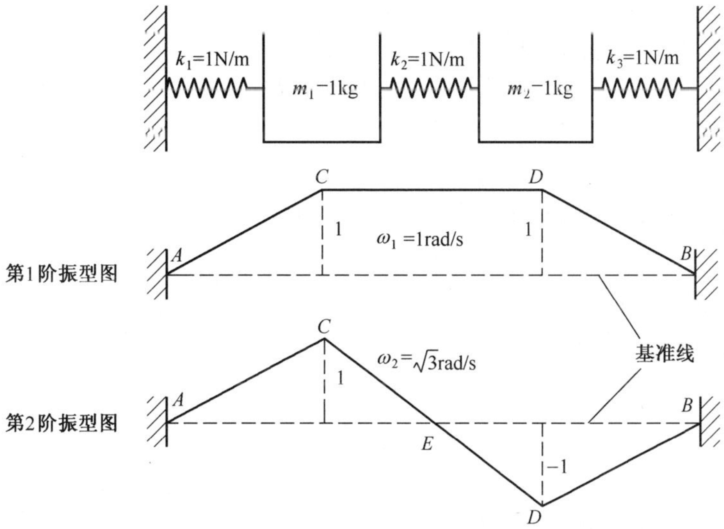

图 2-5　两自由度系统振型图

某阶振型图表征了系统可能发生的该阶**固有振动**的形态,此时系统的振动频率等于该阶振型的固有频率,各自由度实际位移之间满足该阶振型对应的各元素之间的相对比值。振型图中包含了许多有价值的信息。例如,对图 2-5 中的振型图进行分析可得到以下结论:

(1) 当系统发生第一阶固有振动时,两质量块的运动方向始终相同,位移值也相同,此时中间弹簧两个端点位移同向且数值相同,因此该弹簧将不发生弹性变形。

(2) 当系统发生第二阶固有振动时,两质量块的运动方向始终相反,位移绝对值相同,此时中间弹簧两个端点位移反向且绝对值相同,因此该弹簧中心点将保持不动,即图中的 E 点,在固有振动中除边界固定点之外,其他保持不动的点称为结点。一般构造类似于图 2-5 所示的多自由度系统的第 n 阶振型有 $(n-1)$ 个结点。

(3) 实振型中符号相同的元素对应自由度的运动方向相同,即同相位;符号不同的元素对应自由度的运动方向相反,相位相差 180°。即在实振型中,除结点外,各自由度的运动方向要么相同,要么相反。

由式(2-27)的第 1 式可以得到

$$\boldsymbol{K}\boldsymbol{\varphi}_1 = \omega_1^2 \boldsymbol{M}\boldsymbol{\varphi}_1 \tag{2-31}$$

将式(2-31)两边同乘以 $\boldsymbol{\varphi}_1^{\mathrm{T}}=[\varphi_{11}\quad \varphi_{21}]$ 后可得

$$\boldsymbol{\varphi}_1^{\mathrm{T}}\boldsymbol{K}\boldsymbol{\varphi}_1=\omega_1^2\boldsymbol{\varphi}_1^{\mathrm{T}}\boldsymbol{M}\boldsymbol{\varphi}_1 \tag{2-32}$$

由矩阵乘法可知，$\boldsymbol{\varphi}_1^{\mathrm{T}}\boldsymbol{K}\boldsymbol{\varphi}_1$ 和 $\boldsymbol{\varphi}_1^{\mathrm{T}}\boldsymbol{M}\boldsymbol{\varphi}_1$ 均为标量。令

$$K_1=\boldsymbol{\varphi}_1^{\mathrm{T}}\boldsymbol{K}\boldsymbol{\varphi}_1 \tag{2-33}$$

$$M_1=\boldsymbol{\varphi}_1^{\mathrm{T}}\boldsymbol{M}\boldsymbol{\varphi}_1 \tag{2-34}$$

称 K_1 为系统的第1阶**模态刚度**，M_1 为系统的第1阶**模态质量**。显然有

$$\omega_1^2=\frac{K_1}{M_1} \tag{2-35}$$

一般地，对于一个 n 自由度系统，有

$$\omega_i^2=\frac{K_i}{M_i},\quad K_i=\boldsymbol{\varphi}_i^{\mathrm{T}}\boldsymbol{K}\boldsymbol{\varphi}_i,\quad M_i=\boldsymbol{\varphi}_i^{\mathrm{T}}\boldsymbol{M}\boldsymbol{\varphi}_i\quad i=1,2,\cdots,n \tag{2-36}$$

称 K_i 为系统的第 i 阶模态刚度，M_i 为系统的第 i 阶模态质量。

由于振型的元素值仅具有相对意义，因此模态刚度和模态质量也仅具有相对意义，但模态刚度和模态质量的比值是确定的。如果使

$$M_i=\boldsymbol{\varphi}_i^{\mathrm{T}}\boldsymbol{M}\boldsymbol{\varphi}_i=1\quad i=1,2,\cdots,n \tag{2-37}$$

则称这样的振型为**模态质量归一化振型**，此时模态刚度为

$$K_i=\boldsymbol{\varphi}_i^{\mathrm{T}}\boldsymbol{K}\boldsymbol{\varphi}_i=\omega_i^2\quad i=1,2,\cdots,n \tag{2-38}$$

使用模态质量归一化振型，可使有关公式推导得到一定简化。将普通第 i 阶振型 $\bar{\boldsymbol{\varphi}}_i$ 化为模态质量归一化振型$\boldsymbol{\varphi}_i$，可采取以下方法，即

$$\bar{M}_i=\bar{\boldsymbol{\varphi}}_i^{\mathrm{T}}\boldsymbol{M}\bar{\boldsymbol{\varphi}}_i \tag{2-39}$$

$$\boldsymbol{\varphi}_i=\frac{1}{\sqrt{\bar{M}_i}}\bar{\boldsymbol{\varphi}}_i \tag{2-40}$$

对于 n 自由度系统，如果分别将第 i 阶特征对和第 j 阶特征对代入式(2-15)，可得

$$\boldsymbol{K}\boldsymbol{\varphi}_i=\omega_i^2\boldsymbol{M}\boldsymbol{\varphi}_i \tag{2-41}$$

$$\boldsymbol{K}\boldsymbol{\varphi}_j=\omega_j^2\boldsymbol{M}\boldsymbol{\varphi}_j \tag{2-42}$$

对式(2-41)两边进行转置，并注意 $\boldsymbol{K}^{\mathrm{T}}=\boldsymbol{K}$，$\boldsymbol{M}^{\mathrm{T}}=\boldsymbol{M}$（$\boldsymbol{K}$ 和 $\boldsymbol{M}$ 为对称矩阵），可得

$$\boldsymbol{\varphi}_i^{\mathrm{T}}\boldsymbol{K}=\omega_i^2\boldsymbol{\varphi}_i^{\mathrm{T}}\boldsymbol{M} \tag{2-43}$$

将式(2-43)两边同时乘 $\boldsymbol{\varphi}_j$，可得

$$\boldsymbol{\varphi}_i^{\mathrm{T}}\boldsymbol{K}\boldsymbol{\varphi}_j=\omega_i^2\boldsymbol{\varphi}_i^{\mathrm{T}}\boldsymbol{M}\boldsymbol{\varphi}_j \tag{2-44}$$

另外，直接在式(2-42)两边同乘$\boldsymbol{\varphi}_i^{\mathrm{T}}$，可得

$$\boldsymbol{\varphi}_i^{\mathrm{T}}\boldsymbol{K}\boldsymbol{\varphi}_j=\omega_j^2\boldsymbol{\varphi}_i^{\mathrm{T}}\boldsymbol{M}\boldsymbol{\varphi}_j \tag{2-45}$$

比较式(2-44)和式(2-45)，可得

$$(\omega_i^2-\omega_j^2)\boldsymbol{\varphi}_i^{\mathrm{T}}\boldsymbol{M}\boldsymbol{\varphi}_j=0 \tag{2-46}$$

当 $\omega_i\neq\omega_j$ 时，可得

$$\boldsymbol{\varphi}_i^{\mathrm{T}}\boldsymbol{M}\boldsymbol{\varphi}_j=0 \tag{2-47}$$

将式(2-47)代回式(2-44)，又可得

$$\boldsymbol{\varphi}_i^{\mathrm{T}}\boldsymbol{K}\boldsymbol{\varphi}_j=0 \tag{2-48}$$

至此可以完整地写出以下公式，即

$$\begin{cases}\boldsymbol{\varphi}_i^{\mathrm{T}}\boldsymbol{M}\,\boldsymbol{\varphi}_i = M_i, & \boldsymbol{\varphi}_i^{\mathrm{T}}\boldsymbol{K}\,\boldsymbol{\varphi}_i = K_i \\ \boldsymbol{\varphi}_i^{\mathrm{T}}\boldsymbol{M}\,\boldsymbol{\varphi}_j = 0, & \boldsymbol{\varphi}_i^{\mathrm{T}}\boldsymbol{K}\,\boldsymbol{\varphi}_j = 0 \quad (i \neq j)\end{cases} \quad (i,j = 1,2,\cdots,n) \tag{2-49}$$

式(2－49)称为多自由度系统的**振型正交性条件**,还可用矩阵形式书写为

$$\boldsymbol{\Phi}^{\mathrm{T}}\boldsymbol{M}\boldsymbol{\Phi} = \begin{bmatrix}\boldsymbol{\varphi}_1^{\mathrm{T}} \\ \boldsymbol{\varphi}_2^{\mathrm{T}} \\ \vdots \\ \boldsymbol{\varphi}_n^{\mathrm{T}}\end{bmatrix}\boldsymbol{M}[\boldsymbol{\varphi}_1 \quad \boldsymbol{\varphi}_2 \quad \cdots \quad \boldsymbol{\varphi}_n] = \begin{bmatrix}\boldsymbol{\varphi}_1^{\mathrm{T}}\boldsymbol{M}\,\boldsymbol{\varphi}_1 & \boldsymbol{\varphi}_1^{\mathrm{T}}\boldsymbol{M}\,\boldsymbol{\varphi}_2 & \cdots & \boldsymbol{\varphi}_1^{\mathrm{T}}\boldsymbol{M}\,\boldsymbol{\varphi}_n \\ \boldsymbol{\varphi}_2^{\mathrm{T}}\boldsymbol{M}\,\boldsymbol{\varphi}_1 & \boldsymbol{\varphi}_2^{\mathrm{T}}\boldsymbol{M}\,\boldsymbol{\varphi}_2 & \cdots & \boldsymbol{\varphi}_2^{\mathrm{T}}\boldsymbol{M}\,\boldsymbol{\varphi}_n \\ \vdots & \vdots & \ddots & \vdots \\ \boldsymbol{\varphi}_n^{\mathrm{T}}\boldsymbol{M}\,\boldsymbol{\varphi}_1 & \boldsymbol{\varphi}_n^{\mathrm{T}}\boldsymbol{M}\,\boldsymbol{\varphi}_2 & \cdots & \boldsymbol{\varphi}_n^{\mathrm{T}}\boldsymbol{M}\,\boldsymbol{\varphi}_n\end{bmatrix}$$

$$= \begin{bmatrix}M_1 & 0 & \cdots & 0 \\ 0 & M_2 & \cdots & 0 \\ \vdots & \vdots & \ddots & \vdots \\ 0 & 0 & \cdots & M_n\end{bmatrix} = \mathrm{diag}(M_i) \quad i = 1,2,\cdots,n \tag{2-50}$$

式中:diag 表示对角矩阵。同理可得

$$\boldsymbol{\Phi}^{\mathrm{T}}\boldsymbol{K}\boldsymbol{\Phi} = \begin{bmatrix}K_1 & 0 & \cdots & 0 \\ 0 & K_2 & \cdots & 0 \\ \vdots & \vdots & \ddots & \vdots \\ 0 & 0 & \cdots & K_n\end{bmatrix} = \mathrm{diag}(K_i) \quad i = 1,2,\cdots,n \tag{2-51}$$

当 n 自由度系统的 n 个振型具有式(2－49)或式(2－50)、式(2－51)的正交性时,根据线性空间理论,这 n 个 $n\times1$ 维振型可构成 $n\times1$ 维线性空间的一个基底,即该空间内任意一个 $n\times1$ 维向量都可用该基底向量即振型向量线性组合构成。因此,n 自由度系统的 $n\times1$ 维位移向量 $\boldsymbol{u}(t)$ 同样可由振型向量线性组合得到,即

$$\boldsymbol{u}(t) = q_1(t)\,\boldsymbol{\varphi}_1 + q_2(t)\,\boldsymbol{\varphi}_2 + \cdots + q_n(t)\,\boldsymbol{\varphi}_n \tag{2-52}$$

式中:$q_1(t)$、$q_2(t)$、…、$q_n(t)$ 为**动态线性叠加系数**。

在振动问题中,位移向量 $\boldsymbol{u}(t)$ 在不同时刻可能是不同向量,因此相应的线性叠加系数也与时刻相关,这正是动态问题中线性叠加与静态问题中线性叠加的根本区别。静态问题线性叠加仅相当于实施在动态问题中的某一给定时刻。$q_1(t),q_2(t),\cdots,q_n(t)$ 又称为**模态坐标**,而 $u_1(t),u_2(t),\cdots,u_n(t)$ 则称为物理坐标,式(2－52)是用模态坐标来表示物理坐标,该过程又称为**模态坐标变换**或**模态展开**。物理坐标具有明确的物理意义。例如,u_i 表示第 i 自由度的位移,而模态坐标的本质是动态线性叠加系数,它们已失去了明确的物理意义。式(2－52)又可写成

$$\boldsymbol{u}(t) = [\boldsymbol{\varphi}_1 \quad \boldsymbol{\varphi}_2 \quad \cdots \quad \boldsymbol{\varphi}_n]\begin{bmatrix}q_1 \\ q_2 \\ \vdots \\ q_n\end{bmatrix} = \boldsymbol{\Phi}\boldsymbol{q} \tag{2-53}$$

利用模态叠加法,可以较为容易地求解多自由度系统的响应。将式(2－53)代入式(2－12)可得

$$\begin{cases}\boldsymbol{M\Phi}\ddot{\boldsymbol{q}}+\boldsymbol{K\Phi q}=0\\ \boldsymbol{\Phi}\,\boldsymbol{q}_0=\boldsymbol{u}_0,\boldsymbol{\Phi}\,\dot{\boldsymbol{q}}_0=\dot{\boldsymbol{u}}_0\end{cases}\tag{2-54}$$

在式(2-54)第一式两边同乘以 $\boldsymbol{\Phi}^{\mathrm{T}}$ 并利用式(2-50)和式(2-51)得

$$\begin{bmatrix}M_1&0&\cdots&0\\0&M_2&\cdots&0\\\vdots&\vdots&\ddots&\vdots\\0&0&\cdots&M_n\end{bmatrix}\begin{bmatrix}\ddot{q}_1\\\ddot{q}_2\\\vdots\\\ddot{q}_n\end{bmatrix}+\begin{bmatrix}K_1&0&\cdots&0\\0&K_2&\cdots&0\\\vdots&\vdots&\ddots&\vdots\\0&0&\cdots&K_n\end{bmatrix}\begin{bmatrix}q_1\\q_2\\\vdots\\q_n\end{bmatrix}=\begin{bmatrix}0\\0\\\vdots\\0\end{bmatrix}\tag{2-55}$$

也即

$$M_i\ddot{q}_i+K_iq_i=0\quad i=1,2,\cdots,n\tag{2-56}$$

由式(2-54)第二式两边同乘以 $\boldsymbol{\Phi}^{\mathrm{T}}\boldsymbol{M}$,并利用式(2-50)和式(2-51)得

$$\begin{bmatrix}M_1&0&\cdots&0\\0&M_2&\cdots&0\\\vdots&\vdots&\ddots&\vdots\\0&0&\cdots&M_n\end{bmatrix}\begin{bmatrix}q_1(0)\\q_2(0)\\\vdots\\q_n(0)\end{bmatrix}=\begin{bmatrix}\boldsymbol{\varphi}_1^{\mathrm{T}}u_0\\\boldsymbol{\varphi}_2^{\mathrm{T}}u_0\\\vdots\\\boldsymbol{\varphi}_n^{\mathrm{T}}u_0\end{bmatrix},\quad\begin{bmatrix}M_1&0&\cdots&0\\0&M_2&\cdots&0\\\vdots&\vdots&\ddots&\vdots\\0&0&\cdots&M_n\end{bmatrix}\begin{bmatrix}\dot{q}_1(0)\\\dot{q}_2(0)\\\vdots\\\dot{q}_n(0)\end{bmatrix}=\begin{bmatrix}\boldsymbol{\varphi}_1^{\mathrm{T}}\dot{u}_0\\\boldsymbol{\varphi}_2^{\mathrm{T}}\dot{u}_0\\\vdots\\\boldsymbol{\varphi}_n^{\mathrm{T}}\dot{u}_0\end{bmatrix}\tag{2-57}$$

也即

$$q_i(0)=\frac{1}{M_i}\boldsymbol{\varphi}_i^{\mathrm{T}}u_0,\quad\dot{q}_i(0)=\frac{1}{M_i}\boldsymbol{\varphi}_i^{\mathrm{T}}\dot{u}_0\quad i=1,2,\cdots,n\tag{2-58}$$

将式(2-56)和式(2-58)写在一起,即得第 i 个模态坐标的自由振动方程为

$$\begin{cases}M_i\ddot{q}_i(t)+K_iq_i(t)=0\\ q_i(0)=\dfrac{1}{M_i}\boldsymbol{\varphi}_i^{\mathrm{T}}u_0,\quad\dot{q}_i(0)=\dfrac{1}{M_i}\boldsymbol{\varphi}_i^{\mathrm{T}}\dot{u}_0\end{cases}\quad i=1,2,\cdots,n\tag{2-59}$$

由单自由度系统振动理论可得

$$q_i(t)=q_i(0)\cos\omega_it+\frac{\dot{q}_i(0)}{\omega_i}\sin\omega_it\quad i=1,2,\cdots,n\tag{2-60}$$

则系统的物理响应为

$$\boldsymbol{u}(t)=q_1(t)\,\boldsymbol{\varphi}_1+q_2(t)\,\boldsymbol{\varphi}_2+\cdots+q_n(t)\,\boldsymbol{\varphi}_n=\boldsymbol{\Phi q}\tag{2-61}$$

上述求解过程称为多自由度系统的**模态叠加法**。从式(2-59)可以看出,采用模态叠加法求解时,各模态坐标方程类似于单自由度系统方程,与其他模态坐标无关。因此,在模态坐标下,系统方程呈**解耦状态**,每个方程中仅有一个未知函数。相反,在物理坐标下,如式(2-12),每个方程中一般都有多于一个未知函数,方程呈**耦合状态**,难以求解。至此,得到如下结论:**线性 n 自由度振动系统可采用模态叠加法,化为 n 个单自由度系统进行求解。**

例 2.3 求图 2-4 所示系统在初始条件 $\boldsymbol{u}_0=[0.1\quad0.1]^{\mathrm{T}}\mathrm{m}$,$\dot{\boldsymbol{u}}_0=0\mathrm{m/s}$ 激发下的自由振动响应。

解:由例 2.2 可知

$$\boldsymbol{M}=\begin{bmatrix}1&0\\0&1\end{bmatrix},\boldsymbol{K}=\begin{bmatrix}2&-1\\-1&2\end{bmatrix},\omega_1=1,\omega_2=\sqrt{3},\boldsymbol{\varphi}_1=\begin{bmatrix}1\\1\end{bmatrix},\boldsymbol{\varphi}_2=\begin{bmatrix}1\\-1\end{bmatrix}\tag{a}$$

则有

$$\begin{cases} M_1 = \boldsymbol{\varphi}_1^{\mathrm{T}} \boldsymbol{M} \boldsymbol{\varphi}_1 = [1 \quad 1] \begin{bmatrix} 1 & 0 \\ 0 & 1 \end{bmatrix} \begin{bmatrix} 1 \\ 1 \end{bmatrix} = 2 \\ M_2 = \boldsymbol{\varphi}_2^{\mathrm{T}} \boldsymbol{M} \boldsymbol{\varphi}_2 = [1 \quad -1] \begin{bmatrix} 1 & 0 \\ 0 & 1 \end{bmatrix} \begin{bmatrix} 1 \\ -1 \end{bmatrix} = 2 \end{cases} \tag{b}$$

由式(2-58)得到

$$\begin{cases} q_1(0) = \dfrac{1}{2}[1 \quad 1] \begin{bmatrix} 0.1 \\ 0.1 \end{bmatrix} = 0.1 \\ q_2(0) = \dfrac{1}{2}[1 \quad -1] \begin{bmatrix} 0.1 \\ 0.1 \end{bmatrix} = 0 \\ \dot{q}_1(0) = \dot{q}_2(0) = 0 \end{cases} \tag{c}$$

再由式(2-60)得到

$$\begin{cases} q_1(t) = 0.1\cos t \\ q_2(t) = 0 \end{cases} \tag{d}$$

由式(2-61)得到

$$u(t) = 0.1\cos t \begin{bmatrix} 1 \\ 1 \end{bmatrix} = \begin{bmatrix} 0.1 \\ 0.1 \end{bmatrix} \cos t \tag{e}$$

分析本例所得结果可知,由于初始位移条件恰好是第一阶振型形态,因此系统仅有第一阶固有振动被激发出来,即两个质量块运动方向一致,位移也相同。

由方程式(2-3)得到有无阻尼系统的强迫振动方程为

$$\begin{cases} \boldsymbol{M}\ddot{\boldsymbol{u}}(t) + \boldsymbol{K}\boldsymbol{u}(t) = \boldsymbol{f}(t) \\ \boldsymbol{u}(0) = \boldsymbol{u}_0, \dot{\boldsymbol{u}}(0) = \dot{\boldsymbol{u}}_0 \end{cases} \tag{2-62}$$

同样,令 $\boldsymbol{u}=\boldsymbol{\Phi q}$ 代入式(2-62)第一式,并两边同乘 $\boldsymbol{\Phi}^{\mathrm{T}}$ 得到

$$\boldsymbol{\Phi}^{\mathrm{T}}\boldsymbol{M\Phi}\,\ddot{\boldsymbol{q}}+\boldsymbol{\Phi}^{\mathrm{T}}\boldsymbol{K\Phi q}=\boldsymbol{\Phi}^{\mathrm{T}}\boldsymbol{f} \tag{2-63}$$

利用正交性条件和式(2-58)的初始条件,可得

$$\begin{cases} M_i\ddot{q}_i(t) + K_i q_i(t) = \bar{f}_i(t) \\ q_i(0) = \dfrac{1}{M_i}\boldsymbol{\varphi}_i^{\mathrm{T}}\boldsymbol{u}_0, \quad \dot{q}_i(0) = \dfrac{1}{M_i}\boldsymbol{\varphi}_i^{\mathrm{T}}\dot{\boldsymbol{u}}_0 \end{cases} \quad i = 1,2,\cdots,n \tag{2-64}$$

式(2-64)是一个单自由度系统振动问题,其中 $\bar{f}_i(t) = \boldsymbol{\varphi}_i^{\mathrm{T}}\boldsymbol{f}(t)$ 可以为正弦力、周期力、瞬态力,都可以运用单自由度系统的求解方法进行求解,得到各 $q_i(t)$ 后,再用 $\boldsymbol{u} = \boldsymbol{\Phi q}$ 得到物理位移响应 $\boldsymbol{u}(t)$ 。

2.4　多自由度比例阻尼系统的振动

从上一节的分析可以看到,求解多自由度系统振动问题的关键是利用模态展开进行解耦,但这一方法是针对无阻尼系统的,下面分析将该法用于具有阻尼系统的情况。由方程式(2-3)得到有阻尼系统的一般振动方程为

$$\begin{cases}\boldsymbol{M}\ddot{\boldsymbol{u}}(t)+\boldsymbol{C}\dot{\boldsymbol{u}}(t)+\boldsymbol{K}\boldsymbol{u}(t)=\boldsymbol{f}(t)\\ \boldsymbol{u}(0)=\boldsymbol{u}_0,\quad \dot{\boldsymbol{u}}(0)=\dot{\boldsymbol{u}}_0\end{cases} \tag{2-65}$$

同样,令 $\boldsymbol{u}=\boldsymbol{\Phi q}$ 代入式(2-65)第一式,并两边同乘$\boldsymbol{\Phi}^{\mathrm{T}}$ 得到

$$\boldsymbol{\Phi}^{\mathrm{T}}\boldsymbol{M\Phi}\ddot{\boldsymbol{q}} + \boldsymbol{\Phi}^{\mathrm{T}}\boldsymbol{C\Phi}\dot{\boldsymbol{q}} + \boldsymbol{\Phi}^{\mathrm{T}}\boldsymbol{K\Phi q} = \boldsymbol{\Phi}^{\mathrm{T}}\boldsymbol{f} \tag{2-66}$$

由前述可知,$\boldsymbol{\Phi}^{\mathrm{T}}\boldsymbol{M\Phi}$ 和 $\boldsymbol{\Phi}^{\mathrm{T}}\boldsymbol{K\Phi}$ 均为对角阵,若 $\boldsymbol{\Phi}^{\mathrm{T}}\boldsymbol{C\Phi}$ 也是对角阵,则系统可实现解耦。由于固有振型矩阵 $\boldsymbol{\Phi}$ 是仅根据$(\boldsymbol{K},\boldsymbol{M})$求出的,与 $\boldsymbol{C}$ 无关。因此,一般来讲,$\boldsymbol{\Phi}$ 无法使$\boldsymbol{\Phi}^{\mathrm{T}}\boldsymbol{C\Phi}$ 成为对角阵。但在某些特殊情况下,$\boldsymbol{\Phi}^{\mathrm{T}}\boldsymbol{C\Phi}$ 可为对角阵,即系统阻尼矩阵可被系统的固有振型矩阵对角化,称此类系统为**比例阻尼系统**。例如,在振动分析中常用**瑞利阻尼**模型,该模型假设阻尼矩阵是质量矩阵和刚度矩阵的线性组合,即

$$\boldsymbol{C} = \alpha\boldsymbol{M} + \beta\boldsymbol{K} \tag{2-67}$$

式中:α 和 β 为常数,可根据工程经验进行选择。

利用式(2-67)得到

$$\boldsymbol{\Phi}^{\mathrm{T}}\boldsymbol{C\Phi} = \boldsymbol{\Phi}^{\mathrm{T}}(\alpha\boldsymbol{M} + \beta\boldsymbol{K})\boldsymbol{\Phi} = \alpha\,\boldsymbol{\Phi}^{\mathrm{T}}\boldsymbol{M\Phi} + \beta\,\boldsymbol{\Phi}^{\mathrm{T}}\boldsymbol{K\Phi} = \mathrm{diag}(C_i) \tag{2-68}$$

其中:

$$C_i = \boldsymbol{\varphi}_i^{\mathrm{T}}\boldsymbol{C}\,\boldsymbol{\varphi}_i = \alpha M_i + \beta K_i \tag{2-69}$$

在比例阻尼情况下,式(2-65)可以解耦为以下 n 个单自由系统方程,即

$$\begin{cases}M_i\ddot{q}_i(t) + C_i\dot{q}_i(t) + K_iq_i(t) = \bar{f}_i(t)\\ q_i(0) = \dfrac{1}{M_i}\boldsymbol{\varphi}_i^{\mathrm{T}}\boldsymbol{u}_0,\quad \dot{q}_i(0) = \dfrac{1}{M_i}\boldsymbol{\varphi}_i^{\mathrm{T}}\dot{\boldsymbol{u}}_0\end{cases}\quad i = 1,2,\cdots,n \tag{2-70}$$

该方程完全可以按照第 1 章有关单自由度问题的求解方法进行求解,此处不再赘述。式(2-70)中第 i 个方程的阻尼比称为**第 i 阶模态阻尼比**,其值为

$$\zeta_i = \frac{C_i}{2\sqrt{M_iK_i}} = \frac{\alpha M_i + \beta K_i}{2\sqrt{M_iK_i}} = \frac{1}{2}(\frac{\alpha}{\omega_i} + \beta\omega_i) \tag{2-71}$$

因此,如果第 i 阶振动为欠阻尼状态,即 $\zeta_i < 1$,则必须有

$$\frac{\alpha}{\omega_i} + \beta\omega_i < 2 \tag{2-72}$$

计算分析中,可根据**分析频带**(即响应中包含的最高振动频率)参考式(2-72)选择 α、β。对于工程结构,尤其是金属结构,常常有 $\omega_i >> 1$,因此在数值计算中 β 的取值要比 α 小得多,这样才能保证不出现过阻尼情况。为保证分析计算中不出现过阻尼,还可采用逆向方式选择阻尼矩阵,即先选定各阶阻尼比,使 $\zeta_i < 1(i = 1,2,\cdots,n)$,再利用

$$\boldsymbol{\Phi}^{\mathrm{T}}\boldsymbol{C\Phi} = \mathrm{diag}(C_i) = \mathrm{diag}(2\zeta_i\omega_iM_i) \tag{2-73}$$

得到

$$\boldsymbol{C} = \boldsymbol{\Phi}^{-\mathrm{T}}\mathrm{diag}(2\zeta_i\omega_iM_i)\,\boldsymbol{\Phi}^{-1} \tag{2-74}$$

其中 $\boldsymbol{\Phi}^{-1}$ 可通过以下方法计算,由

$$\boldsymbol{\Phi}^{\mathrm{T}}\boldsymbol{M\Phi} = \mathrm{diag}(M_i) \tag{2-75}$$

两边同乘 $\boldsymbol{\Phi}^{-1}$,得到

$$\boldsymbol{\Phi}^{\mathrm{T}}\boldsymbol{M} = \mathrm{diag}(M_i)\,\boldsymbol{\Phi}^{-1} \tag{2-76}$$

两边再同乘 diag(M_i) 的逆阵 diag($1/M_i$)，得到

$$\boldsymbol{\Phi}^{-1} = \mathrm{diag}\left(\frac{1}{M_i}\right)\boldsymbol{\Phi}^{\mathrm{T}}\boldsymbol{M} \tag{2-77}$$

当使用使模态质量归一化振型时，$M_i = 1$，可使上述有关公式得到一定程度的简化。

例 2.4　若 $\boldsymbol{M} = \begin{bmatrix} 1 & 0 \\ 0 & 1 \end{bmatrix}$，$\boldsymbol{K} = \begin{bmatrix} 2 & -1 \\ -1 & 2 \end{bmatrix}$，$\boldsymbol{C} = 0.1\boldsymbol{M} + 0.01\boldsymbol{K}$，$\boldsymbol{f} = \begin{bmatrix} 1 \\ 0 \end{bmatrix}\sin 3t$，求系统的稳态位移响应。

解：易知 $\omega_1 = 1$，$\omega_2 = \sqrt{3}$，$\boldsymbol{\varphi}_1 = [1 \quad 1]^{\mathrm{T}}$，$\boldsymbol{\varphi}_2 = [1 \quad -1]^{\mathrm{T}}$，$M_1 = M_2 = 2$，$K_1 = 2$，$K_2 = 6$，$C_1 = 0.22$，$C_2 = 0.26$，并且 $\zeta_1 = 0.055 < 1$，$\zeta_2 = 0.0375 < 1$，$\bar{f}_1(t) = \bar{f}_2(t) = \sin 3t$。

由式(2-70)第一式得到解耦后两个振动方程为

$$\begin{cases} 2\ddot{q}_1 + 0.22\dot{q}_1 + 2q_1 = \sin 3t \\ 2\ddot{q}_2 + 0.26\dot{q}_2 + 6q_2 = \sin 3t \end{cases} \tag{a}$$

对稳态响应，令 $q_1 = A_1\sin(3t + \phi_1)$，$q_2 = A_2\sin(3t + \phi_2)$，根据式(1-22)可得

$$\begin{cases} A_1 = 0.0624, \ \phi_1 = 0.0412 \\ A_2 = 0.0832, \ \phi_2 = 0.0649 \end{cases} \tag{b}$$

则系统的稳态位移响应为

$$\begin{aligned} \boldsymbol{u} &= q_1\boldsymbol{\phi}_1 + q_2\boldsymbol{\phi}_2 = A_1\sin(3t + \phi_1)\begin{bmatrix} 1 \\ 1 \end{bmatrix} + A_2\sin(3t + \phi_2)\begin{bmatrix} 1 \\ -1 \end{bmatrix} \\ &= \begin{bmatrix} 0.0624\sin(3t + 0.0412) + 0.0832\sin(3t + 0.0649) \\ 0.0624\sin(3t + 0.0412) - 0.0832\sin(3t + 0.0649) \end{bmatrix} \end{aligned} \tag{c}$$

图 2-6 给出两自由度的稳态响应曲线，由图可见，第一自由度的振动幅度较大，两个自由度的振动方向相反。

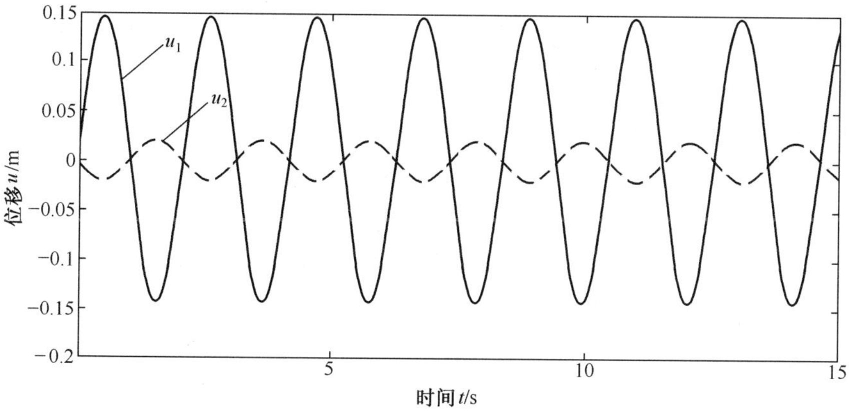

图 2-6　两自由度正弦激励稳态响应

2.5　多自由度系统振动分析的状态空间法

由前述内容可知，一般的非比例黏性阻尼矩阵是不能被固有振型矩阵对角化的，这种情况

下,系统不能解耦,模态叠加法将难以实施。下面通过状态空间法来解决这一问题。将 n 自由度系统振动方程

$$\begin{cases}\boldsymbol{M}\ddot{\boldsymbol{u}}(t)+\boldsymbol{C}\dot{\boldsymbol{u}}(t)+\boldsymbol{K}\boldsymbol{u}(t)=\boldsymbol{f}(t)\\ \boldsymbol{u}(0)=\boldsymbol{u}_0,\quad \dot{\boldsymbol{u}}(0)=\dot{\boldsymbol{u}}_0\end{cases}\tag{2-78}$$

式(2-78)的第一式两边同乘以$\boldsymbol{M}^{-1}$,得到

$$\begin{cases}\ddot{\boldsymbol{u}}(t)+\boldsymbol{M}^{-1}\boldsymbol{C}\dot{\boldsymbol{u}}(t)+\boldsymbol{M}^{-1}\boldsymbol{K}\boldsymbol{u}(t)=\boldsymbol{M}^{-1}\boldsymbol{f}(t)\\ \boldsymbol{u}(0)=\boldsymbol{u}_0,\quad \dot{\boldsymbol{u}}(0)=\dot{\boldsymbol{u}}_0\end{cases}\tag{2-79}$$

令

$$\boldsymbol{x}(t)=\begin{bmatrix}\boldsymbol{u}(t)\\ \dot{\boldsymbol{u}}(t)\end{bmatrix}_{2n\times 1}\tag{2-80}$$

可得

$$\begin{cases}\dot{\boldsymbol{x}}=\boldsymbol{A}\boldsymbol{x}+\boldsymbol{B}\boldsymbol{f}\\ \boldsymbol{x}_0=[\boldsymbol{u}_0\quad \dot{\boldsymbol{u}}_0]^{\mathrm{T}}\end{cases}\tag{2-81}$$

式中

$$\boldsymbol{A}=\begin{bmatrix}0 & \boldsymbol{I}\\ -\boldsymbol{M}^{-1}\boldsymbol{K} & -\boldsymbol{M}^{-1}\boldsymbol{C}\end{bmatrix}_{2n\times 2n}\tag{2-82}$$

$$\boldsymbol{B}=\begin{bmatrix}0\\ \boldsymbol{M}^{-1}\end{bmatrix}_{2n\times n}\tag{2-83}$$

注意,矩阵 $\boldsymbol{A}$ 一般为非对称的实阵。式(2-81)就是系统的状态方程,$\boldsymbol{x}(t)$ 称为系统的状态向量。在实际中,施加在结构上的力(尤其是控制力)可能远少于系统的物理自由度数 n,式(2-79)的第一式可写为

$$\ddot{\boldsymbol{u}}(t)+\boldsymbol{M}^{-1}\boldsymbol{C}\dot{\boldsymbol{u}}(t)+\boldsymbol{M}^{-1}\boldsymbol{K}\boldsymbol{u}(t)=\boldsymbol{M}^{-1}\boldsymbol{B}_0\boldsymbol{f}_{\mathrm{c}}(t)\tag{2-84}$$

式中:$\boldsymbol{f}_{\mathrm{c}}$ 为 $r\times 1$ 维向量,表示有 r 个独立的控制力;$\boldsymbol{B}_0$ 为 $n\times r$ 维矩阵,其作用是将 r 个独立的控制力线性组合到系统的 n 个物理自由度上。

此时系统的 $\boldsymbol{A}$ 矩阵不变,$\boldsymbol{B}$ 矩阵为

$$\boldsymbol{B}=\begin{bmatrix}0\\ \boldsymbol{M}^{-1}\end{bmatrix}\boldsymbol{B}_0=\begin{bmatrix}0\\ \boldsymbol{M}^{-1}\boldsymbol{B}_0\end{bmatrix}\tag{2-85}$$

例如,当仅有一个作用力,且该力仅作用在物理系统第一自由度时,$\boldsymbol{B}_0=[1\quad 0\quad \cdots\quad 0]^{\mathrm{T}}$。

现在考虑自由振动情形,由式(2-81)可得自由振动状态方程为

$$\begin{cases}\dot{\boldsymbol{x}}=\boldsymbol{A}\boldsymbol{x}\\ \boldsymbol{x}_0=[\boldsymbol{u}_0\quad \dot{\boldsymbol{u}}_0]^{\mathrm{T}}\end{cases}\tag{2-86}$$

令

$$\boldsymbol{x}=\boldsymbol{\psi}\mathrm{e}^{\lambda t}\tag{2-87}$$

式中:$\boldsymbol{\psi}$ 为常数向量;λ 为常数。将其代入式(2-86)的第一式,可得

$$\boldsymbol{A}\boldsymbol{\psi}=\lambda\boldsymbol{\psi}\tag{2-88}$$

式(2-88)是关于矩阵 $\boldsymbol{A}$ 的**标准特征值问题**,对 n 自由度系统而言,$\boldsymbol{A}$ 是 $2n\times 2n$ 维实矩阵,且一般非对称。解该标准特征值问题一般可得到 $2n$ 个复数特征值 λ_i 和复数特征向量 $\boldsymbol{\psi}_i$,且它们分别是 n 个共轭对,这种共轭关系可表达为

$$\lambda_{i+n}=\bar{\lambda}_i\quad i=1,2,\cdots,n \tag{2-89}$$

$$\boldsymbol{\psi}_{i+n}=\bar{\boldsymbol{\psi}}_i\quad i=1,2,\cdots,n \tag{2-90}$$

式中:$\bar{\lambda}_i$ 和 $\bar{\boldsymbol{\psi}}_i$ 分别为对 λ_i 和 $\boldsymbol{\psi}_i$ 取共轭。

由于矩阵 A 一般非对称,因此式(2-88)又称为 $\boldsymbol{A}$ 矩阵的**右特征值问题**,而 $\boldsymbol{A}$ 的转置矩阵 $\boldsymbol{A}^{\mathrm{T}}$ 的标准特征值问题称为 $\boldsymbol{A}$ 矩阵的**左特征值问题**。由矩阵理论可知,$\boldsymbol{A}$ 矩阵非对称时,其左、右特征值问题的特征值相同但特征向量不同。因此,$\boldsymbol{A}$ 矩阵的左特征值问题可写为

$$\boldsymbol{A}^{\mathrm{T}}\boldsymbol{\eta}=\lambda\boldsymbol{\eta} \tag{2-91}$$

同样,求解该标准特征值问题也可得到 $2n$ 个特征值 λ_i 和特征向量 $\boldsymbol{\eta}_i$,且它们也分别是共轭成对的。在本节以下公式中,若无特别声明,符号角标 i、j 都是 $1,2,\cdots,2n$。

对非对称矩阵引入左、右特征值问题的一个重要目的是要建立正交性条件。对于第 j 阶和第 i 振动分别运用式(2-88)和式(2-91)可得

$$\boldsymbol{A}\boldsymbol{\psi}_j=\lambda_j\boldsymbol{\psi}_j \tag{2-92}$$

$$\boldsymbol{A}^{\mathrm{T}}\boldsymbol{\eta}_i=\lambda_i\boldsymbol{\eta}_i \tag{2-93}$$

对式(2-93)两边进行转置,可得

$$\boldsymbol{\eta}_i^{\mathrm{T}}\boldsymbol{A}=\lambda_i\boldsymbol{\eta}_i^{\mathrm{T}} \tag{2-94}$$

将式(2-92)两边左乘 $\boldsymbol{\eta}_i^{\mathrm{T}}$,将式(2-94)两边右乘以 $\boldsymbol{\psi}_j$,并将所得结果相减且 $\lambda_i\neq\lambda_j$ 时,可得

$$\boldsymbol{\eta}_i^{\mathrm{T}}\boldsymbol{\psi}_j=0 \tag{2-95}$$

$$\boldsymbol{\eta}_i^{\mathrm{T}}\boldsymbol{A}\boldsymbol{\psi}_j=0 \tag{2-96}$$

当 $i=j$ 时,令

$$\boldsymbol{\eta}_i^{\mathrm{T}}\boldsymbol{\psi}_i=a_i \tag{2-97}$$

$$\boldsymbol{\eta}_i^{\mathrm{T}}\boldsymbol{A}\boldsymbol{\psi}_i=-b_i \tag{2-98}$$

显然有

$$b_i=-\lambda_i a_i \tag{2-99}$$

式(2-95)至式(2-99)就构成了状态空间下的正交性条件。由于在推导该正交性条件时未对黏性阻尼矩阵作其他假设,因此该正交性条件适合一般黏性阻尼系统。可进一步将正交性条件写为以下矩阵形式,即

$$\boldsymbol{H}^{\mathrm{T}}\boldsymbol{\Psi}=\mathrm{diag}(a_i) \tag{2-100}$$

$$\boldsymbol{H}^{\mathrm{T}}\boldsymbol{A}\boldsymbol{\Psi}=\mathrm{diag}(-b_i) \tag{2-101}$$

式中

$$\boldsymbol{\Psi}=[\boldsymbol{\psi}_1\quad\boldsymbol{\psi}_2\quad\cdots\quad\boldsymbol{\psi}_{2n}] \tag{2-102}$$

$$\boldsymbol{H}=[\boldsymbol{\eta}_1\quad\boldsymbol{\eta}_2\quad\cdots\quad\boldsymbol{\eta}_{2n}] \tag{2-103}$$

利用正交性条件,就可运用模态叠加法求解系统在状态空间下的响应。令

$$\boldsymbol{x}(t)=\boldsymbol{\Psi}\boldsymbol{q}(t) \tag{2-104}$$

代入式(2-81)得到

$$\begin{cases}\boldsymbol{\Psi}\dot{\boldsymbol{q}} = \boldsymbol{A}\boldsymbol{\Psi}\boldsymbol{q} + \boldsymbol{B}\boldsymbol{f} \\ \boldsymbol{\Psi}\boldsymbol{q}(0) = \boldsymbol{x}_0\end{cases} \tag{2-105}$$

式(2－105)两边同乘以 $\boldsymbol{H}^{\mathrm{T}}$,并运用正交性条件可得

$$\begin{cases}a_i\dot{q}_i + b_iq_i = \overline{f}_i \\ q_i(0) = \dfrac{1}{a_i}\boldsymbol{\eta}_i^{\mathrm{T}}\boldsymbol{x}_0\end{cases} \tag{2-106}$$

式中:

$$\overline{f}_i = \boldsymbol{\eta}_i^{\mathrm{T}}\boldsymbol{B}\boldsymbol{f} \tag{2-107}$$

式(2－106)是一阶常微分方程,根据 $\overline{f}_{\mathrm{i}}$ 的不同可分为三类典型情况: $\overline{f}_{\mathrm{i}}$ 为零、正弦激励、瞬态激励。以下针对这三类情况分别给出解答。

当 $\overline{f}_i$ 为零时,式(2－106)化为

$$\begin{cases}a_i\dot{q}_i + b_iq_i = 0 \\ q_i(0) = \dfrac{1}{a_i}\boldsymbol{\eta}_i^{\mathrm{T}}\boldsymbol{x}_0\end{cases} \tag{2-108}$$

令

$$q_i(t) = c_i\mathrm{e}^{\lambda_i t} \tag{2-109}$$

利用式(2－99)易知该解满足式(2－108)的第一式。再运用式(2－108)第二式可得

$$c_i = \frac{1}{a_i}\boldsymbol{\eta}_i^{\mathrm{T}}\boldsymbol{x}_0 \tag{2-110}$$

所以,有

$$q_i(t) = \frac{1}{a_i}\boldsymbol{\eta}_i^{\mathrm{T}}\boldsymbol{x}_0\mathrm{e}^{\lambda_i t} \tag{2-111}$$

则利用模态叠加得到系统对初始条件的响应为

$$\boldsymbol{x}(t) = \boldsymbol{\Psi}\boldsymbol{q}(t) = q_1\boldsymbol{\psi}_1 + q_2\boldsymbol{\psi}_2 + \cdots + q_{2n}\boldsymbol{\psi}_{2n} \tag{2-112}$$

当 $\overline{f}_i$ 为正弦力时,假设 $\overline{f}_i(t) = \overline{f}_{i0}\sin\omega t$,式(2－106)化为

$$\begin{cases}a_i\dot{q}_i + b_iq_i = \overline{f}_{i0}\sin\omega t \\ q_i(0) = \dfrac{1}{a_i}\boldsymbol{\eta}_i^{\mathrm{T}}\boldsymbol{x}_0\end{cases} \tag{2-113}$$

易知 $c_i\mathrm{e}^{\lambda_i t}$ 是该方程的一个齐次解。令该方程的特解为 $s_i\sin(\omega t + \beta_i)$,将其代入方程式(2－113),可得

$$\begin{cases}s_i = \dfrac{\overline{f}_{i0}}{a_i\sqrt{\lambda_i^2 + \omega^2}} \\ \beta_i = \arctan\dfrac{\lambda_i}{\omega}\end{cases} \tag{2-114}$$

则得到该方程的全解为

$$q_i(t) = c_i e^{\lambda_i t} + \frac{\bar{f}_{i0}}{a_i\sqrt{\lambda_i^2 + \omega^2}}\sin\left(\omega t + \arctan\frac{\lambda_i}{\omega}\right) \tag{2-115}$$

再运用初始条件可得

$$c_i = q_i(0) - \frac{\bar{f}_{i0}}{a_i\sqrt{\lambda_i^2 + \omega^2}}\sin\left(\arctan\frac{\lambda_i}{\omega}\right) \tag{2-116}$$

同样,再运用式(2-112)得到系统的状态响应。

当 $\bar{f}_i$ 为瞬态力时,可采取求解一阶常微分方程的变异系数法求解式(2-106)。由前述可知,式(2-106)的齐次解为 $c_i e^{\lambda_i t}$,其中 c_i 为常数。变异系数法就是将齐次解中的常数 c_i 变异为函数 $c_i(t)$,得到方程的全解为

$$q_i(t) = c_i(t) e^{\lambda_i t} \tag{2-117}$$

将式(2-117)代入式(2-106)第一式中可得

$$\dot{c}_i(t) = \frac{\bar{f}_i(t)}{a_i} e^{-\lambda_i t} \tag{2-118}$$

对式(2-118)积分可得

$$c_i(t) = \bar{c}_i + \int_0^t \frac{\bar{f}_i(\tau)}{a_i} e^{-\lambda_i \tau} d\tau \tag{2-119}$$

其中 $\bar{c}_i$ 为积分常数。将式(2-119)代入式(2-117)得到

$$q_i(t) = \bar{c}_i e^{\lambda_i t} + e^{\lambda_i t}\int_0^t \frac{\bar{f}_i(\tau)}{a_i} e^{-\lambda_i \tau} d\tau \tag{2-120}$$

再运用式(2-106)第二式中的初始条件得到,$\bar{c}_i = q_i(0)$,所以有

$$q_i(t) = q_i(0) e^{\lambda_i t} + \int_0^t \frac{\bar{f}_i(\tau)}{a_i} e^{\lambda_i (t-\tau)} d\tau \tag{2-121}$$

同样,再运用式(2-112)即可得到系统的状态响应。

例 2.5　若 $\boldsymbol{M} = \begin{bmatrix} 1 & 0 \\ 0 & 1 \end{bmatrix}$,$\boldsymbol{K} = \begin{bmatrix} 2 & -1 \\ -1 & 2 \end{bmatrix}$,$\boldsymbol{C} = \begin{bmatrix} 0.05 & -0.03 \\ -0.03 & 0.03 \end{bmatrix}$,$\boldsymbol{f} = \begin{bmatrix} 1 \\ 0 \end{bmatrix} s(t)$,$s(t)$ 为单位阶跃力。求系统在零初始条件下的位移响应(本例不考虑各物理量单位)。

解:由前述例题可知,该系统的固有频率和固有振型为:$\omega_1 = 1$,$\omega_2 = \sqrt{3}$,$\boldsymbol{\varphi}_1 = \begin{bmatrix} 1 \\ 1 \end{bmatrix}$,$\boldsymbol{\varphi}_2 = \begin{bmatrix} 1 \\ -1 \end{bmatrix}$ 可以验证,$\boldsymbol{\varphi}_1^{T}\boldsymbol{C}\boldsymbol{\varphi}_2 = 0.02 \neq 0$,因此固有振型无法使阻尼矩阵对角化,即固有振型模态叠法不适合求解该问题,而必须采用状态空间模态叠加法进行求解。由式(2-82)得到

$$\boldsymbol{A} = \begin{bmatrix} 0 & \boldsymbol{I} \\ -\boldsymbol{M}^{-1}\boldsymbol{K} & -\boldsymbol{M}^{-1}\boldsymbol{C} \end{bmatrix} = \begin{bmatrix} 0 & 0 & 1 & 0 \\ 0 & 0 & 0 & 1 \\ -2 & 1 & -0.05 & 0.03 \\ 1 & -2 & 0.03 & -0.03 \end{bmatrix}$$

$$
\boldsymbol{B}=\begin{bmatrix}0\\ \boldsymbol{M}^{-1}\end{bmatrix}=\begin{bmatrix}0 & 0\\ 0 & 0\\ 1 & 0\\ 0 & 1\end{bmatrix} \tag{a}
$$

显然,$\boldsymbol{A}$ 不对称。利用 Matlab 中的 eig 函数命令可求得 $\boldsymbol{A}$ 的特征值和右特征向量为

$$
\lambda_{1,2}=-0.0350\pm1.7317\mathrm{i},\quad \lambda_{3,4}=-0.0050\pm1.0000\mathrm{i} \tag{b}
$$

$$
\boldsymbol{\Psi}=\begin{bmatrix}-0.0071-0.3536\mathrm{i} & -0.0071+0.3536\mathrm{i} & -0.0075-0.4999\mathrm{i} & -0.0075+0.4999\mathrm{i}\\ 0.0133+0.3532\mathrm{i} & 0.0133-0.3532\mathrm{i} & -0.0025-0.5000\mathrm{i} & -0.0025+0.5000\mathrm{i}\\ 0.6125 & 0.6125 & 0.4999-0.0050\mathrm{i} & 0.4999+0.0050\mathrm{i}\\ -0.6121+0.0106\mathrm{i} & -0.6121-0.0106\mathrm{i} & 0.5001 & 0.5001\end{bmatrix} \tag{c}
$$

同样,可得 $\boldsymbol{A}$ 的左特征向量矩阵为

$$
\boldsymbol{H}=\begin{bmatrix}0.6124 & 0.6124 & 0.4996-0.0150\mathrm{i} & 0.4996+0.0150\mathrm{i}\\ -0.6123+0.0035\mathrm{i} & -0.6123-0.0035\mathrm{i} & 0.5002 & 0.5002\\ 0.0092-0.3535\mathrm{i} & 0.0092+0.3535\mathrm{i} & -0.0075-0.4999\mathrm{i} & -0.0075+0.4999\mathrm{i}\\ -0.0031+0.3534\mathrm{i} & -0.0031-0.3534\mathrm{i} & -0.0025-0.5000\mathrm{i} & -0.0025+0.5000\mathrm{i}\end{bmatrix} \tag{d}
$$

通过矩阵运算可得

$$
\mathrm{diag}(a_i)=\boldsymbol{H}^{\mathrm{T}}\boldsymbol{\Psi}=\begin{bmatrix}-0.0100-0.8657\mathrm{i} & 0 & 0 & 0\\ 0 & -0.0100+0.8657\mathrm{i} & 0 & 0\\ 0 & 0 & -0.0200-0.9997\mathrm{i} & 0\\ 0 & 0 & 0 & -0.0200+0.9997\mathrm{i}\end{bmatrix} \tag{e}
$$

$$
\mathrm{diag}(b_i)=-\boldsymbol{H}^{\mathrm{T}}\boldsymbol{A}\boldsymbol{\Psi}=\begin{bmatrix}-1.4995-0.0130\mathrm{i} & 0 & 0 & 0\\ 0 & -1.4995+0.0130\mathrm{i} & 0 & 0\\ 0 & 0 & -0.9998+0.0150\mathrm{i} & 0\\ 0 & 0 & 0 & -0.9998-0.0150\mathrm{i}\end{bmatrix} \tag{f}
$$

由式(2-107)可得

$$
\begin{bmatrix}\bar{f}_1(t)\\ \bar{f}_2(t)\\ \bar{f}_3(t)\\ \bar{f}_4(t)\end{bmatrix}=\bar{\boldsymbol{f}}_0\boldsymbol{s}(\boldsymbol{t})=\begin{bmatrix}\bar{f}_{1,0}\\ \bar{f}_{2,0}\\ \bar{f}_{3,0}\\ \bar{f}_{4,0}\end{bmatrix}s(t)=\begin{bmatrix}0.0092-0.3535\mathrm{i}\\ 0.0092+0.3535\mathrm{i}\\ -0.0075-0.4999\mathrm{i}\\ -0.0075+0.4999\mathrm{i}\end{bmatrix}s(t) \tag{g}
$$

则在零初始条件下,由式(2-121)得到

$$
q_i(t)=\int_0^t\frac{\bar{f}_i(\tau)}{a_i}\mathrm{e}^{\lambda_i(t-\tau)}\mathrm{d}\tau=\frac{\bar{f}_{i,0}}{a_i}\int_0^t s(\tau)\mathrm{e}^{\lambda_i(t-\tau)}\mathrm{d}\tau=\frac{\bar{f}_{i,0}}{a_i}\int_0^t\mathrm{e}^{\lambda_i(t-\tau)}\mathrm{d}\tau=\frac{\bar{f}_{i,0}}{a_i\lambda_i}(\mathrm{e}^{\lambda_i t}-1) \tag{h}
$$

将各已知结果代入式(h)得到

$$\boldsymbol{q}(t)=\begin{bmatrix}q_1(t)\\q_2(t)\\q_3(t)\\q_4(t)\end{bmatrix}=\begin{bmatrix}(0.0041-0.2358\mathrm{i})(\mathrm{e}^{(-0.035+1.7317\mathrm{i})t}-1)\\(0.0041+0.2358\mathrm{i})(\mathrm{e}^{(-0.035-1.7317\mathrm{i})t}-1)\\-0.5000\mathrm{i}(\mathrm{e}^{(-0.005+\mathrm{i})t}-1)\\0.5000\mathrm{i}(\mathrm{e}^{(-0.005-\mathrm{i})t}-1)\end{bmatrix} \tag{i}$$

再由式(2-112)可以得到

$$\boldsymbol{u}(t)=\begin{bmatrix}u_1(t)\\u_2(t)\\\dot{u}_1(t)\\\dot{u}_2(t)\end{bmatrix}=q_1\boldsymbol{\psi}_1+q_2\boldsymbol{\psi}_2+q\boldsymbol{\psi}_3+q_4\boldsymbol{\psi}_4 \tag{j}$$

注意,由于复共轭原因,式(j)所得结果为实数。$u_1(t)$ 和 $u_2(t)$ 的响应如图 2-7 所示。

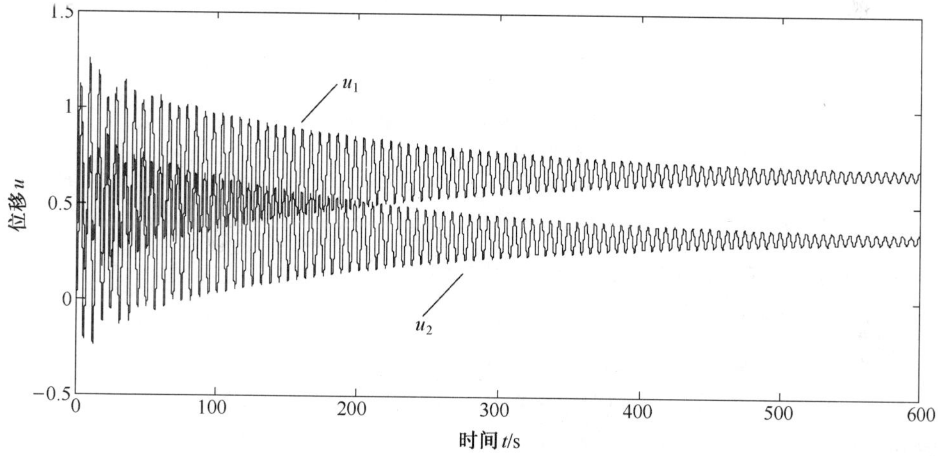

图 2-7　非比例阻尼两自由度阶跃激励响应解析解

例 2.6　采用数值解法求取例 2.5 中的位移响应。

解:采用 Matlab 编制以下程序进行计算,所得结果如图 2-8 所示,可见其与解析解相同。

```
% 例 2.6 程序
clc;clear all;close all;
A=[0 0 1 0;0 0 0 1;-2 1 -0.05 0.03;1 -2 0.03 -0.03];% 形成状态矩阵 A
B0=[1;0];
B=[0 0;0 0;1 0;0 1]*B0;% 形成状态矩阵 B
C=eye(4);% 形成状态矩阵 C
D=0;% 形成状态矩阵 D
sys=ss(A,B,C,D);% 形成系统模型
t=0:0.01:600;% 生成时间点
leng=length(t);% 求出时间点数
U(1:leng)=1;% 生成单位阶跃力
X0=zeros(4,1);% 赋状态向量零初始条件
[Y,t] = lsim(sys,U,t,X0)% 计算状态响应
```

```
plot(t,Y(:,1),'k',t,Y(:,2),'k','LineWidth',1) % 绘制状态量前两个量(位移)响应图
xlabel('时间 \itt \rm (s) ','fontname','Times New Roman','fontsize',9) % 设置坐标显示
ylabel('位移 \itu','fontname','Times New Roman','fontsize',9) % 设置坐标显示
set(gca,'fontsize',9,'fontname','Times New Roman') % 设置坐标显示
```

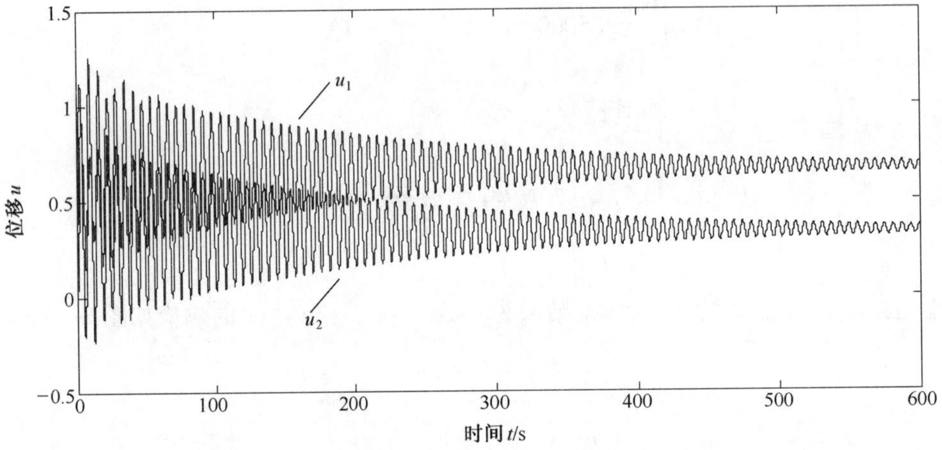

图 2－8　非比例阻尼两自由度阶跃激励响应数值解

例 2.7　n 自由度无阻尼系统的质量矩阵和刚度矩阵分别为 $\boldsymbol{M}$、$\boldsymbol{K}$，系统的固有特征对为 $(\lambda_i,\boldsymbol{\varphi}_i)$，其中，$\lambda_i=(\boldsymbol{\varphi}_i^{\mathrm{T}}\boldsymbol{K}\boldsymbol{\varphi}_i)/(\boldsymbol{\varphi}_i^{\mathrm{T}}\boldsymbol{M}\boldsymbol{\varphi}_i)\quad(i=1,2,\cdots,n)$，$\lambda_1\leqslant\lambda_2\cdots\leqslant\lambda_n$。若 $\boldsymbol{x}$ 为任一 $n\times 1$ 维非零向量，定义**瑞利商** $\lambda=(\boldsymbol{x}^{\mathrm{T}}\boldsymbol{K}\boldsymbol{x})/(\boldsymbol{x}^{\mathrm{T}}\boldsymbol{M}\boldsymbol{x})$，试证明 $\lambda_1\leqslant\lambda\leqslant\lambda_n$。

证明：因为 $\lambda_i=\dfrac{\boldsymbol{\varphi}_i^{\mathrm{T}}\boldsymbol{K}\boldsymbol{\varphi}_i}{\boldsymbol{\varphi}_i^{\mathrm{T}}\boldsymbol{M}\boldsymbol{\varphi}_{\mathrm{i}}}$，所以

$$\lambda_i M_i=K_i\quad i=1,2,\cdots,n \tag{a}$$

由模态展开可得

$$\boldsymbol{x}=c_1\boldsymbol{\varphi}_1+c_2\boldsymbol{\varphi}_2+\cdots+c_n\boldsymbol{\varphi}_n=\boldsymbol{\Phi c} \tag{b}$$

其中 $c_1,c_2,\cdots,c_n$ 为常数，$\boldsymbol{c}=[c_1,c_2,\cdots,c_n]^{\mathrm{T}}$。将式(b)代入题目中的瑞利商表达式，可得

$$\begin{aligned}\lambda&=\frac{\boldsymbol{x}^{\mathrm{T}}\boldsymbol{K}\boldsymbol{x}}{\boldsymbol{x}^{\mathrm{T}}\boldsymbol{M}\boldsymbol{x}}=\frac{\boldsymbol{c}^{\mathrm{T}}\boldsymbol{\Phi}^{\mathrm{T}}\boldsymbol{K}\boldsymbol{\Phi}\boldsymbol{c}}{\boldsymbol{c}^{\mathrm{T}}\boldsymbol{\Phi}^{\mathrm{T}}\boldsymbol{M}\boldsymbol{\Phi}\boldsymbol{c}}=\frac{\boldsymbol{c}^{\mathrm{T}}\mathrm{diag}(K_i)\boldsymbol{c}}{\boldsymbol{c}^{\mathrm{T}}\mathrm{diag}(M_i)\boldsymbol{c}}=\frac{c_1^2K_1+c_2^2K_2+\cdots+c_2^2K_n}{c_1^2M_1+c_2^2M_2+\cdots+c_2^2M_n}\\&=\frac{c_1^2\lambda_1M_1+c_2^2\lambda_2M_2+\cdots+c_2^2\lambda_nM_n}{c_1^2M_1+c_2^2M_2+\cdots+c_2^2M_n}\end{aligned} \tag{c}$$

又因为 $\lambda_1\leqslant\lambda_2\cdots\leqslant\lambda_n$，所以

$$\begin{aligned}\frac{\lambda_1(c_1^2M_1+c_2^2M_2+\cdots+c_2^2M_n)}{c_1^2M_1+c_2^2M_2+\cdots+c_2^2M_n}&\leqslant\frac{c_1^2\lambda_1M_1+c_2^2\lambda_2M_2+\cdots+c_2^2\lambda_nM_n}{c_1^2M_1+c_2^2M_2+\cdots+c_2^2M_n}\\&\leqslant\frac{\lambda_n(c_1^2M_1+c_2^2M_2+\cdots+c_2^2M_n)}{c_1^2M_1+c_2^2M_2+\cdots+c_2^2M_n}\end{aligned} \tag{d}$$

此即

$$\lambda_1\leqslant\lambda\leqslant\lambda_n \tag{e}$$

证毕。

习　题

2－1　建立图 2－9 所示系统的运动方程，求出固有频率。

（参考答案：$\boldsymbol{M}\ddot{\boldsymbol{u}} + \boldsymbol{K}\boldsymbol{u} = \boldsymbol{f}$，$\boldsymbol{M} = \begin{bmatrix} m & 0 \\ 0 & m \end{bmatrix}$，$\boldsymbol{K} = \begin{bmatrix} 3k & -2k \\ -2k & 3k \end{bmatrix}$，$\boldsymbol{u} = \begin{bmatrix} u_1 \\ u_2 \end{bmatrix}$，$\boldsymbol{f} = \begin{bmatrix} f_1 \\ f_2 \end{bmatrix}$，$\omega_1 = \sqrt{\frac{k}{m}}$ rad/s，$\omega_2 = \sqrt{\frac{5k}{m}}$ rad/s）

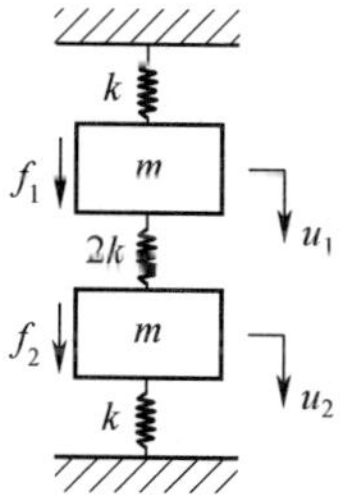

图 2－9　习题 2－1 图

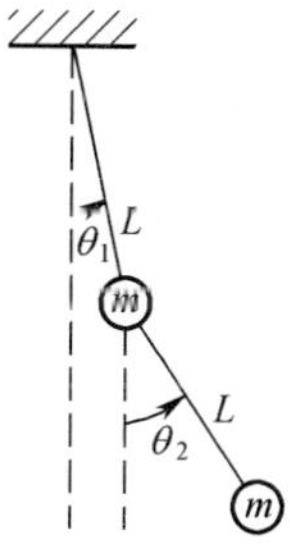

图 2－10　习题 2－2 图

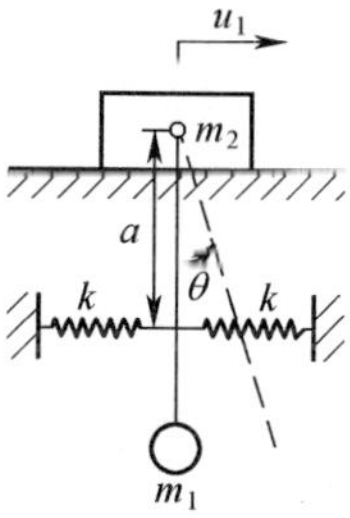

图 2－11　习题 2－3 图

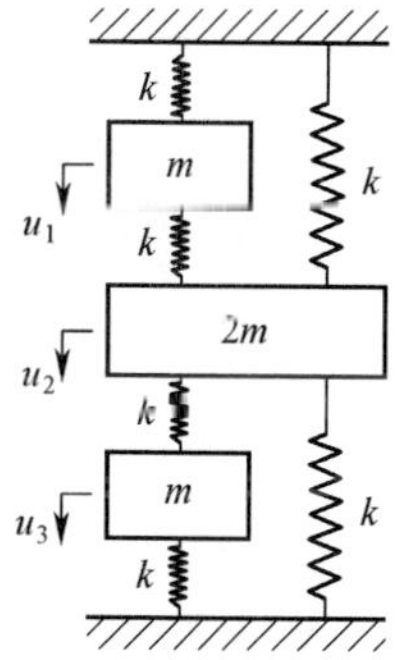

图 2－12　习题 2－4 图

2－2　列出图 2－10 所示双摆的微摆动运动方程，求出固有频率。

（参考答案：$\ddot{\theta}_1 + (\frac{g}{L})\theta_1 + \frac{1}{2}\ddot{\theta}_2 = 0$，$\ddot{\theta}_2 + \ddot{\theta}_1 + \frac{g}{L}\theta_2 = 0$，$\omega_1 = 0.7654\sqrt{\frac{g}{L}}$，$\omega_2 = 1.8478\sqrt{\frac{g}{L}}$）

2－3　图 2－11 所示单摆质量为 m 摆长为 L，质量块 M 可沿水平面无摩擦滑动。试用能量法列出系统矩阵。

（参考答案：$\boldsymbol{M} = \begin{bmatrix} m_1 + m_2 & m_1 L \\ m_1 L & m_1 L^2 \end{bmatrix}$，$\boldsymbol{K} = \begin{bmatrix} 2k & 2ak \\ 2ak & 2a^2 k \end{bmatrix}$，$\boldsymbol{u} = \begin{bmatrix} u_1 \\ \theta \end{bmatrix}$）

2－4　求图 2－12 所示系统的固有频率和固有振型，绘出振型图。

（参考答案：$\omega_1 = \sqrt{\frac{k}{m}}$，$\omega_2 = \sqrt{\frac{2k}{m}}$，$\omega_3 = \sqrt{\frac{3k}{m}}$，$\boldsymbol{\Phi} = \begin{bmatrix} 1 & -1 & -1 \\ 1 & 0 & 1 \\ 1 & 1 & -1 \end{bmatrix}$，振型图答案略）

2－5　求图 2－13 所示系统的固有频率和使模态质量归一化固有振型，其中 $k = 100$N/m，$m = 1$kg。

（参考答案：$\omega_1 = 10$rad/s，$\omega_2 = \omega_3 = 20$rad/s，$\boldsymbol{\Phi} = \begin{bmatrix} 0.5774 & -0.4082 & 0.7071 \\ 0.5774 & -0.4082 & -0.7071 \\ 0.5774 & 0.8165 & 0 \end{bmatrix}$）

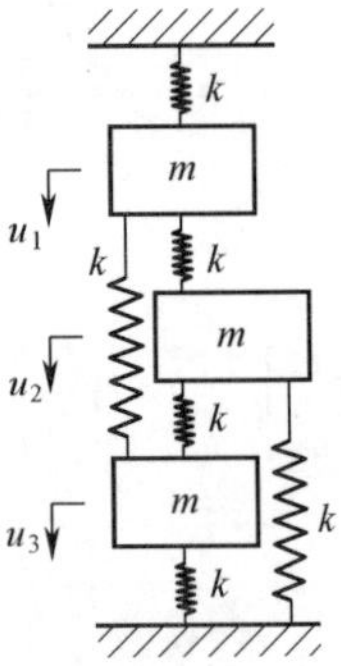

图 2-13　习题 2-5 图

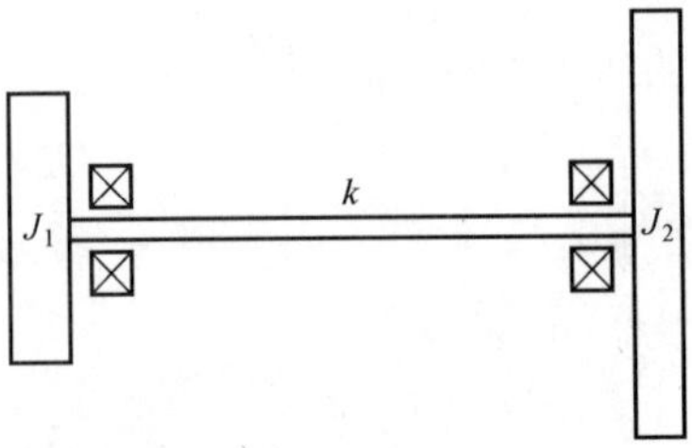

图 2-14　习题 2-6 图

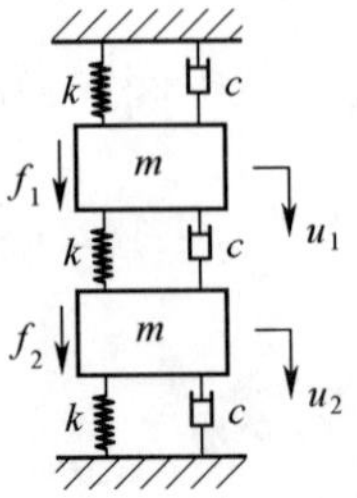

图 2-15　习题 2-7 图

2-6　如图 2-14 所示,圆轴的扭转刚度为 k ,不计圆轴的质量,圆盘的转动惯量分别为 J_1 和 J_2,试建立系统的自由转动方程,并求出转动固有频率和振型。

(参考答案: $\boldsymbol{M}\ddot{\boldsymbol{\theta}}+\boldsymbol{K}\boldsymbol{\theta}=0$, $\boldsymbol{M}=\begin{bmatrix}J_1 & 0\\0 & J_2\end{bmatrix}$, $\boldsymbol{K}=\begin{bmatrix}k & -k\\-k & k\end{bmatrix}$, $\boldsymbol{\theta}=\begin{bmatrix}\theta_1\\\theta_2\end{bmatrix}$, $\omega_1=0$,

$\omega_2=\sqrt{\dfrac{(J_1+J_2)k}{J_1J_2}}$, $\boldsymbol{\varphi}_1=\begin{bmatrix}1\\1\end{bmatrix}$, $\boldsymbol{\varphi}_2=\begin{bmatrix}-\dfrac{J_2}{J_1}\\1\end{bmatrix}$)

2-7　如图 2-15 所示系统, $k=100\text{N/m}$, $m=1\text{kg}$, $c=2\text{Ns/m}$。若 $f_1=10\sin(15t)$ N, $f_2=0$, 试用模态叠加法求系统的稳态位移响应。

(参考答案: $\boldsymbol{u}(t)=\begin{bmatrix}0.039\\0.039\end{bmatrix}\sin(15t+0.2355)+\begin{bmatrix}0.042\\-0.042\end{bmatrix}\sin(15t-0.8761)$ m)

2-8　用 Matlab 编程采用状态空间法求解绘制题 2-7 在零初始条件下的位移响应。

(参考答案:见图 2-16)

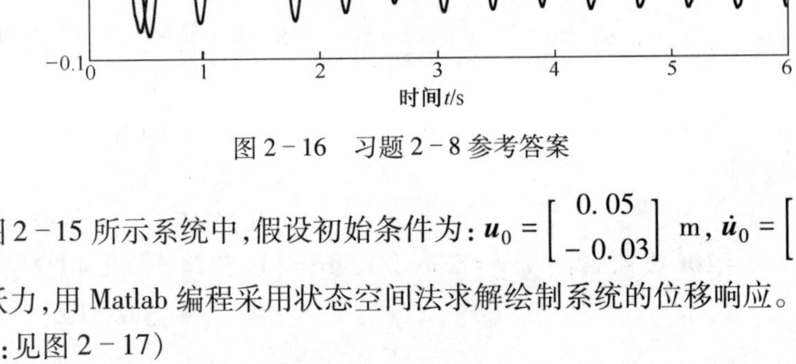

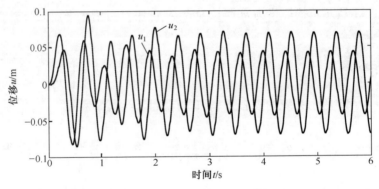

图 2-16　习题 2-8 参考答案

2-9　在图 2-15 所示系统中,假设初始条件为: $\boldsymbol{u}_0=\begin{bmatrix}0.05\\-0.03\end{bmatrix}$ m, $\dot{\boldsymbol{u}}_0=\begin{bmatrix}-0.1\\0.3\end{bmatrix}$ m/s, f_1、f_2 均为单位阶跃力,用 Matlab 编程采用状态空间法求解绘制系统的位移响应。

(参考答案:见图 2-17)

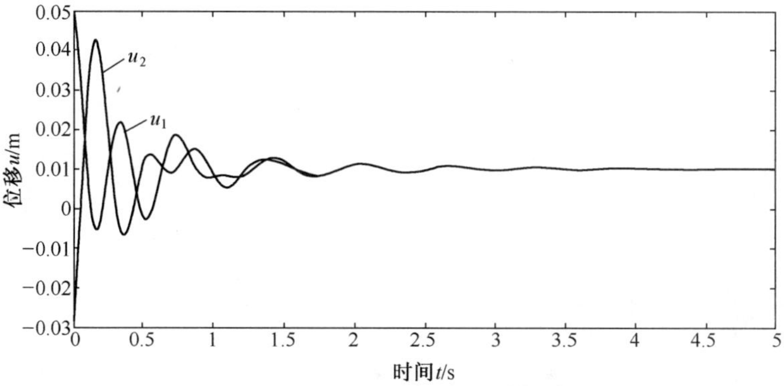

图 2－17　习题 2－9 参考答案

第3章 连续体振动系统

3.1 杆、轴、梁的分类

实际结构都是连续体,在振动中可能结构上每一个点的位移都不相同,因此连续体具有无限多个自由度。在连续体中有一类常用的细长体构件,本章将对其振动问题进行分析研究。根据细长体构件的受力方式可将其分为杆、轴、梁。在细长体构件中,仅承受纵向方向载荷的为**杆**,其变形形式为**拉压变形**;仅承受扭转载荷的为**轴**,其变形形式为**扭转变形**;承受横向载荷的为**梁**,其变形形式为**弯曲变形**。在实际中的构件往往同时承受多种载荷,即可能同时发生拉压、扭转和弯曲变形。但在线性范围内,这3种变形之间相互独立,互不影响,因此可对它们分别独立处理。

3.2 无阻尼杆纵向振动方程

如图3-1(a)所示,均匀等截面直杆的长度为 L ,横截面积为 A ,弹性模量为 E ,质量密度为 ρ 。沿杆的轴线方向建立空间坐标 x 。设杆在沿 x 轴纵向线分布载荷 $f(x,t)$ 作用下同一横截面上各点的位移相同且为 $u(x,t)$ 。

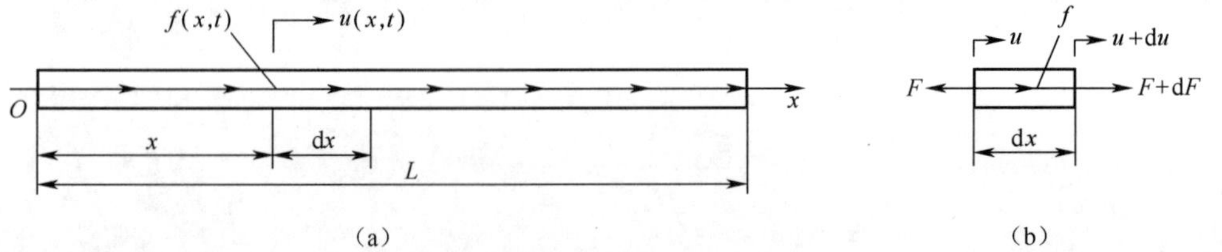

图3-1 杆的纵向振动微元体受力分析

取出杆中一微元体,其受力与变形分析如图3-1(b)所示。其中 F 为横截面上的总拉压力，它是横截面上正应力的合力，$\mathrm{d}F$ 是经过 $\mathrm{d}x$ 长度后横截面上的总拉压力的改变量。u 为横截面上任一点的位移，$\mathrm{d}u$ 是经过 $\mathrm{d}x$ 长度后横截面上的位移的改变量，且有

$$\mathrm{d}u=\frac{\partial u(x,t)}{\partial x}\mathrm{d}x \tag{3-1}$$

$$\mathrm{d}F=\frac{\partial F(x,t)}{\partial x}\mathrm{d}x \tag{3-2}$$

根据材料力学可得微元体的轴向拉压应变为

$$\varepsilon(x,t)=\frac{\partial u(x,t)}{\partial x} \tag{3-3}$$

由胡克定律得到横截面上的正应力为

$$\sigma(x,t)=E\varepsilon(x,t) \tag{3-4}$$

因此

$$F(x,t)=\sigma(x,t)A=E\varepsilon(x,t)A=EA\frac{\partial u(x,t)}{\partial x} \tag{3-5}$$

对微元体运用牛顿第二定律，可得

$$\rho A\mathrm{d}x\frac{\partial^2 u(x,t)}{\partial t^2}=\mathrm{d}F+f(x,t)\mathrm{d}x=\frac{\partial F(x,t)}{\partial x}\mathrm{d}x+f(x,t)\mathrm{d}x \tag{3-6}$$

将式(3-5)代入式(3-6)化简后可得

$$\rho A\frac{\partial^2 u(x,t)}{\partial t^2}=EA\frac{\partial^2 u(x,t)}{\partial x^2}+f(x,t) \tag{3-7}$$

式(3-7)就是**杆的纵向振动方程**。

杆的振动方程与前述的离散系统的振动方程有以下明显区别：①杆的振动方程中位移函数是空间坐标 x 和时间坐标 t 的多元函数，离散系统中位移函数仅是时间的函数；②杆的振动方程中具有位移自由度的运动微元体位置是由空间坐标 x 确定的，因此杆的运动自由度有无限多个，而离散系统中位移自由度是有限的，自由度可直接对应于对运动体的编号；③杆的振动方程是偏微分方程而离散系统的运动方程是常微分方程；④在杆的振动方程中外力以分布力形式出现，而在离散系统的运动方程中外力以集中力形式出现。

方程式(3-7)也可以写为

$$\frac{\partial^2 u(x,t)}{\partial t^2}=v^2\frac{\partial^2 u(x,t)}{\partial x^2}+\frac{1}{\rho A}f(x,t) \tag{3-8}$$

式中：v 为纵向振动在杆中的传播速度，且

$$v=\sqrt{\frac{EA}{\rho A}}=\sqrt{\frac{E}{\rho}} \tag{3-9}$$

3.3　杆的振动分析

杆的自由振动方程为

$$\frac{\partial^2 u(x,t)}{\partial t^2}=v^2\frac{\partial^2 u(x,t)}{\partial x^2} \tag{3-10}$$

求解该偏微分方程的基本方法是采用**分离变量法**，令

$$u(x,t)=\varphi(x)q(t) \tag{3-11}$$

将式(3-11)代入式(3-10)中，得到

$$\varphi(x)\ddot{q}(t)=v^2\varphi''(x)q(t) \tag{3-12}$$

式(3-12)中点表示对时间坐标 t 求导，撇表示对空间坐标 x 求导。式(3-12)可化为

$$\frac{\ddot{q}(t)}{q(t)}=v^2\frac{\varphi''(x)}{\varphi(x)} \tag{3-13}$$

式(3-13)左侧是时间 t 的函数，右侧是空间 x 的函数，若保持左右相等，则它们必须为同一个常数，设该常数为 $-\omega^2$，则由式(3-13)可得到以下两个方程，即

$$\ddot{q}(t)+\omega^2q(t)=0 \tag{3-14}$$

$$\varphi''(x)+\left(\frac{\omega}{v}\right)^2\varphi(x)=0 \tag{3-15}$$

参考单自由度系统的解，式(3-14)、式(3-15)的解可写为

$$q(t)=a_1\cos\omega t+a_2\sin\omega t \tag{3-16}$$

$$\varphi(x)=b_1\cos\frac{\omega}{v}x+b_2\sin\frac{\omega}{v}x \tag{3-17}$$

式中：常数 a_1、a_2 由杆纵向振动的初始条件确定；常数 b_1、b_2 由杆纵向振动的边界条件确定；ω 为杆的振动固有频率；$q(t)$ 对应于前章中所述的模态叠加系数或模态坐标；$\varphi(x)$ 对应于前章中所述的振型，此处称为**振型函数**。以下针对具体边界条件进行分析。

杆的边界主要有两种，一种是端面固定，另一种是端面自由，这两种边界称为简单边界。在固定边界处杆的纵向位移为0，在自由边界处杆的纵向应变为0。因此杆的简单边界对应的边界条件为

固定边界条件

$$u(0,t)=0\ 或\ u(L,t)=0 \tag{3-18}$$

自由边界条件

$$\frac{\partial u(0,t)}{\partial x}=0\ 或\ \frac{\partial u(L,t)}{\partial x}=0 \tag{3-19}$$

运用式(3-11)，式(3-18)、式(3-19)可进一步化为

固定边界条件

$$\varphi(0)=0\ 或\ \varphi(L)=0 \tag{3-20}$$

自由边界条件

$$\varphi'(0)=0\ 或\ \varphi'(L)=0 \tag{3-21}$$

例 3.1 试求左端固定右端自由杆纵向振动固有频率和振型函数。

解：由题意得

$$\varphi(0)=0,\varphi'(L)=0 \tag{a}$$

将式(a)分别代入式(3-17)中，可得

$$b_1=0,b_2\frac{\omega}{v}\cos\frac{\omega}{v}L=0 \tag{b}$$

由于 b_1、b_2 不应同时为零，所以有

$$\cos \frac{\omega}{v} L = 0 \tag{c}$$

这就是该**杆纵向振动的频率方程**。

解之得

$$\frac{\omega_i}{v} L = \left(i - \frac{1}{2}\right)\pi \quad i = 1,2,\cdots,\infty \tag{d}$$

也即

$$\omega_i = \left(i - \frac{1}{2}\right)\frac{\pi v}{L} = \left(i - \frac{1}{2}\right)\frac{\pi}{L}\sqrt{\frac{E}{\rho}} \quad i = 1,2,\cdots,\infty \tag{e}$$

将 ω_i 代入式(3－17)，并令 $b_2 = 1$(b_2 的非零取值不影响振型形状)，可得对应的振型函数为

$$\varphi_i(x) = \sin\left(i - \frac{1}{2}\right)\frac{\pi x}{L} \quad i = 1,2,\cdots,\infty \tag{f}$$

由以上两式可知，在杆的纵向振动中，固有振动频率和振型函数都有无限多个。

3.4 杆振型函数的正交性

与多自由度系统类似，杆的振型函数之间也具有正交性。将第 i 阶固有频率和振型函数代入式(3－15)，并根据式(3－9)可得

$$\rho A\omega_i^2\varphi_i(x) = -EA\varphi_i''(x) \tag{3-22}$$

同样，对于第 j 阶固有频率和振型函数有

$$\rho A\omega_j^2\varphi_j(x) = -EA\varphi_j''(x) \tag{3-23}$$

将式(3－22)两边同乘以 $\varphi_j(x)$，并在 $(0,L)$ 上积分可得

$$\begin{aligned}\int_0^L \rho A\omega_i^2\varphi_i\varphi_j \mathrm{d}x &= \int_0^L -EA\varphi_i''\varphi_j \mathrm{d}x \\ &= -EA\varphi_i'\varphi_j\Big|_0^L + \int_0^L EA\varphi_i'\varphi_j' \mathrm{d}x \\ &= -EA\varphi_i'(L)\varphi_j(L) + EA\varphi_i'(0)\varphi_j(0) + \int_0^L EA\varphi_i'\varphi_j' \mathrm{d}x\end{aligned} \tag{3-24}$$

根据边界条件式(3－20)和式(3－21)，可以确定

$$\begin{aligned} EA\varphi_i'(L)\varphi_j(L) = 0 \\ EA\varphi_i'(0)\varphi_j(0) = 0 \end{aligned} \tag{3-25}$$

因此式(3－24)可化为

$$\int_0^L \rho A\omega_i^2\varphi_i\varphi_j \mathrm{d}x = \int_0^L EA\varphi_i'\varphi_j' \mathrm{d}x \tag{3-26}$$

同样，将式(3－23)两边同乘以 $\varphi_i(x)$，并在 $(0,L)$ 上积分可得

$$\int_0^L \rho A\omega_j^2\varphi_i\varphi_j \mathrm{d}x = \int_0^L EA\varphi_i'\varphi_j' \mathrm{d}x \tag{3-27}$$

将以上两式相减，并且 $\omega_i \neq \omega_j$ 时可得

$$\int_0^L \rho A\varphi_i\varphi_j \mathrm{d}x = 0 \quad i \neq j \tag{3-28}$$

将式(3-28)代回式(3-24)和式(3-26),可再得

$$\begin{cases}\int_0^L EA\varphi''_i\varphi_j \mathrm{d}x = 0 \\ \int_0^L EA\varphi'_i\varphi'_j \mathrm{d}x = 0\end{cases} \quad i \neq j \tag{3-29}$$

当 $i=j$ 时,令

$$M_i = \int_0^L \rho A\varphi_i^2 \mathrm{d}x \tag{3-30}$$

$$K_i = \int_0^L -EA\varphi''_i\varphi_i \mathrm{d}x = \int_0^L EA\varphi_i'^2 \mathrm{d}x \tag{3-31}$$

称 M_i 和 K_i 分别为杆的第 i 阶模态质量和模态刚度。

式(3-28)至式(3-31)就是**杆纵向振动的正交性条件**,运用这些正交性条件,就可以用模态叠加法求解杆的振动响应。

3.5 求解杆振动响应的模态叠加法

在杆的振动方程式(3-7)中,令

$$u(x,t) = q_1(t)\varphi_1(x) + q_2(t)\varphi_2(x) + \cdots \tag{3-32}$$

将式(3-32)代入式(3-7)中,两边同乘以 $\varphi_i(x)$ 并在 $(0,L)$ 上积分,利用正交性条件可得

$$M_i\ddot{q}_i(t) + K_iq_i(t) = f_i(t) \quad i = 1,2,\cdots,\infty \tag{3-33}$$

式中

$$f_i(t) = \int_0^L f(x,t)\varphi_i(x)\mathrm{d}x \tag{3-34}$$

方程式(3-33)与无阻尼单自由度系统振动方程相同,其解法可参考第1章相关内容。式(3-33)对应的初始条件可根据式(3-32)运用正交性条件确定为

$$\begin{cases}q_i(0) = \dfrac{1}{M_i}\int_0^L \rho Au(x,0)\varphi_i(x)\mathrm{d}x \\ \dot{q}_i(0) = \dfrac{1}{M_i}\int_0^L \rho A\dot{u}(x,0)\varphi_i(x)\mathrm{d}x\end{cases} \tag{3-35}$$

求得 $q_i(t)$ 后,代入式(3-32),可得到杆的振动解 $u(x,t)$ 。

3.6 无阻尼圆轴扭转振动

下面来研究图3-2所示无阻尼、等横截面直圆轴的扭转振动问题。假设各横截面在扭转过程中保持为平面,图中 $m(x,t)$ 为圆轴受到的分布扭矩, $\mathrm{d}\theta$ 与 $\mathrm{d}T$ 的表达式分别为

$$\mathrm{d}\theta = \frac{\partial\theta(x,t)}{\partial x}\mathrm{d}x \tag{3-36}$$

$$\mathrm{d}T = \frac{\partial T(x,t)}{\partial x}\mathrm{d}x \tag{3-37}$$

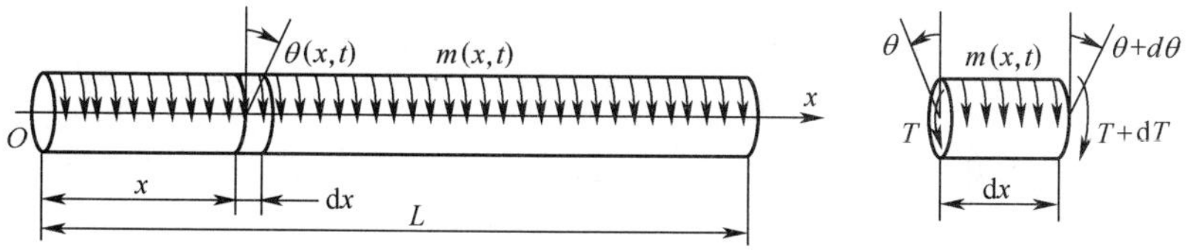

图 3-2　圆轴扭转振动微元体受力分析

根据材料力学可知

$$T(x,t) = GI_{\mathrm{p}}\frac{\partial \theta(x,t)}{\partial x} \tag{3-38}$$

式中：G 为圆轴材料的剪切模量；I_{p} 为圆轴横截面的极惯性矩，$I_{\mathrm{p}} = \pi d^4/32$；$d$ 为截面直径。

运用牛顿第二定律可建立微元体扭转振动方程为

$$\rho I_{\mathrm{p}}\frac{\partial^2\theta(x,t)}{\partial t^2} = GI_{\mathrm{p}}\frac{\partial^2\theta(x,t)}{\partial x^2} + m(x,t) \tag{3-39}$$

式中：ρ 为圆轴材料的质量密度。式(3-39)可化为

$$\frac{\partial^2\theta(x,t)}{\partial t^2} = v_\theta^2\frac{\partial^2\theta(x,t)}{\partial x^2} + \frac{1}{\rho I_{\mathrm{p}}}m(x,t) \tag{3-40}$$

式(3-40)即为圆轴扭转振动方程，式中 $v_\theta = \sqrt{G/\rho}$ 为扭转振动在圆轴中的传递速度。

对比可知，圆轴扭转振动方程与杆的纵向振动方程在形式上完全相同，因此其求解方法也相同，故不再赘述。

3.7　无阻尼直梁的弯曲振动

下面来探讨无阻尼直梁的弯曲振动问题。图 3-3 所示为直梁受横向分布载荷 $f(x,t)$ 和分布弯矩 $m(x,t)$ 作用，$w(x,t)$ 为梁在 x 处横截面中心沿 y 方向的挠度，Q 为横截面上的剪力，M 为横截面上的弯矩，假设梁横截面相等且弯曲时保持为平面，图中 dQ 和 dM 分别为

$$\mathrm{d}Q = \frac{\partial Q(x,t)}{\partial x}\mathrm{d}x \tag{3-41}$$

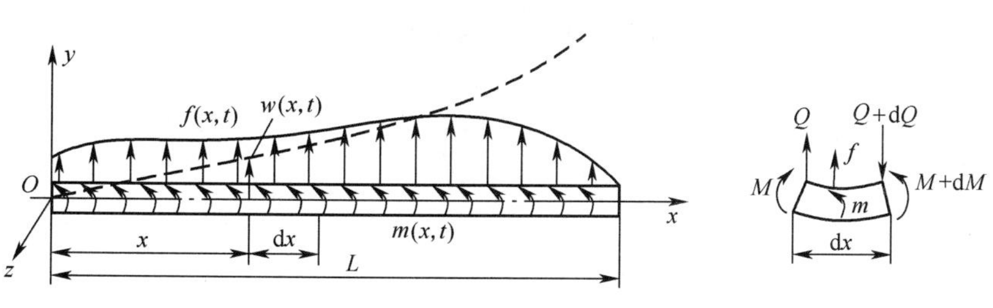

图 3-3　直梁弯曲振动微元体受力分析

$$\mathrm{d}M = \frac{\partial M(x,t)}{\partial x}\mathrm{d}x \tag{3-42}$$

运用牛顿第二定律,得到梁微元体沿 y 方向的动力学方程为

$$\rho A\frac{\partial^2 w(x,t)}{\partial t^2} = f(x,t) - \frac{\partial Q(x,t)}{\partial x} \tag{3-43}$$

另外,由材料力学可知

$$Q(x,t) = \frac{\partial M(x,t)}{\partial x} + m(x,t) \tag{3-44}$$

$$M(x,t) = EI\frac{\partial^2 w(x,t)}{\partial x^2} \tag{3-45}$$

式中:E 为梁材料弹性模量;I 为梁横截面绕 z 轴的转动惯性矩。

将式(3-44)、式(3-45)代入式(3-43)可得

$$\rho A\frac{\partial^2 w(x,t)}{\partial t^2} + EI\frac{\partial^4 w(x,t)}{\partial x^4} = f(x,t) - \frac{\partial m(x,t)}{\partial x} \tag{3-46}$$

这就是**直梁横向弯曲振动方程**。

3.8 无阻尼直梁横向振动分析

无阻尼直梁自由振动方程为

$$\rho A\frac{\partial^2 w(x,t)}{\partial t^2} + EI\frac{\partial^4 w(x,t)}{\partial x^4} = 0 \tag{3-47}$$

仍然采用分离变量法来求解该方程,令

$$w(x,t) = q(t)\varphi(x) \tag{3-48}$$

将式(3-48)代入式(3-47),得

$$\rho A\ddot{q}(t)\varphi(x) + EIq(t)\varphi^{(4)}(x) = 0 \tag{3-49}$$

将式(3-49)进行变量分离,可得

$$\frac{\ddot{q}(t)}{q(t)} = -\frac{EI}{\rho A}\frac{\varphi^{(4)}(x)}{\varphi(x)} \tag{3-50}$$

根据对杆振动的求解经验,可令式(3-50)左右同等于常数 $-\omega^2$,ω 为梁振动的固有频率,则有

$$\ddot{q}(t) + \omega^2 q(t) = 0 \tag{3-51}$$

$$\varphi^{(4)}(x) - \gamma^4\varphi(x) = 0 \tag{3-52}$$

式中

$$\omega^2 = \frac{EI}{\rho A}\gamma^4 \tag{3-53}$$

因此

$$\omega = \sqrt{\frac{EI}{\rho A}}\gamma^2 \tag{3-54}$$

易知,常微分方程式(3-51)的解为

$$q(t) = a_1\cos\omega t + a_2\sin\omega t \tag{3-55}$$

式中：常数 a_1、a_2 由初始条件决定。

令 $\varphi(x) = c\mathrm{e}^{\lambda x}$，代入常微分方程式(3-52)，可得其4个特征根为

$$\lambda_{1,2,3,4} = -\mathrm{j}\gamma、\mathrm{j}\gamma、-\gamma、\gamma \tag{3-56}$$

式中：j 为纯虚数因子。式(3-52)的解为

$$\varphi(x) = c_1\mathrm{e}^{-\mathrm{j}\gamma x} + c_2\mathrm{e}^{\mathrm{j}\gamma x} + c_3\mathrm{e}^{-\gamma x} + c_4\mathrm{e}^{\gamma x} \tag{3-57}$$

$\varphi(x)$ 可写为

$$\varphi(x) = c_1\cos\gamma x + c_2\sin\gamma x + c_3\mathrm{ch}\gamma x + c_4\mathrm{sh}\gamma x \tag{3-58}$$

直梁的简单边界条件有以下3种：

（1）**固定端** 在固定端端面上（$x = 0$ 或 $x = L$），挠度和转角为零，即

$$w = 0, w' = 0 \Rightarrow \varphi = 0, \varphi' = 0 \tag{3-59}$$

（2）**简支端** 在简支端端面上（$x = 0$ 或 $x = L$），挠度和弯矩为零，即

$$w = 0, EIw'' = 0 \Rightarrow \varphi = 0, \varphi'' = 0 \tag{3-60}$$

（3）**自由端** 在自由端端面上（$x = 0$ 或 $x = L$），弯矩和剪力为零，即

$$EIw'' = 0, EIw''' = 0 \Rightarrow \varphi'' = 0, \varphi''' = 0 \tag{3-61}$$

方程式(3-52)还可以通过拉普拉斯变换进行求解。令 $\varphi(x)$ 的拉普拉斯变换为 $\Phi(s)$，对方程式(3-52)进行拉普拉斯变换可得

$$\Phi(s) = \frac{s^3}{s^4-\gamma^4}\varphi(0) + \frac{s^2}{s^4-\gamma^4}\varphi'(0) + \frac{s}{s^4-\gamma^4}\varphi''(0) + \frac{1}{s^4-\gamma^4}\varphi'''(0) \tag{3-62}$$

将式(3-62)右侧各项写成有理分式，然后两边进行拉普拉斯逆变换（也可用 Matlab 的符号运算命令 ilaplace 对右侧各项直接进行拉普拉斯逆变换）可得

$$\begin{aligned}\varphi(x) &= \frac{\varphi(0)}{2}(\mathrm{ch}\gamma x + \cos\gamma x) + \frac{\varphi'(0)}{2\gamma}(\mathrm{sh}\gamma x + \sin\gamma x) \\ &\quad + \frac{\varphi''(0)}{2\gamma^2}(\mathrm{ch}\gamma x - \cos\gamma x) + \frac{\varphi'''(0)}{2\gamma^3}(\mathrm{sh}\gamma x - \sin\gamma x) \\ &= \varphi(0)S(\gamma x) + \varphi'(0)T(\gamma x) + \varphi''(0)U(\gamma x) + \varphi'''(0)V(\gamma x)\end{aligned} \tag{3-63}$$

式中：

$$\begin{aligned}S(\gamma x) &= \frac{1}{2}(\mathrm{ch}\gamma x + \cos\gamma x), T(\gamma x) = \frac{1}{2\gamma}(\mathrm{sh}\gamma x + \sin\gamma x) \\ U(\gamma x) &= \frac{1}{2\gamma^2}(\mathrm{ch}\gamma x - \cos\gamma x), V(\gamma x) = \frac{1}{2\gamma^3}(\mathrm{sh}\gamma x - \sin\gamma x)\end{aligned} \tag{3-64}$$

且有

$$\begin{aligned}&S'(\gamma x) = \gamma^4 V(\gamma x), T'(\gamma x) = S(\gamma x), U'(\gamma x) = T(\gamma x), V'(\gamma x) = U(\gamma x) \\ &S(0) = 1, T(0) = 0, U(0) = 0, V(0) = 0\end{aligned} \tag{3-65}$$

式(3-63)的优点是梁的一端边界条件直接出现在振型函数的表达式中。在直梁的简单边界条件式(3-59)至式(3-61)下，易知式(3-63)的右侧仅可能含有两项。以下通过实例来具体展示 $\varphi(x)$ 和 ω 的求解过程。

例3.2 （1）求两端简支梁横向振动的固有频率和振型函数。（2）求悬臂梁横向振动的固

有频率和振型函数。

解:(1)两端简支端边界条件为

$$\varphi(0)=0\ \varphi''(0)=0 \tag{a}$$

$$\varphi(L)=0\ \varphi''(L)=0 \tag{b}$$

将条件式(a)代入式(3-57)可得

$$\begin{cases} c_1+c_3=0 \\ -c_1+c_3=0 \end{cases} \Rightarrow c_1=c_3=0 \tag{c}$$

将 $c_1=c_3=0$ 和条件式(b)代入式(3-58)可得

$$\begin{cases} c_2\sin\gamma L+c_4\mathrm{sh}\gamma L=0 \\ -c_2\sin\gamma L+c_4\mathrm{sh}\gamma L=0 \end{cases} \Rightarrow \begin{cases} c_2\sin\gamma L=0 \\ c_4\mathrm{sh}\gamma L=0 \end{cases} \tag{d}$$

由于两端简支梁振动时不会产生刚体位移,因此其振动固有频率 $\omega>0$,所以 $\gamma L\neq 0$,则 $\mathrm{sh}\gamma L\neq 0$,由式(d)中第二式得到 $c_4=0$,这样可推得式(d)中第一式的 $c_2\neq 0$,因而有

$$\sin\gamma L=0 \tag{e}$$

式(e)为该**梁横向振动的频率方程**,解得

$$\gamma_i=\frac{i\pi}{L}\quad i=1,2,\cdots \tag{f}$$

再由式(3-54)可得两端简支梁固有振动频率为

$$\omega_i=\left(\frac{i\pi}{L}\right)^2\sqrt{\frac{EI}{\rho A}}\quad i=1,2,\cdots \tag{g}$$

对应的振型函数为

$$\varphi_i(x)=\sin\frac{i\pi x}{L}\quad i=1,2,\cdots \tag{h}$$

(2) 悬臂梁的边界条件为

$$\varphi(0)=0\varphi'(0)=0 \tag{i}$$

$$\varphi''(L)=0\ \varphi'''(L)=0 \tag{j}$$

将边界条件式(i)和式(j)代入式(3-63),可得

$$\begin{cases} \varphi''(0)(\mathrm{ch}\gamma L+\cos\gamma L)+\dfrac{\varphi'''(0)}{\gamma}(\mathrm{sh}\gamma L+\sin\gamma L)=0 \\ \gamma\varphi''(0)(\mathrm{sh}\gamma L-\sin\gamma L)+\varphi'''(0)(\mathrm{ch}\gamma L+\cos\gamma L)=0 \end{cases} \tag{k}$$

式(k)可看做是关于 $\varphi''(0)$、$\varphi'''(0)$ 的齐次线性代数方程组,其有非零解的充要条件为

$$\begin{vmatrix} \mathrm{ch}\gamma L+\cos\gamma L & \dfrac{1}{\gamma}(\mathrm{sh}\gamma L+\sin\gamma L) \\ \gamma(\mathrm{sh}\gamma L-\sin\gamma L) & (\mathrm{ch}\gamma L+\cos\gamma L) \end{vmatrix}=0 \tag{l}$$

由此得到频率方程为

$$\mathrm{ch}\gamma L\cos\gamma L=-1 \tag{m}$$

式(m)为超越方程,可用数值法求得 $\gamma_1,\gamma_2,\cdots$。求得频率方程解后,则根据式(3-63)得到悬臂梁的第 i 阶振型函数为

$$\varphi_i(x)=(\mathrm{ch}\gamma_i x-\cos\gamma_i x)+\beta_i(\mathrm{sh}\gamma_i x-\sin\gamma_i x) \tag{n}$$

式中:β_i 可由式(k)确定为

$$\beta_i = \frac{\varphi_i'''(0)}{\gamma_i \varphi_i''(0)} = -\frac{\mathrm{ch}\gamma_i L + \cos\gamma_i L}{\mathrm{sh}\gamma_i L + \sin\gamma_i L} \tag{o}$$

在几种常见边界条件下，均匀直梁特征根的解如表 3－1 所列。

表 3－1　几种边界条件下均匀直梁特征根的解

边界条件	特征根前 4 阶解			
	$\gamma_1 L$	$\gamma_2 L$	$\gamma_3 L$	$\gamma_4 L$
两端简支	π	2π	3π	4π
两端固支	4.7300	7.8532	10.9956	14.1372
两端自由	4.7300	7.8532	10.9956	14.1372
一端简支/一端固支	3.9266	7.0686	10.2102	13.3518
一端固支/一端自由	1.8751	4.6941	7.8548	10.9955
一端简支/一端自由	3.9266	7.0686	10.2102	13.3518
注：表中未计及刚体模态对应的零频				

3.9　梁振型函数的正交性

梁的振型函数同样具有正交性。对于第 i 和第 j 阶振动，式(3－52)分别可化为

$$\rho A\omega_i^2\varphi_i(x) = EI\varphi_i^{(4)}(x) \tag{3-66}$$

$$\rho A\omega_j^2\varphi_j(x) = EI\varphi_j^{(4)}(x) \tag{3-67}$$

将式(3－66)两边同乘以 $\varphi_j(x)$，并在 $[0,L]$ 积分可得

$$\begin{aligned}\omega_i^2\int_0^L \rho A\varphi_i\varphi_j\mathrm{d}x &= \int_0^L EI\varphi_i^{(4)}\varphi_j\mathrm{d}x \\ &= EI\varphi_i'''\varphi_j\big|_0^L - \int_0^L EI\varphi_i'''\varphi_j'\mathrm{d}x \\ &= EI\varphi_i'''\varphi_j\big|_0^L - EI\varphi''_i\varphi_j'\big|_0^L + \int_0^L EI\varphi''_i\varphi''_j\mathrm{d}x\end{aligned} \tag{3-68}$$

由边界条件式(3－59)至式(3－61)，可以判定式(3－68)右边前两项在任意简单边界条件下都一定为零，因此式(3－68)可化为

$$\omega_i^2\int_0^L \rho A\varphi_i\varphi_j\mathrm{d}x = \int_0^L EI\varphi''_i\varphi''_j\mathrm{d}x \tag{3-69}$$

同样，在式(3－67)两边同乘以 $\varphi_i(x)$，并在 $[0,L]$ 积分可得

$$\omega_j^2\int_0^L \rho A\varphi_i\varphi_j\mathrm{d}x = \int_0^L EI\varphi''_i\varphi''_j\mathrm{d}x \tag{3-70}$$

比较以上两式，可得

$$\begin{cases}\int_0^L \rho A\varphi_i\varphi_j\mathrm{d}x = 0 \\ \int_0^L EI\varphi''_i\varphi''_j\mathrm{d}x = 0\end{cases} \quad i \neq j \tag{3-71}$$

利用式(3－68)还可以得到

$$\int_0^L EI\varphi_i'''\varphi_j'\mathrm{d}x = 0 \quad i \neq j \tag{3-72}$$

$$\int_0^L EI\varphi_i^{(4)}\varphi_j \mathrm{d}x = 0 \quad i \neq j \tag{3-73}$$

当 $i=j$ 时，令

$$\int_0^L \rho A\varphi_i^2 \mathrm{d}x = M_i \tag{3-74}$$

$$\int_0^L EI(\varphi''_i)^2 \mathrm{d}x = K_i \tag{3-75}$$

显然，也有

$$\int_0^L EI\varphi_i^{(4)}\varphi_i \mathrm{d}x = \int_0^L EI\varphi'''_i\varphi'_i \mathrm{d}x = \int_0^L EI(\varphi''_i)^2 \mathrm{d}x = K_i \tag{3-76}$$

式中：M_i 和 K_i 分别为第 i 阶的模态质量和模态刚度。

式(3－71)至式(3－76)为**梁振型函数所满足的正交性条件**。

3.10 求解梁振动响应的模态叠加法

获得固有频率和振型函数后，梁的弯曲振动位移响应就可用模态叠加法表示为

$$w(x,t) = q_1(t)\varphi_1(x) + q_2(t)\varphi_2(x) + \cdots \tag{3-77}$$

将式(3－77)代入方程式(3－46)后，在方程两边同乘以 $\varphi_i(x)$ 在 $[0,L]$ 积分，利用正交性条件可得

$$M_i\ddot{q}_i(t) + K_iq_i(t) = f_i(t) \tag{3-78}$$

式中

$$f_i(t) = \int_0^L \varphi_i(x)\left[f(x,t) - \frac{\partial m(x,t)}{\partial x}\right]\mathrm{d}x \tag{3-79}$$

同样，式(3－78)可根据单自由度系统的求解方法进行求解，其中初始条件可利用式(3－77)确定为

$$\begin{cases} q_i(0) = \dfrac{1}{M_i}\displaystyle\int_0^L \rho A w(x,0)\varphi_i(x)\mathrm{d}x \\ \dot{q}_i(0) = \dfrac{1}{M_i}\displaystyle\int_0^L \rho A \dot{w}(x,0)\varphi_i(x)\mathrm{d}x \end{cases} \tag{3-80}$$

例 3.3 求两端简支均匀等截面直梁在初始条件 $w(x,0) = \sin\dfrac{\pi x}{L}, \dot{w}(x,0) = 0$ 激发下的自由振动响应。

解：两端简支均匀等截面直梁的固有频率和振型函数分别为

$$\omega_i = \left(\frac{i\pi}{L}\right)^2\sqrt{\frac{EI}{\rho A}} \quad i = 1,2,\cdots \tag{a}$$

$$\varphi_i(x) = \sin\frac{i\pi x}{L} \quad i = 1,2,\cdots \tag{b}$$

令

$$w(x,t) = q_1(t)\varphi_1(x) + q_2(t)\varphi_2(x) + \cdots \tag{c}$$

式中：$q_i(t)$ 满足

$$M_i\ddot{q}_i(t) + K_iq_i(t) = 0 \tag{d}$$

将题设初始条件代入式(3-80),利用正交性条件可得

$$\begin{cases} q_1(0) = \dfrac{1}{M_1}\displaystyle\int_0^L \rho A\varphi_1(x)\varphi_1(x)\,\mathrm{d}x = 1 \\ q_i(0) = \dfrac{1}{M_i}\displaystyle\int_0^L \rho A\varphi_1(x)\varphi_i(x)\,\mathrm{d}x = 0 \quad i = 2,3,\cdots \\ \dot{q}_i(0) = 0 \quad i = 1,2,\cdots \end{cases} \tag{e}$$

因此在式(d)中仅 $i = 1$ 时有非零解,且

$$q_1(t) = q_1(0)\cos\omega_1 t = \cos\omega_1 t \tag{f}$$

所以梁的横向振动响应为

$$w(x,t) = q_1(t)\varphi_1(x) = \cos\omega_1 t\sin\frac{\pi x}{L} \tag{g}$$

3.11 δ 函数

连续体振动方程都是在分布力作用下推导出来的,为了求解集中载荷作用下的振动响应问题,需先引入 δ 函数。δ 函数为实函数,它由下式定义:

$$\delta(x-\tau) = \begin{cases} \infty & x = \tau \\ 0 & x \neq \tau \end{cases} \tag{3-81}$$

$$\int_{-\infty}^{\infty} \delta(x-\tau)\,\mathrm{d}x = 1 \tag{3-82}$$

式中:τ 为任意实常数。δ 函数的图像如图 3-4(a)所示。

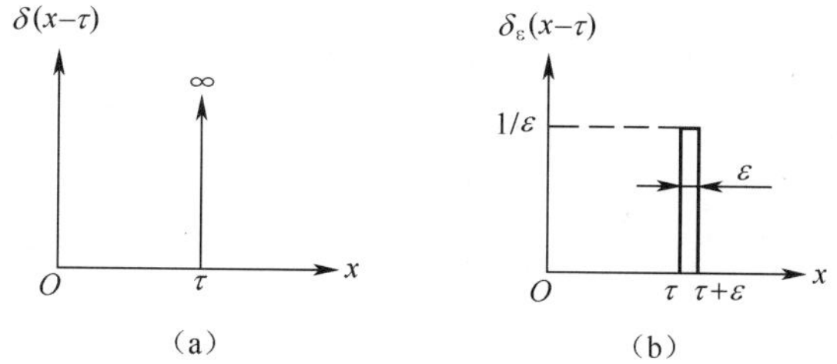

图 3-4 δ 函数图像

由式(3-82)关于 δ 函数的定义可推知,δ 函数的单位是其自变量单位的倒数,例如,x 的单位为 m,则 δ 函数的单位为 1/m。δ 函数可由图 3-4(b)所示的 δ_ε 表达为:

$$\delta(x-\tau) = \lim_{\varepsilon\to 0}\delta_\varepsilon(x-\tau) \tag{3-83}$$

式中

$$\delta_\varepsilon(x-\tau) = \begin{cases} \dfrac{1}{\varepsilon} & \tau \leqslant x \leqslant \tau + \varepsilon \\ 0 & 其他 \end{cases} \tag{3-84}$$

利用 δ_ε 和积分中值定理,可以证明 δ 函数具有以下的**筛选性质**,即

$$\int_{-\infty}^{\infty} f(x)\delta(x-\tau)\mathrm{d}x = \int_{-\infty}^{\infty} f(x)\lim_{\varepsilon\to 0}\delta_{\varepsilon}(x-\tau)\mathrm{d}x$$
$$= \lim_{\varepsilon\to 0}\frac{1}{\varepsilon}\int_{\tau}^{\tau+\varepsilon} f(x)\mathrm{d}x = \lim_{\varepsilon\to 0}\frac{1}{\varepsilon}\cdot\varepsilon\cdot f(\tau+\theta\varepsilon)\quad (0\leqslant\theta\leqslant 1)\qquad (3-85)$$
$$= f(\tau)$$

利用 δ 函数的筛选性质可进一步得到其**一阶导数性质**,即

$$\int_{-\infty}^{\infty} f(x)\delta'(x-\tau)\mathrm{d}x = \int_{-\infty}^{\infty} f(x)\lim_{\Delta x\to 0}\frac{\delta(x-\tau+\Delta x)-\delta(x-\tau)}{\Delta x}\mathrm{d}x$$
$$= \lim_{\Delta x\to 0}\frac{f(\tau-\Delta x)-f(\tau)}{\Delta x} = -f'(\tau)\qquad (3-86)$$

δ 函数的重要功能就是可以将集中量化为分布量,并对集中量进行定位,以下举例说明。

例 3.4 图 3-5 在长度为 L 的悬臂梁上分别作用有集中力和集中力矩,求其对应的分布力和分布力矩。

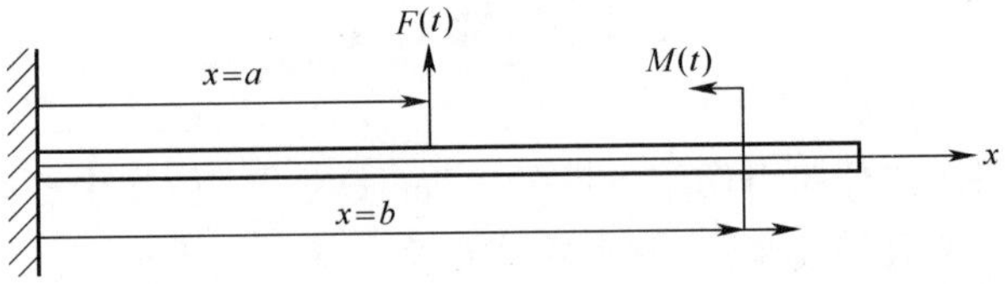

图 3-5 利用 δ 函数将集中力和力矩化为分布力和力矩

解:利用 δ 函数可得分布力和分布力矩分别为

$$f(x,t) = F(t)\delta(x-a)\qquad (a)$$
$$m(x,t) = M(t)\delta(x-b)\qquad (b)$$

注意,在本例中,δ 函数的单位是自变量 x 单位即长度单位的倒数,因此 $f(x,t)$ 和 $m(x,t)$ 的单位符合分布力和分布力矩的单位要求,并且 δ 函数的使用指明了集中力和集中力矩的施加位置。由 δ 函数的筛选性质可证明,由分布力和分布力矩积分得到的集中力和集中力矩分别为

$$\int_0^L f(x)\mathrm{d}x = \int_0^L F\delta(x-a)\mathrm{d}x = F\qquad (c)$$
$$\int_0^L m(x)\mathrm{d}x = \int_0^L M\delta(x-b)\mathrm{d}x = M\qquad (d)$$

可见由式(a)和式(b)定义的分布力和力矩的合力和合力矩满足题设要求。

3.12 梁在集中载荷作用下的振动响应分析

运用 δ 函数可以很容易求解梁在集中载荷作用下的振动响应。下面通过举例加以说明。在例 3.4 中,将得到的分布力和分布力矩的表达式代入式(3-79)可得

$$f_i(t) = \int_0^L \varphi_i(x)\left[f(x,t) - \frac{\partial m(x,t)}{\partial x}\right]\mathrm{d}x$$
$$= \int_0^L \varphi_i(x)\left[F(t)\delta(x-a) - M(t)\delta'(x-b)\right]\mathrm{d}x\qquad (3-87)$$
$$= \varphi_i(a)F(t) - \varphi_i'(b)M(t)$$

将得到的$f_i(t)$代入式(3-78)，即得到梁的第i阶振动方程，求解各阶振动方程，再用模态叠加法即可得到系统的物理响应。

例 3.5　一阶跃力F_0在$t=0$时施加到初始条件为零的两端简支梁的中部，求其后梁的横向位移响应。

解：令式(3-87)中的$F(t)=F_0$得到

$$f_i(t)=\varphi_i\left(\frac{L}{2}\right)F_0 \tag{a}$$

对两端简支梁有

$$\omega_i=\left(\frac{i\pi}{L}\right)^2\sqrt{\frac{EI}{\rho A}} \tag{b}$$

$$\varphi_i(x)=\sin\frac{i\pi x}{L} \tag{c}$$

$$M_i=\int_0^L\rho A\varphi_i^2\mathrm{d}x=\frac{1}{2}\rho AL,\quad K_i=\omega_i^2M_i \tag{d}$$

将以上结果代入式(3-78)，可得系统第i阶振动方程为

$$M_i\ddot{q}_i(t)+K_iq_i(t)=F_0\sin\frac{i\pi}{2} \tag{e}$$

式(e)相当于零初始条件下无阻尼单自由度系统受阶跃力$s(t)=F_0\sin\frac{i\pi}{2}$作用时的响应求解问题。

参考例 1.4 可得上式的解为

$$q_i(t)=\frac{F_0}{K_i}\sin\frac{i\pi}{2}[1-\cos(\omega_it)] \tag{f}$$

从式(f)容易看出，i为偶数时，$q_i(t)=0$。由模态叠加法得到系统响应为

$$w(x,t)=q_1(t)\varphi_1(x)+q_3(t)\varphi_3(x)+\cdots \tag{g}$$

3.13　带有集中参数梁的振动问题

实际中，梁模型上常含有弹簧、质量等集中参数，这类梁的振动问题也可以用与集中载荷类似的方法采取δ函数加以解决。以下也通过例题加以说明。

例 3.6　试建立图 3-6 所示梁的自由振动方程。

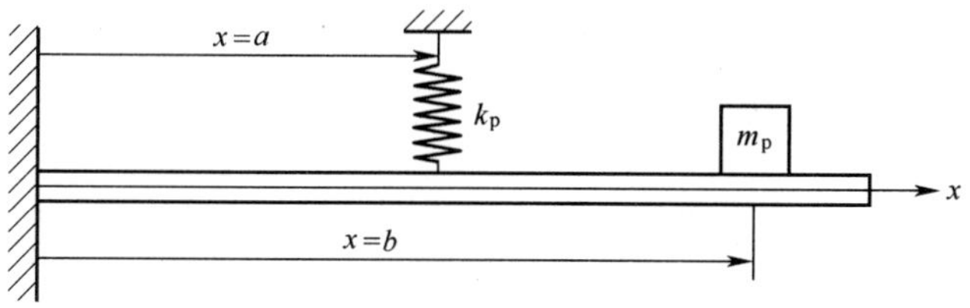

图 3-6　含集中参数的梁

解：通过在图 3-3 所示的单元体受力分析中分别在$x=a$和$x=b$处添加弹簧力和惯性力即

可得梁的相应振动方程为

$$\rho A\frac{\partial^2 w(x,t)}{\partial t^2}+EI\frac{\partial^4 w(x,t)}{\partial x^4}+k_{\mathrm{p}}w(x,t)\delta(x-a)+m_{\mathrm{p}}\frac{\partial^2 w(x,t)}{\partial t^2}\delta(x-b)=0 \tag{a}$$

注意,后添加的两项仅在包含 $x=a$ 和 $x=b$ 的单元体中才起作用,这是通过 δ 函数来实现的。根据 δ 的定义可知

$$w(x,t)\delta(x-a)=w(a,t)\delta(x-a)$$
$$\frac{\partial^2 w(x,t)}{\partial t^2}\delta(x-b)=\frac{\partial^2 w(b,t)}{\partial t^2}\delta(x-b)$$

δ 函数在此分别将单元上的弹性集中力 $k_{\mathrm{p}}w(a,t)$ 和惯性集中力 $m_{\mathrm{p}}\dfrac{\partial^2 w(b,t)}{\partial t^2}$ 化为了分布力并进行了定位。

特别要注意的是:通过上述方法建立梁振动方程中未涉及边界条件,此时梁仍然保持为简单边界。式(a)也可写为

$$\rho' A\frac{\partial^2 w(x,t)}{\partial t^2}+EI\frac{\partial^4 w(x,t)}{\partial x^4}+k_{\mathrm{p}}\delta(x-a)w(x,t)=0 \tag{b}$$

式中

$$\rho'=\rho+\frac{m_{\mathrm{p}}}{A}\delta(x-b) \tag{c}$$

容易验证:

$$\int_0^L \rho' A\mathrm{d}x=\int_0^L\left[\rho+\frac{m_{\mathrm{p}}}{A}\delta(x-b)\right]A\mathrm{d}x=\rho AL+m_{\mathrm{p}} \tag{d}$$

可见,通过 δ 函数可将梁上的集中质量转化为梁增加的质量密度。若梁上还含有集中扭转弹簧或集中惯量等参数,可采用与上述类似的方法建立系统的方程。

含有集中参数的梁系统,其振型正交性条件也与集中参数相关。以下也通过一个简单例子加以说明。

例 3.7 试推导例 3.6 系统振型的正交性条件。

解:由例 3.6 可知,系统的自由振动方程为

$$\rho A\frac{\partial^2 w(x,t)}{\partial t^2}+EI\frac{\partial^4 w(x,t)}{\partial x^4}+k_{\mathrm{p}}w(x,t)\delta(x-a)+m_{\mathrm{p}}\frac{\partial^2 w(x,t)}{\partial t^2}\delta(x-b)=0 \tag{a}$$

通过分离变量可得

$$\varphi^{(4)}(x)=\gamma^4\varphi(x)+\frac{m_{\mathrm{p}}\gamma^4}{\rho A}\delta(x-b)\varphi(x)-\frac{k_{\mathrm{p}}}{EI}\delta(x-a)\varphi(x) \tag{b}$$

式(b)对第 i 阶和第 j 阶模态都成立,所以有

$$\varphi_i^{(4)}(x)=\gamma_i^4\varphi_i(x)+\frac{m_{\mathrm{p}}\gamma_i^4}{\rho A}\delta(x-b)\varphi_i(x)-\frac{k_{\mathrm{p}}}{EI}\delta(x-a)\varphi_i(x) \tag{c}$$

$$\varphi_j^{(4)}(x)=\gamma_j^4\varphi_j(x)+\frac{m_{\mathrm{p}}\gamma_j^4}{\rho A}\delta(x-b)\varphi_j(x)-\frac{k_{\mathrm{p}}}{EI}\delta(x-a)\varphi_j(x) \tag{d}$$

将以上两式分别乘以 $\varphi_j(x)$ 和 $\varphi_i(x)$,并在 $[0,L]$ 上积分,对左边的积分进行分部积分后可得

$$\int_0^L \varphi_i''(x)\varphi_j''(x)\mathrm{d}x = \gamma_i^4 \int_0^L \varphi_i(x)\varphi_j(x)\mathrm{d}x + \frac{m_\mathrm{p}\gamma_i^4}{\rho A}\varphi_i(b)\varphi_j(b) - \frac{k_\mathrm{p}}{EI}\varphi_i(a)\varphi_j(a) \tag{e}$$

$$\int_0^L \varphi_i''(x)\varphi_j''(x)\mathrm{d}x = \gamma_j^4 \int_0^L \varphi_i(x)\varphi_j(x)\mathrm{d}x + \frac{m_\mathrm{p}\gamma_j^4}{\rho A}\varphi_i(b)\varphi_j(b) - \frac{k_\mathrm{p}}{EI}\varphi_i(a)\varphi_j(a) \tag{f}$$

很明显,由以上两式可得以下正交性条件,即

$$\begin{cases} \int_0^L \rho A\varphi_i(x)\varphi_j(x)\mathrm{d}x + m_\mathrm{p}\varphi_i(b)\varphi_j(b) = M_i\delta_{ij} \\ \int_0^L EI\varphi_i''(x)\varphi_j''(x)\mathrm{d}x + k_\mathrm{p}\varphi_i(a)\varphi_j(a) = K_i\delta_{ij} \end{cases} \tag{g}$$

式中:δ_{ij} 为 Kronecker 记号,其具体表达式为

$$\delta_{ij} = \begin{cases} 1 & i = j \\ 0 & i \neq j \end{cases} \tag{h}$$

因此,有

$$M_i = \int_0^L \rho A\varphi_i^2(x)\mathrm{d}x + m_\mathrm{p}\varphi_i^2(b) \tag{i}$$

$$K_i = \int_0^L EI[\varphi_i''(x)]^2\mathrm{d}x + k_\mathrm{p}\varphi_i^2(a) \tag{j}$$

得到正交性条件后就可以建立系统的各阶振动方程,并采用模态叠加法求解系统的响应。

例 3.8　试研究例 3.6 中梁的振型函数及频率方程。

解:采用分离变量法可得该梁固有频率和振型函数满足的方程为

$$EI\varphi^{(4)}(x) + k_\mathrm{p}\varphi(a)\delta(x-a) - \rho A\omega^2\varphi(x) - \omega^2 m_\mathrm{p}\delta(x-b)\varphi(b) = 0 \tag{a}$$

对式(a)采用拉普拉斯变换求解,可得

$$\begin{aligned} \varphi(x) = {} & \varphi(0)S(\gamma x) + \varphi'(0)T(\gamma x) + \varphi''(0)U(\gamma x) + \varphi'''(0)V(\gamma x) \\ & + c_m\varphi(b)\gamma^4 V[\gamma(x-b)]H(x-b) - c_k\varphi(a)V[\gamma(x-a)]H(x-a) \end{aligned} \tag{b}$$

式中:$c_m = m_\mathrm{p}/(\rho A)$,$c_k = k_\mathrm{p}/(EI)$,$H(x-a)$ 和 $H(x-b)$ 为单位阶跃函数。

对比式(b)和式(3-63)可见,集中弹簧和集中质量增加出式(b)后两项。对悬臂梁有

$$\varphi(0) = 0, \varphi'(0) = 0 \tag{c}$$

将式(c)代入式(b)可得

$$\begin{aligned} \varphi(x) = {} & \varphi''(0)U(\gamma x) + \varphi'''(0)V(\gamma x) + \\ & c_m\varphi(b)\gamma^4 V[\gamma(x-b)]H(x-b) - c_k\varphi(a)V[\gamma(x-a)]H(x-a) \end{aligned} \tag{d}$$

将 $x = a$ 和 $x = b$ 分别代入式(d),可得

$$\begin{bmatrix} \varphi(a) \\ \varphi(b) \end{bmatrix} = \begin{bmatrix} U(\gamma a) & U(\gamma b) \\ U(\gamma b) - c_k V[\gamma(b-a)]U(\gamma a) & V(\gamma b) - c_k V[\gamma(b-a)]V(\gamma a) \end{bmatrix} \begin{bmatrix} \varphi''(0) \\ \varphi'''(0) \end{bmatrix} \tag{e}$$

将式(e)代入式(d),可将 $\varphi(x)$ 表达为

$$\varphi(x) = \boldsymbol{A}(x)\begin{bmatrix} \varphi''(0) \\ \varphi'''(0) \end{bmatrix} \tag{f}$$

式中:$\boldsymbol{A}(x)$为 1×2 维函数矩阵。

再利用悬臂梁自由端边界条件 $\varphi''(L) = 0$ 和 $\varphi'''(L) = 0$(注意:在求导推导中需要用到

$H'(x-a)=\delta(x-a)$，$V[\gamma(x-a)]\delta(x-a)=V(0)\delta(x-a)=0$ 等关系）可得

$$\begin{bmatrix} \boldsymbol{A}''(L) \\ \boldsymbol{A}'''(L) \end{bmatrix} \begin{bmatrix} \varphi''(0) \\ \varphi'''(0) \end{bmatrix} = 0 \tag{g}$$

由此可得系统的频率方程为

$$\begin{vmatrix} \boldsymbol{A}''(L) \\ \boldsymbol{A}'''(L) \end{vmatrix} = 0 \tag{h}$$

频率方程的具体表达式不在此处列出，感兴趣的读者可查阅相关研究文献。另外，利用梁在集中参数连接截面处力的平衡及位移连续性条件，也可建立其振动特性方程。特别地，如果集中参数处于梁的端面处，可直接采用截面处力的平衡条件建立起相应的边界条件，具体处理方法参见例 3.9。

例 3.9 图 3-7 所示在悬臂梁的右端分别有集中质量和集中弹簧，试写出梁横向振动的边界条件。

图 3-7 具有复杂边界的梁

解：(a) 此时梁在右端面处的弯矩仍为零，但剪力等于集中质量的惯性力。所以边界条件为

$$\varphi(0)=0,\quad \varphi'(0)=0$$

$$\varphi''(L)=0,\quad EI\varphi'''(L)=-\omega^2 m_p \varphi(L)$$

(b) 此时梁在右端面处的弯矩和剪力分别等于相应的弹簧力。边界条件为

$$\varphi(0)=0,\quad \varphi'(0)=0$$

$$EI\varphi''(L)=-k_2\varphi'(L),\quad EI\varphi'''(L)=k_1\varphi(L)$$

3.14 轴向力的影响

实际工程中，梁沿轴向常受到拉力或压力的作用，这种拉、压力会影响其横向振动特性。假设梁受到恒定轴向力 T 的作用，参照图 3-3，在其单元体受力分析图中增加轴向力的作用，如图 3-8 所示。

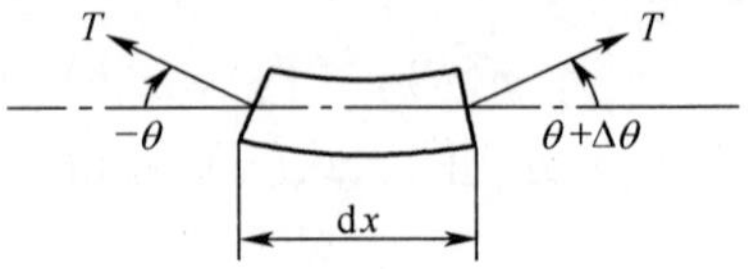

图 3-8 作用在微元体上的轴向力

从图 3-8 中可知，单元体截面法线微转动角度为

$$\theta(x,t)=\frac{\partial w(x,t)}{\partial x} \tag{3-88}$$

$$\Delta\theta=\frac{\partial\theta(x,t)}{\partial x}\mathrm{d}x=\frac{\partial^2 w(x,t)}{\partial x^2}\mathrm{d}x \tag{3-89}$$

注意，此处规定截面法线逆时针旋转角度为正。则微元体上轴向拉力在横向的分量净值为

$$T(\theta + \Delta\theta) - T\theta = T\Delta\theta = T\frac{\partial^2 w(x,t)}{\partial x^2}\mathrm{d}x \tag{3-90}$$

将式(3－90)代入式(3－43)所示的微元体横向力的平衡方程中，经进一步整理后可得

$$\rho A\frac{\partial^2 w(x,t)}{\partial t^2} - T\frac{\partial^2 w(x,t)}{\partial x^2} + EI\frac{\partial^4 w(x,t)}{\partial x^4} = f(x,t) - \frac{\partial m(x,t)}{\partial x} \tag{3-91}$$

式(3－91)即为考虑恒定轴向力作用下梁的横向振动方程。

例 3.10　求恒定轴向力作用下两端简支梁振动的固有频率。

解：式(3－91)对应的自由振动方程为

$$\rho A\frac{\partial^2 w(x,t)}{\partial t^2} - T\frac{\partial^2 w(x,t)}{\partial x^2} + EI\frac{\partial^4 w(x,t)}{\partial x^4} = 0 \tag{a}$$

运用分离变量法可得

$$EI\varphi^{(4)}(x) - T\varphi''(x) - \rho A\omega^2\varphi(x) = 0 \tag{b}$$

该方程的解为

$$\varphi(x) = b_1\cos\gamma x + b_2\sin\gamma x + b_3\mathrm{ch}\,\bar{\gamma}x + b_4\mathrm{sh}\,\bar{\gamma}x \tag{c}$$

式中：常数 b_1、b_2、b_3、b_4 由边界条件决定。

$$\gamma^2 = \sqrt{\left(\frac{T}{2EI}\right)^2 + \frac{\rho A}{EI}\omega^2} - \frac{T}{2EI},\quad \bar{\gamma} = \sqrt{\left(\frac{T}{2EI}\right)^2 + \frac{\rho A}{EI}\omega^2} + \frac{T}{2EI} \tag{d}$$

将两端简支条件代入式(c)可得

$$\sin\gamma L = 0 \tag{e}$$

解得

$$\gamma_i = \frac{i\pi}{L} \tag{f}$$

再由式(3－54)得到

$$\omega_i = \gamma_i^2\sqrt{\frac{EI}{\rho A}}\sqrt{1 + \frac{T}{EI}\left(\frac{L}{i\pi}\right)^2} = \left(\frac{i\pi}{L}\right)^2\sqrt{\frac{EI}{\rho A}}\sqrt{1 + \frac{T}{EI}\left(\frac{L}{i\pi}\right)^2} \tag{g}$$

由式(g)可见，当轴向力为拉力时，固有频率上升，当轴向力为压力时，固有频率下降，当第一阶固有频率下降为零时，梁的振动出现失稳。此时

$$T = -\left(\frac{\pi}{L}\right)^2 EI \tag{h}$$

此式为 Euler 临界压力。

习　题

3－1　求解两端固定杆的固有频率和振型函数。

（参考答案：$\omega_i = \dfrac{i\pi}{L}v$，$\varphi_i(x) = \sin\dfrac{i\pi}{L}x$）

3－2　如图 3－9 所示，杆端受到静态拉力 F_0 作用，$t = 0$ 时 F_0 突然释放，求其后杆的纵向振动响应。

（参考答案：$u(x,t)=\dfrac{8F_0L}{\pi^2EA}\sum\limits_{i=1,3,\cdots}^{\infty}\dfrac{(-1)^{(i-1)/2}}{i^2}\sin\dfrac{i\pi x}{2L}\cos\dfrac{i\pi vt}{2L}$ ）

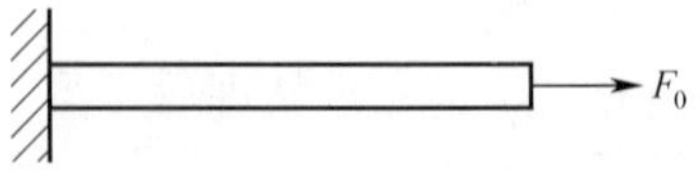

图 3－9　习题 3－2 图

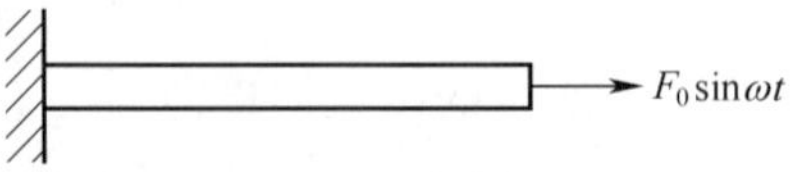

图 3－10　习题 3－3 图

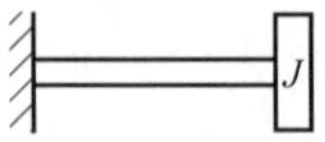

图 3－11　习题 3－4 图

3－3　如图 3－10 所示，杆受轴向正弦力作用，求杆的纵向振动响应特解。

（提示：该题可将右端的作用力处理为边界条件 $EAu'(L,t)=F_0\sin\omega t$，令 $u(x,t)=U(x)\sin\omega t$ 代入杆的自由振动方程，得到 $U''(x)+\dfrac{\omega^2}{v^2}U(x)=0$，再利用两个边界条件解出 $U(x)$ ）

（参考答案：$u(x,t)=\dfrac{F_0v}{AE\omega}\sec\dfrac{\omega L}{v}\sin\dfrac{\omega}{v}x\sin\omega t$ ）

3－4　如图 3－11 所示，圆轴右端带有转动惯量为 J 的圆盘，试推导圆轴扭转振动的频率方程。

（提示：该问题的边界条件为：$\theta(0,t)=0$，$-GI_{\mathrm{p}}\theta'(L,t)=J\ddot{\theta}(L,t)$ ）

（参考答案：$\tan\dfrac{\omega_iL}{v_\theta}=\dfrac{GI_p}{v_\theta J\omega_i}$ ）

3－5　试推导两端自由梁横向振动的频率方程。

（参考答案：$\cos\gamma L\cosh\gamma L=1$）

3－6　试推导一端固定一端简支梁横向振动的频率方程。

（参考答案：$\tan\gamma L=\tanh\gamma L$ ）

3－7　在 $t=0$ 时刻，作用于两端简支中部的静态力 F_0 突然卸除，求其后梁的横向振动响应。

（提示：可根据 $K_iq_i(0)=\int_0^L F_0\delta\left(x-\dfrac{L}{2}\right)\varphi_i\mathrm{d}x=F_0\sin\dfrac{i\pi}{2}$，解出 $q_i(0)$ 作为 $M_i\ddot{q}_i+K_iq_i=0$ 初始位移条件，再运用模态叠加法求解）

（参考答案：$w(x,t)=\dfrac{2F_0L^3}{\pi^4EI}\sum\limits_{i=1,2,\cdots}^{\infty}\dfrac{1}{i^4}\sin\dfrac{i\pi}{2}\sin\dfrac{i\pi x}{L}\cos\omega_it$ ）

3－8　在两端简支无阻尼梁中部作用有正弦力 $F_0\sin\omega t$，求零初始条件下梁横向稳态振动响应的全解。

（提示：模态方程 $M_i\ddot{q}_i+K_iq_i=F_0\sin\dfrac{i\pi}{2}\sin\omega t$ 的通解和特解之和即全解要满足零初始条件）

（参考答案：$w(x,t)=\dfrac{2F_0}{\rho AL}\sum\limits_{i=1,2,\cdots}^{\infty}\dfrac{\sin i\pi/2}{(\omega_i^2-\omega^2)}\sin\dfrac{i\pi x}{L}\left(\sin\omega t-\dfrac{\omega}{\omega_i}\sin\omega_it\right)$ ）

第4章

随机振动与谱分析概论

4.1 随机振动的基本概念

随机振动是振动响应事先无法确定的振动。由于激励载荷、结构系统或其他对振动响应有影响的因素无法加以准确描述或控制，即存在不确定性，从而导致振动响应具有随机性。假设以 X 表示车辆上某点在通过路面某点时的振动加速度，在相同的可控条件下（如通过路面该处时的车速不变等），进行多次测试，将测试结果记为 $x_1, x_2, \cdots$ 。可以预见，这些测试结果均会有一定差异。其原因在于存在对 X 有影响的其他因素无法被掌控。例如，我们无法保证每次测试时，轮胎与路面的每个接触点都重复前一次测试过程。可见 X 随每次测试而变，称之为**随机变量**。这里，随机变量用大写字母表示，随机变量的具体取值用小写字母表示。另外，如果测试的是车辆上某点在通过某一段路面任意一点时的振动加速度，则 X 还将是时间的函数，即 $X(t)$ ，称 $X(t)$ 为**随机过程**。$X(t)$ 在任意时刻点的取值是一个随机变量，如 $X(t_1)$ 、$X(t_2)$ 等都是随机变量。

在图 4－1 中，$x_1(t_1), x_2(t_1), \cdots$ 表示随机变量 $X(t_1)$ 的所有可能取值。可见，一个随机过程可看成由无数多个沿时间轴分布的随机变量组成。随机过程 $X(t)$ 的每一次测试结果 $x_1(t)$ ，$x_2(t)$ ，$\cdots$ 称为 $X(t)$ 的**样本**，它们用小写字母表示。所有样本组成**样本总体**。相应地，$x_1(t_1)$ ，$x_2(t_1)$ ，$\cdots$ 称为 $X(t_1)$ 的**样本点**，所有样本点组成**样本点总体**，对样本总体的平均，称为**总体平均**。例如，假设共有 n 个样本点，则 $X(t_1)$ 的总体平均为 $\frac{1}{n}\sum_{i=1}^{n} x_i(t_1)$ 。尽管随机振动的单次测量结果具有不确定性，但其多次测量的概率统计结果却可能具有一定规律。因此，随机振动理论是建立在概率论和数理统计方法的基础之上，以下简要介绍有关基本概念。

4.1.1 概率分布函数与概率密度函数

随机变量可分为离散型和非离散型两种，本书仅讨论非离散型中的连续型随机变量。随机变量 X 的**概率分布函数**定义为

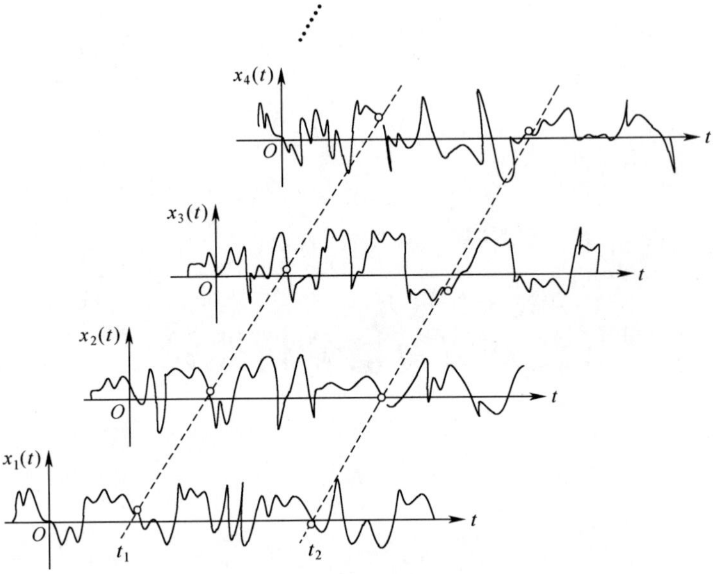

图 4-1　随机变量与随机过程

$$F(x) = \mathrm{Prob}(X < x) \quad -\infty < x < \infty \tag{4-1}$$

式(4-1)的含义是在给定的样本点空间中,该随机变量的取值小于某指定值 x 的概率。定义随机变量 X 的**概率密度函数**为 $f(x)$,且有

$$f(x) = \frac{\mathrm{d}F(x)}{\mathrm{d}x} \tag{4-2}$$

$$F(x) = \int_{-\infty}^{x} f(\xi)\,\mathrm{d}\xi \tag{4-3}$$

$$\mathrm{Prob}(a \leqslant x \leqslant b) = \int_a^b f(x)\,\mathrm{d}x \tag{4-4}$$

$$\begin{cases} f(x) \geqslant 0 \\ \int_{-\infty}^{\infty} f(x)\,\mathrm{d}x = 1 \end{cases} \tag{4-5}$$

4.1.2　均值与方差

随机变量 X 的**均值**(数学期望)定义为

$$E(X) = \mu = \int_{-\infty}^{\infty} x f(x)\,\mathrm{d}x \tag{4-6}$$

随机变量 X 的**方差**(**二阶矩**)定义为

$$\sigma^2 = D(X) = E[(X - E(X))^2] = \int_{-\infty}^{\infty} (x-\mu)^2 f(x)\,\mathrm{d}x \tag{4-7}$$

式中:σ 为**标准差**。

若随机变量 $X_1, X_2, \cdots, X_n$ **相互独立**,即各随机变量概率分布函数相互之间无影响,且 σ_i^2 为 X_i 的方差,则有

$$D\left(\sum_{i=1}^{n} c_i X_i\right) = \sum_{i=1}^{n} c_i^2 D(X_i) = \sum_{i=1}^{n} (c_i \sigma_i)^2 \tag{4-8}$$

式中：c_i 为常数。

随机变量 X 的 ***n* 阶矩**定义为

$$\mu_n = \int_{-\infty}^{\infty} (x - \mu)^n f(x)\,\mathrm{d}x \tag{4-9}$$

均值和方差等都是随机变量 X 的统计量，是一个确定性数值。很明显，若将对随机变量 X 定义的均值和方差推广到随机过程 $X(t)$，则对应的均值和方差等统计量一般情况下将是时间的函数，以下对随机变量的其他定义可类似推广到随机过程。

若 $g(X)$ 是随机变量 X 的函数，则其数学期望为

$$E[g(X)] = \int_{-\infty}^{\infty} g(x)f(x)\,\mathrm{d}x \tag{4-10}$$

4.1.3　二阶联合概率分布函数与概率密度函数

设 X 和 Y 是两个随机变量，则其对应的二阶概率分布函数定义为

$$F(x,y) = \mathrm{Prob}(X \leqslant x; Y \leqslant y) \tag{4-11}$$

相应地，二阶概率密度函数定义为

$$f(x,y) = \frac{\partial^2 F(x,y)}{\partial x \partial y} \tag{4-12}$$

$$F(x,y) = \int_{-\infty}^{x}\int_{-\infty}^{y} f(x,y)\,\mathrm{d}x\mathrm{d}y \tag{4-13}$$

$$\begin{cases} f(x,y) \geqslant 0 \\ \int_{-\infty}^{\infty}\int_{-\infty}^{\infty} f(x,y)\,\mathrm{d}x\mathrm{d}y = 1 \\ f(x) = \int_{-\infty}^{\infty} f(x,y)\,\mathrm{d}y \\ f(y) = \int_{-\infty}^{\infty} f(x,y)\,\mathrm{d}x \end{cases} \tag{4-14}$$

例如，在图 4－1 中，$X(t_1)$ 和 $X(t_2)$ 是两个随机变量，则其联合概率分布函数可写为

$$F(x_1,t_1;x_2,t_2) = \mathrm{Prob}(X(t_1) \leqslant x_1; X(t_2) \leqslant x_2) \tag{4-15}$$

采用类似方法，还可以定义更高阶的概率分布和概率密度函数。

4.1.4　协方差与相关系数

两个随机变量 X 和 Y 的**协方差**定义为

$$\mathrm{Cov}(X,Y) = E\{[X - E(X)][Y - E(Y)]\} \tag{4-16}$$

其**相关系数**定义为

$$\rho_{XY} = \frac{\mathrm{Cov}(X,Y)}{\sqrt{D(X)D(Y)}} \quad D(X) \neq 0, D(Y) \neq 0 \tag{4-17}$$

可以证明 $|\rho_{XY}| \leqslant 1$，当 $|\rho_{XY}| = 1$ 时表示 X 和 Y 线性相关；当 $|\rho_{XY}| = 0$ 时表示 X 和 Y 线性无关。

若 X 和 Y 线性无关，则有

$$\mathrm{Cov}(X,Y) = 0 \tag{4-18}$$

$$D(X+Y)=D(X)+D(Y)+2\mathrm{Cov}(X,Y)=D(X)+D(Y) \tag{4-19}$$

另外,若 X 和 Y 相互独立,则一定线性无关;反之则不一定。

4.1.5 正态分布

若随机变量 X 的概率密度函数满足

$$f(x)=\frac{1}{\sqrt{2\pi}\sigma}\mathrm{e}^{-\frac{(x-\mu)}{2\sigma^2}} \quad -\infty < x < \infty \tag{4-20}$$

则称 X 满足正态分布或高斯分布,常用 $N(\mu,\sigma^2)$ 表示,其中 μ 和 σ 分别为 X 的均值和标准差,$N(0,1)$ 称为标准正态分布。

标准正态分布的概率分布函数和概率密度函数常写为

$$\Phi(x)=\int_{-\infty}^{x}\frac{1}{\sqrt{2\pi}}\mathrm{e}^{-\frac{t^2}{2}}\mathrm{d}t \quad -\infty < x < \infty \tag{4-21}$$

$$\varphi(x)=\frac{1}{\sqrt{2\pi}}\mathrm{e}^{-\frac{x^2}{2}} \quad -\infty < x < \infty \tag{4-22}$$

4.1.6 平稳与各态历经随机过程

如果随机过程 $X(t)$ 的各阶分布函数与时间的平移无关,即

$$\begin{cases}F(x_1,t_1)=F(x_1,t_1+a)\\ F(x_1,t_1;x_2,t_2)=F(x_1,t_1+a;x_2,t_2+a)\\ \quad\vdots\end{cases} \tag{4-23}$$

则称其为**强平稳随机过程**。如果随机过程 $X(t)$ 的仅前 2 阶分布函数与时间的平移无关,即均值与均方值与时间的平移无关,则称其为**弱平稳随机过程**。

工程中所述的平稳过程通常指的是弱平稳。对弱平稳随机过程而言,总体平均所得的均值与方差将与时间点的取值无关。例如,若图 4-1 表示的是平稳随机过程,则 $X(t_1)$ 与 $X(t_2)$ 总体平均结果将相同。这个总体平均结果所对应的物理意义可举例如下:如果路面不平度是影响车辆上某点振动加速度的唯一随机因素,那么该路段各处的不平度都相同,即车辆通过该路段任意一点处,车上某点的振动加速度所有样本点的**总体平均值**都相同。进一步,还有更特殊的一种情况,在平稳性的前提下,车辆通过该路段各点时,车上某点的振动加速度的任意一个样本记录的**时间平均值**也等于上述的总体平均值,则称该随机过程为**各态历经随机过程**。很明显,各态历经随机过程一定是平稳的;反之则不一定。对所举例而言,平稳性是要求这一路段空间各点处的统计特性要相同,各态历经是在平稳的前提下,要求这一路段的任一次样本记录中各点的振动恰好历经任一点处所有可能出现的振动情况。对一平坦路面而言,运用各态历经假设显然是合理的,即车辆通过某一平坦路面时各时刻点振动的均值与该路面任意一点处所有可能出现的振动均值相同。运用各态历经假设,可以使随机振动分析过程得以大大简化,即可通过单个样本特性来推得样本总体特性,这实际上要求单个样本的记录时间一定要足够长,在理论上是无限长。在工程中,样本记录不可能无限长,但只要足够长(如能包含所关心振动的相关特征)即认为其满足各态历经要求。在各态历经假设下,随机过程 $X(t)$ 就可以用一个样本记录 $x(t)$ 来代替了,而不再用大小写字母加以区分。本书以下部分若无特别声明,所指的平稳随

机过程都是各态历经的。各态历经随机过程的均值和均方值可表示为

$$
\begin{aligned}
\mu_x &= E(x) = \lim_{T\to\infty}\frac{1}{T}\int_0^T x(t)\,\mathrm{d}t \\
E(x^2) &= \lim_{T\to\infty}\frac{1}{T}\int_0^T x^2(t)\,\mathrm{d}t = \sigma_x^2 + \mu_x^2
\end{aligned}
\tag{4-24}
$$

4.1.7　相关函数

平稳随机过程 $x(t)$ 的**自相关函数**定义为

$$
R_{xx}(\tau) = E[x(t)x(t+\tau)] = \lim_{T\to\infty}\frac{1}{2T}\int_{-T}^{T} x(t)x(t+\tau)\,\mathrm{d}t = \lim_{T\to\infty}\frac{1}{T}\int_0^T x(t)x(t+\tau)\,\mathrm{d}t
\tag{4-25}
$$

由于过程是平稳的,因此 $x(t)x(t+\tau)$ 的均值仅与两时刻点的时差 τ 有关,所以 $R_{xx}(\tau)$ 是偶函数,即

$$
R_{xx}(\tau) = R_{xx}(-\tau) \tag{4-26}
$$

另外,

$$
\begin{cases}
E[x(t)] = E[x(t+\tau)] = \mu_x \\
E[(x(t)-\mu_x)^2] = E[(x(t+\tau)-\mu_x)^2] = \sigma_x^2
\end{cases}
\tag{4-27}
$$

显然,有

$$
R_{xx}(0) = E(x^2) \tag{4-28}
$$

由式(4－17)可得 $x(t)$ 与 $x(t+\tau)$ 的相关系数为

$$
\rho_{xx}(\tau) = \frac{E[(x(t)-\mu_x)(x(t+\tau)-\mu_x)]}{\sigma_x^2} = \frac{1}{\sigma_x^2}(R_{xx}(\tau)-\mu_x^2) \tag{4-29}
$$

当 $\tau\to\infty$时, $x(t)$ 与 $x(t+\tau)$ 将不相关,即 $\rho_{xx}=0$,由式(4－29)可得

$$
R_{xx}(\tau\to\infty) = \mu_x^2 \tag{4-30}
$$

由于 $|\rho_{xx}|\leqslant 1$,所以

$$
\mu_x^2 - \sigma_x^2 \leqslant R_{xx}(\tau) \leqslant \sigma_x^2 + \mu_x^2 \tag{4-31}
$$

$R_{xx}(\tau)$ 的有关性质如图 4－2 所示。

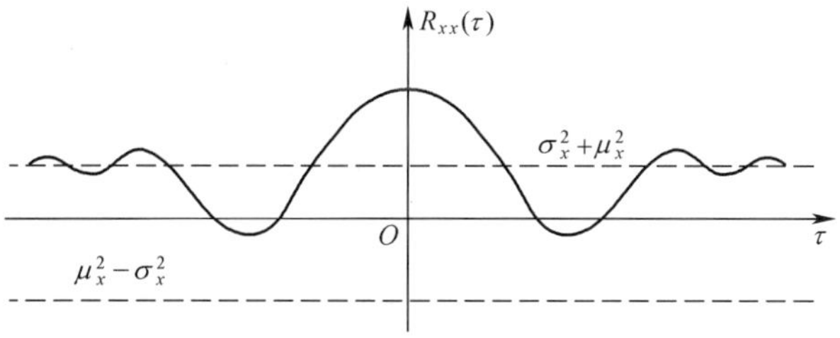

图 4－2　平稳随机过程自相关函数性质

平稳随机过程 $x(t)$ 和 $y(t)$ 之间的**互相关函数**定义为

$$
R_{xy}(\tau) = E[x(t)y(t+\tau)] \tag{4-32}
$$

由定义可知

$$
R_{xy}(\tau) = R_{yx}(-\tau) \tag{4-33}
$$

由相关系数的定义可得

$$R_{xy}(\tau)=\mu_x\mu_y+\sigma_x\sigma_y\rho_{xy}(\tau) \tag{4-34}$$

因此

$$\mu_x\mu_y-\sigma_x\sigma_y\leqslant R_{xy}(\tau)\leqslant\mu_x\mu_y+\sigma_x\sigma_y \tag{4-35}$$

$$R_{xy}(\tau\to\infty)=\mu_x\mu_y \tag{4-36}$$

4.2 傅里叶分析

4.2.1 傅里叶级数展开

如果周期函数 $x(t)$ 的周期为 T，在周期 T 内只有有限个第一类间断点和极值点，则其可展开为傅里叶级数，即

$$x(t)=\sum_{k=-\infty}^{+\infty}X_k\mathrm{e}^{\mathrm{j}\omega_k t} \tag{4-37}$$

其中 $\omega_k=k\omega_1$，ω_1 称为**基频**，且

$$\omega_1=\frac{2\pi}{T}=2\pi\Delta f \tag{4-38}$$

$$X_k=\frac{1}{T}\int_0^T x(t)\mathrm{e}^{-\mathrm{j}2\pi kt/T}\mathrm{d}t \tag{4-39}$$

X_k 一般为复数，其模与频率之间的关系图称为**幅频图**，其辐角与频率之间的关系图称为**相频图**，它们统称为频谱图。频谱图的谱线关于零频是左右对称的，所以，这种频谱图又称为**双边谱图**。在幅频图中，谱线的高度表示信号中包含该谱线所对应频率成分信号的功率强度。实际中，负频率无意义，信号的功率都对应于正频率或零频率。在幅频图中，若将负频率的谱线对应的功率叠加在其对称的正频率谱线上，则可得到**单边谱图**。单边幅频图谱线的高度是其双边幅频图谱线高度的 2 倍。特别地，$|X_0|$ 是零频谱线高度，它是信号的均值，即直流分量。图 4-3 所示为某周期方波的双边幅频图。

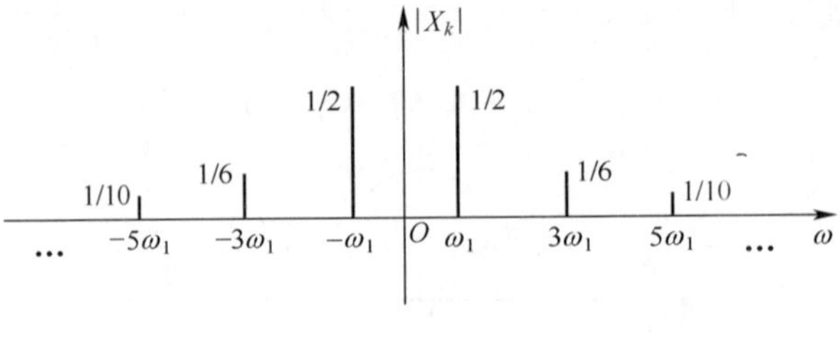

图 4-3 某周期方波双边幅频图

以上对周期函数所进行的傅里叶级数展开过程又称为**傅里叶分析**或**频率分析**。可以看到，对周期函数进行傅里叶分析所得到的谱线是离散的，相邻谱线之间的间隔是相等的，这种间隔（Δf）又称为**频率分辨率**，它是由基频或周期所决定的。

例 4.1 试对正弦波 $x(t)=2.5\sin(20\pi t)$ 进行傅里叶级数展开。

解：该正弦波的振幅 $A=2.5$，频率 $f=10\text{Hz}$，最小正周期为 $1/f=0.1\text{s}$。在式(4-39)中，若

取 $T=0.2\mathrm{s}$，则 $\Delta f=\dfrac{\omega_1}{2\pi}=\dfrac{1}{T}=\dfrac{1}{0.2}=5\mathrm{Hz}$。因此，傅里叶级数展开后正半频率轴上谱线位置 X_0 为 0Hz，X_1 为 5Hz，X_2 为 10Hz，…。由于 X_2 对应的频率恰好为 10Hz，对式(4－39)由三角函数的正交性易得 $X_2=-\mathrm{j}A/2$，$X_{-2}=\mathrm{j}A/2$，而其他谱线值均为零。

又该正弦波信号 $x(t)$ 的平均功率为

$$P=\frac{1}{T}\int_0^T x^2(t)\,\mathrm{d}t=\frac{1}{T}\int_0^T A^2\sin^2 2\pi ft\,\mathrm{d}t=\frac{A^2}{2} \tag{a}$$

可见

$$|X_2|^2+|X_{-2}|^2=2\,|X_2|^2=\frac{A^2}{2}=P \tag{b}$$

因此，**傅里叶级数展开所得谱线模的平方和等于原时域信号的平均功率**。

其次，如果在上述展开过程中取 $T=0.3\mathrm{s}$，则 $\Delta f=\omega_1/(2\pi)=1/T=1/0.25=4\mathrm{Hz}$。此时，傅里叶级数展开后正半频率轴上谱线位置 X_0 为 0Hz，X_1 为 4Hz，X_2 为 8Hz，X_3 为 12Hz，…。尽管此时 Δf 变小了，但却没有谱线与 10Hz 对应，根据三角函数的正交性，除零频外，此时由式(4－39)计算的所有谱线值都不为零，这就产生了**能量泄漏**现象。因此，对周期函数进行傅里叶级数展开时必须使 T 为其最小正周期的整数倍；否则将产生泄漏。

4.2.2　傅里叶变换

傅里叶级数展开仅适用于周期函数，对非周期函数需采用**傅里叶变换**来代替傅里叶级数展开以进行频率分析。设非周期函数 $x(t)$ 在任一有限区间上仅有有限个第一类间断点或极值点，并在 $(-\infty,+\infty)$ 上**绝对可积**，即

$$\int_{-\infty}^{+\infty}|x(t)|\,\mathrm{d}t<\infty \tag{4-40}$$

则有以下傅里叶变换对，即

$$X(\omega)=\int_{-\infty}^{+\infty}x(t)\,\mathrm{e}^{-\mathrm{j}\omega t}\,\mathrm{d}t \tag{4-41}$$

$$x(t)=\frac{1}{2\pi}\int_{-\infty}^{+\infty}X(\omega)\,\mathrm{e}^{\mathrm{j}\omega t}\,\mathrm{d}\omega \tag{4-42}$$

其中，式(4－41)为傅里叶正变换，它将时域内函数 $x(t)$ 变换成为频域内函数 $X(\omega)$；式(4－42)为傅里叶逆变换。

$X(\omega)$ 一般为 ω 的复函数，$|X(\omega)|$ 与 ω 的关系图称为**幅频图**，$\angle X(\omega)$ 与 ω 的关系图称为**相频图**，幅频与相频图均是关于 ω 的连续图形。因此，在理论上，非周期信号中包含有无限多个频率成分。由数学分析可知，非周期函数可以看成周期函数的无限延拓，因此，傅里叶变换可以看成为针对周期为无限长函数的傅里叶级数展开。

例 4.2　试求正弦波 $x(t)=A\sin(\omega_0 t)$ 的傅里叶变换。

解：易知正弦波不满足式(4－40)的绝对可积条件，因此从理论上讲，正弦函数的傅里叶变换是不存在的。但由于 $2\pi\delta(\omega-\omega_0)$ 的傅里叶逆变换为

$$\frac{1}{2\pi}\int_{-\infty}^{+\infty}2\pi\delta(\omega-\omega_0)\,\mathrm{e}^{\mathrm{j}\omega t}\,\mathrm{d}\omega=\mathrm{e}^{\mathrm{j}\omega_0 t} \tag{a}$$

所以 $e^{j\omega_0 t}$ 的傅里叶正变换应为 $2\pi\delta(\omega-\omega_0)$，由此可得到

$$\int_{-\infty}^{+\infty} A\sin\omega_0 t e^{-j\omega t}dt = \frac{jA}{2}2\pi[\delta(\omega+\omega_0)-\delta(\omega-\omega_0)] \tag{b}$$

由此可看出，正弦波傅里叶级数展开与傅里叶变换结果之间的区别和联系，傅里叶级数展开仅针对一定长度的信号，所得到的是离散谱，在正弦波频率处的谱线值有限；傅里变换针对的是无限长度的信号，所得到的是连续谱，信号功率集中在正弦波频率处，导致谱线值是无限的。

无限长信号由时域变换到频域后，其包含的能量应保持不变，这就是**帕赛瓦(Parseval)定理**，有

$$E=\int_{-\infty}^{+\infty}x^2(t)dt=\frac{1}{2\pi}\int_{-\infty}^{+\infty}|X(\omega)|^2d\omega=\int_{-\infty}^{+\infty}|X(f)|^2df \tag{4-43}$$

式中：$f=2\pi\omega$ 。式(4-43)可运用式(4-41)和式(4-42)进行证明。

需要注意的是，傅里叶变换中的绝对可积条件限定了信号所包含的能量必须有限。进一步，可以定义信号的平均功率为

$$P=\lim_{T\to\infty}\frac{1}{2T}\int_{-T}^{T}x^2(t)dt \tag{4-44}$$

运用帕赛瓦定理，式(4-44)可写为

$$P=\frac{1}{2\pi}\int_{-\infty}^{+\infty}\lim_{T\to\infty}\frac{1}{2T}|X(\omega)|^2d\omega=\frac{1}{2\pi}\int_{-\infty}^{+\infty}S_{xx}(\omega)d\omega=\int_{-\infty}^{+\infty}S_{xx}(f)df \tag{4-45}$$

式中

$$S_{xx}(\omega)=\lim_{T\to\infty}\frac{1}{2T}|X(\omega)|^2 \tag{4-46}$$

由于 $S_{xx}(\omega)$ 在整个频带上的积分是信号的功率，因此 $S_{xx}(\omega)$ 就称为信号的**自功率谱密度**函数，简称自谱密度。

理论上，一个随机振动信号具有无限长度，它包含的能量一定是无限的，因此随机振动信号在理论上是不符合傅里叶变换条件的。但由随机信号自相关函数的性质可知，随机信号的自相关函数是绝对可积的，符合傅里叶变换条件。运用傅里叶变换定义及式(4-46)可证明维纳—辛钦(Winner-Khintchine)定理，即平稳随机信号的自功率谱密度函数是其自相关函数的傅里叶变换，也即

$$S_{xx}(\omega)=\int_{-\infty}^{+\infty}R_{xx}(\tau)e^{-j\omega\tau}d\tau \tag{4-47}$$

因此，有

$$R_{xx}(\tau)=\frac{1}{2\pi}\int_{-\infty}^{+\infty}S_{xx}(\omega)e^{j\omega\tau}d\omega \tag{4-48}$$

由此可得

$$R_{xx}(0)=\mu_x^2+\sigma_x^2=\frac{1}{2\pi}\int_{-\infty}^{+\infty}S_{xx}(\omega)d\omega \tag{4-49}$$

以上所定义的是**双边谱密度函数**。实际中，只有非负频率才有意义，且常用 Hz 作为频率的单位，这样定义的谱密度函数 $G_{xx}(f)$ 称为**单边谱密度函数**，在对应的频率处有

$$G_{xx}(f)=2S_{xx}(\omega) \tag{4-50}$$

又因为 $\omega = 2\pi f$，所以对单边谱密度函数有

$$R_{xx}(0) = \mu_x^2 + \sigma_x^2 = \int_0^{\infty} G_{xx}(f)\,\mathrm{d}f \tag{4-51}$$

类似地，可以定义信号的**互谱密度函数**为

$$S_{xy}(\omega) = \int_{-\infty}^{+\infty} R_{xy}(\tau)\,\mathrm{e}^{-\mathrm{j}\omega\tau}\,\mathrm{d}\tau \tag{4-52}$$

4.2.3 离散傅里叶变换及快速傅里叶变换

在实际中，对任意一个振动信号的记录时间长度总是有限的，而有限长度的信号，其包含的能量一般总是有限的。因此，实际记录所得的振动信号总可以进行傅里叶变换。实际中，总是将记录的总时间长度为 T 的时域振动信号看成一个完整的周期，而未记录部分可以看作是记录部分以时长 T 为周期的无限延拓。因此，采用计算机对所记录时长 T 的振动信号进行傅里叶变换计算，实质是对其进行傅里叶级数展开，但习惯上仍称之为傅里叶变换。由于计算机仅可针对离散数值进行计算，若采用 x_n 表示 $t = n\Delta t$（$n = 0,1,2,\cdots,N-1$）时 $x(t)$ 的值，其中 Δt 为采样时间间隔，令 $\Delta t = T/N$，则式（4－39）可离散为

$$X_k = \frac{1}{N}\sum_{n=0}^{N-1} x_n \mathrm{e}^{-\mathrm{j}\frac{2\pi kn}{N}} \quad k = 0,1,2,\cdots,N-1 \tag{4-53}$$

可以证明其逆变换为

$$x_n = \sum_{k=0}^{N-1} X_k \mathrm{e}^{\mathrm{j}\frac{2\pi kn}{N}} \quad n = 0,1,2,\cdots,N-1 \tag{4-54}$$

式（4－53）和式（4－54）称为**离散傅里叶变换**（Diserete Fourier Transform，DFT），对这两式的快速计算法称为**快速傅里叶变换**（Fast Fourier Transform，FFT）。FFT 算法要求 N 取为 2 的正整数幂次。

在离散状态下由信号在时域和频域的平均功率相等，得到

$$\frac{1}{N}\sum_{n=0}^{N-1} x_n^2 = \sum_{k=0}^{N-1} |X_k|^2 \tag{4-55}$$

注意，频域信号模的平方表示功率。

若离散状态下的频率分辨率为 Δf，则第 k 根谱线处的自功率谱密度值为

$$S_{xx}(k) = \frac{|X_k|^2}{\Delta f} \tag{4-56}$$

该方程又称为计算自功率谱密度的**周期图法**。由式（4－56）可知，自谱密度为实数值。类似地，对于互谱密度有

$$S_{xy} = \frac{X_k^* Y_k}{\Delta f} \tag{4-57}$$

式中，* 表示共轭，一般互谱密度为复数值。

4.2.4 采样

在进行 FFT 计算时，首先要将实际振动信号采集到计算机内，这一过程称为**采样**。将连续的振动信号转变为离散的振动信号的采样过程必须满足**采样定理**，即采样的频率必须不小于信

号中所含最高频率的 2 倍。采样时，要明确采样中所涉及的一些基本参数及其之间的联系，在不同场合，这些参数的设定会有一些差异。

(1) 在实验中用仪器进行数据采集时，通常设定的是分析频带 f 和谱线数 N。仪器中常用的谱线数有 400 线、800 线、1600 线等。例如，当分析频带 $f = 1000\text{Hz}$，谱线数 $N = 400$ 时，则频率分辨率 $\Delta f = 1000/400 = 2.5(\text{Hz})$，即各谱线的位置为：0Hz，2.5Hz，5Hz，…，1000Hz。数据的周期 $T = 1/\Delta f = 1/2.5 = 0.4(\text{s})$，即每做一次 FFT 所需的采集时间为 0.4s。很明显，若分析频带不变，而谱线数加倍，则每做一次 FFT 所需的采集时间将加倍为 0.8s。注意，受硬件滤波器截止性能的影响，仪器中的实际采样频率 f_s 要大于分析频带 f，一般 $f_s \geqslant 2.56f$。若采用普通的低通硬件滤波器而不是高性能的抗混滤波器，则 f_s 要远大于分析频带 f 并且要配合数字信号处理器 DSP(Digital Signal Processor)，对初始采集的大量数据进行即时抽样处理得到最终所需的采样数据。

(2) 在模拟计算中，由于仅需要满足采样定理而不需要考虑抗混滤波器性能等影响，此时可根据信号频率特性通过设定采样时间长度 T 和采样总点数 N 来形成模拟采样数据。例如，若对 10Hz 的正弦波进行模拟采样，则该信号的周期为 0.1s，在 1s 内会有 10 个完整波形，因此设定采集时间总长度 $T = 1\text{s}$ 已足够展示出波形的特征。若每个波形采集 20 个点，则总采样点数为 $N = 20 \times 10 = 200$，即在 1s 内采集了 200 个点，因此采样频率 $f_s = 200\text{Hz}$，它是信号频率的 20 倍，满足采样定理要求。相邻两个采样点之间的时间间隔 $\Delta t = 0.005\text{s}$，而相邻两根谱线之间的频率差即频率分辨率 $\Delta f = f_s/N = 100/200 = 0.5\text{Hz}$。图 4-4 所示为用以上采样参数对正弦波 $2.5\sin(20\pi t)$ 采得的结果。对应的 Matlab 程序如下：

```
%图 4-4 程序
t=0:0.005:1;
x=2.5*sin(2*pi*10*t);
plot(t,x)
```

由图(4-4)中可见，尽管每个周期采集了 20 个点，但所绘制的正弦波在波峰附近仍不够理想。可见，绘制理想的时域波形所需的采样率要远高于采样定理的要求。

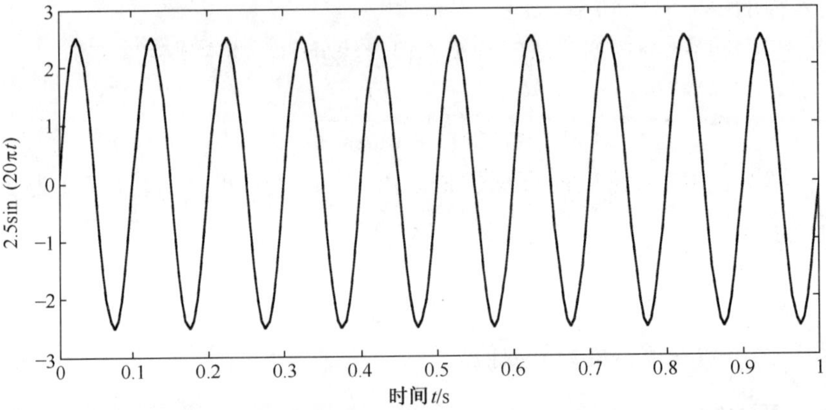

图 4-4　对正弦波 $2.5\sin(20\pi t)$ 的模拟采样

(3) 对周期信号必须进行整周期采样，否则会产生**泄漏**。因为对周期信号的整周期采样进行延拓后仍为原有的周期信号，对周期信号的非整周期采样进行延拓后将不是原有的周期信号。可通过对采样信号进行**加窗**以减轻泄漏问题。另外,对非周期信号进行采样同样存在泄漏问题。

4.2.5　运用 Matlab 进行 FFT 计算

运用 Matlab 对采样数据进行 FFT 计算时,需注意以下几点:

(1) Matlab 中正变换是针对式(4-41)进行离散化的,相对式(4-53)计算值要大 N 倍,即采用 Matlab 得到的正变换计算结果必须除以 N 以得到真实值。

(2) 正变换所得数据结果的前半部分是正频率,后半部分是负频率,中间一点是折叠频率。例如,当 $N=8$ 时正变换数据由前至后对应的谱线排列如图 4-5 所示。

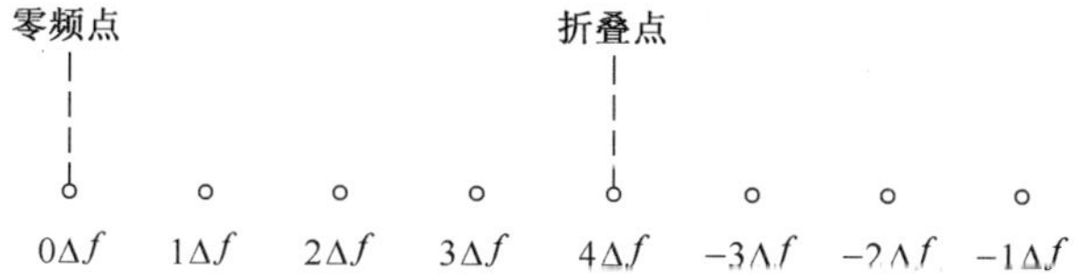

图 4-5　Matlab FFT 正变换结果

显然,这个计算结果为双边谱,并且仅前 $N/2$ 根谱线有用,折叠的负频率谱线包含的信息是冗余的。因此,在画幅频或相频图时,仅用前 $N/2$ 个数据,并常将其乘以 2 转化成单边谱值。其中零频点和折叠点的数值为实数,其他点为复数。由式(4-53)可得

$$X_0 = \frac{1}{N}(x_0 + x_1 + \cdots + x_{N-1}) \tag{4-58}$$

$$X_{N/2} = \frac{1}{N}(x_0 - x_1 + x_2 - x_3 \cdots) \tag{4-59}$$

(3) 进行逆变换时,必须按照图 4-5 所示排列方式先准备好正变换的数据。Matlab 在逆 FFT 计算时将除以数据点数 N,因此需预先对准备的数据进行 N 倍调整。总之,若对数据进行正变换后又进行逆变换,则最后结果无 N 倍差异;若仅单独进行正变换或逆变换,则需进行 N 倍调整。

例 4.3　采用 Matlab 编程求正弦波 $2.5\sin(20\pi t)$ 的傅里叶正变换。

解:该正弦波的振幅为 2.5,频率为 10Hz,周期为 0.1s。对该正弦波采集 0.2s 时长(2 个周期),共 64 个采样点,即 $N=64$。则采样率 $f_s=64/0.2=320$Hz,频率分辨率 $\Delta f=f_s/N=320/64=5$ Hz。计算程序如下:

```
%例 4.3 程序
N=64;T=0.2;fs=64/T;%设置采样点数;采样时长;计算采样率
df=fs/N;%计算频率分辨率
f=(0:N-1)*df;%形成频率轴
t=linspace(0,T,N);%形成采样时刻点
x=2.5*sin(2*pi*10*t);%计算函数值
y=fft(x);%进行 FFT 计算
y=fft(x)/N;%对正变换结果除以 N
y=2*y;%转为单边谱
plot(f(1:N/2),abs(y(1:N/2)),'-sk')%绘制幅频图
```

计算结果如图 4-6 所示。

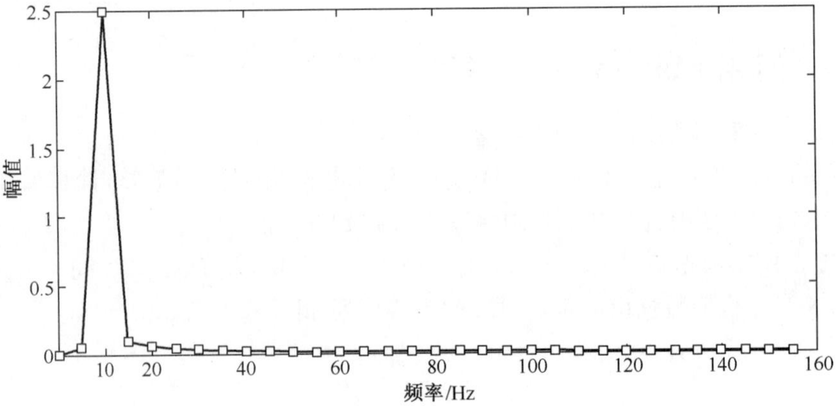

图 4-6 对正弦波 2.5sin(20πt) 的 FFT 正变换幅频图

4.3 功率谱密度计算

4.3.1 周期图法

采用 FFT 计算信号的功率谱密度时，常采用式(4-56)和式(4-57)所示的周期图法。下面用算例进行介绍。

例 4.4 采用 Matlab 编程计算正弦波 $f(t)=2.5\sin(20\pi t)$ (N)的功率谱密度。

解：用与例 4.3 相同的采样参数，即采用时长 $T=0.2\text{s}$，采样点数 $N=64$，频率分辨率 $\Delta f=5\text{Hz}$。该正弦波的功率为

$$P=\frac{A^2}{2}=\frac{2.5^2}{2}=3.125(\text{N}^2) \tag{a}$$

该功率集中在 10Hz 对应的谱线上，因此在 10Hz 处的单边功率谱密度应为

$$G_{xx}(f)=G_{xx}(10)=\frac{P}{\Delta f}=\frac{3.125}{5}=0.625(\text{N}^2/\text{Hz}) \tag{b}$$

由于该正弦波的功率 P 并不改变，因此 Δf 越小则 $G_{xx}(10)$ 越大，当 $\Delta f\to 0$ 即 $T\to\infty$ 时，$G_{xx}(10)\to\infty$，此时傅里叶级数展开将等价于傅里叶变换。因此需要注意的是，用 FFT 计算功率谱密度所得的结果与频率分辨率 Δf 有关，不是一个确定的值。本例的计算程序如下：

```
%例4.4程序
N=64;T=0.2;fs=N/T;
t=linspace(0,T,N);
x=2.5*sin(2*pi*10*t);
df=fs/N;f=(0:N-1)*df;
y=fft(x)/N;
G=abs(y).^2/df*2;%计算单边谱密度
plot(f(1:N/2),G(1:N/2),'-sk')
px=x*x'/N;%计算时域平均功率
```

```
py=sum(abs(y).^2);% 计算频域平均功率
px-py% 比较时域与频域功率
```

计算得 px-py=-1.3323×10^{-15}，功率谱密度图如图 4-7 所示。

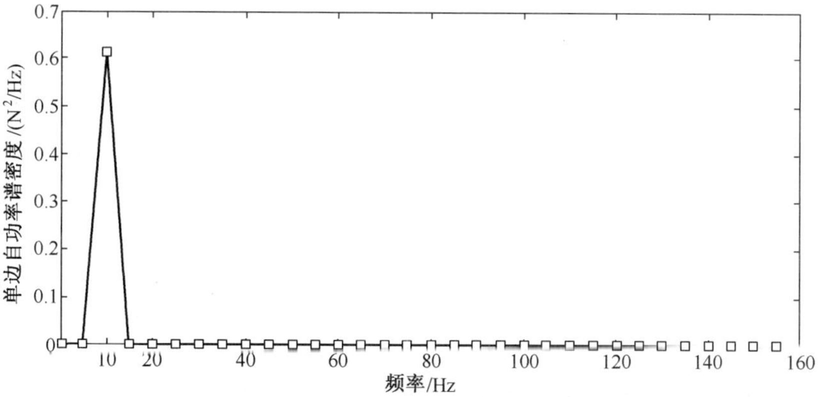

图 4-7　正弦波 2.5sin(20πt) 的单边自功率谱密度图

4.3.2　平稳随机振动信号的谱密度估计

上述计算功率谱密度的过程是针对确定性信号的，对随机信号而言，以上仅相当于对一个时间样本的计算，要得到随机信号可信度高的自谱值，必须对其多个时间样本的计算结果进行统计平均。

对于均值为零、各态历经、正态平稳随机振动信号 $x(t)$，其有限长度 T 内的傅里叶变换可写为

$$X(\omega)=\int_{-\frac{T}{2}}^{\frac{T}{2}}x(t)\mathrm{e}^{-\mathrm{j}\omega t}\mathrm{d}t=\int_{-\frac{T}{2}}^{\frac{T}{2}}x(t)\cos\omega t\mathrm{d}t-\mathrm{j}\int_{-\frac{T}{2}}^{\frac{T}{2}}x(t)\sin\omega t\mathrm{d}t$$
$$=X_{\mathrm{R}}(\omega)-\mathrm{j}X_{\mathrm{I}}(\omega) \tag{4-60}$$

可以看出，在给定的 ω 处 $X(\omega)$ 的实部 $X_{\mathrm{R}}(\omega)$ 和虚部 $X_{\mathrm{I}}(\omega)$ 的均值期望应为零，方差期望应相同。设对 $x(t)$ 进行 n 次独立采样（此处不考虑加窗等因素影响），计算所得的任意一根谱线模 $|X|$ 平方的算术平均值为

$$|X_{\mathrm{e}}|^2=\frac{1}{n}(|X_1|^2+|X_2|^2+\cdots+|X_n|^2)$$
$$=\frac{1}{n}(X_{1\mathrm{R}}^2+X_{1\mathrm{I}}^2+X_{2\mathrm{R}}^2+X_{2\mathrm{I}}^2 2+\cdots+X_{n\mathrm{R}}^2+X_{n\mathrm{I}}^2) \tag{4-61}$$

式中：$|X_i|$ 为对 $|X|$ 的第 i 次计算结果；$X_{i\mathrm{R}}$ 和 $X_{i\mathrm{I}}$ 分别为 X_i 的实部和虚部，并假设它们服从 $N(0,\sigma^2)$，则有 $X_{i\mathrm{R}}/\sigma\sim N(0,1)$，$X_{i\mathrm{I}}/\sigma\sim N(0,1)$。对式(4-61)两边同除以 σ^2 得

$$|X_{\mathrm{e}}|^2/\sigma^2=\frac{1}{n}(|X_1|^2+|X_2|^2+\cdots+|X_n|^2)$$
$$=\frac{1}{n}(X_{1\mathrm{R}}^2/\sigma^2+X_{1\mathrm{I}}^2/\sigma^2+X_{2\mathrm{R}}^2/\sigma^2+X_{2\mathrm{I}}^2/\sigma^2+\cdots+X_{n\mathrm{R}}^2/\sigma^2+X_{n\mathrm{I}}^2/\sigma^2) \tag{4-62}$$
$$=\frac{1}{n}\chi(2n)$$

式中:$\chi^2(2n)$ 表示**统计自由度**为 $2n$ 的卡方分布。

由数理统计知识可知,式(4-62)的标准差与均值的比为

$$\frac{\sqrt{D\left(\frac{1}{n}\chi^2(2n)\right)}}{E\left(\frac{1}{n}\chi^2(2n)\right)}=\frac{\sqrt{\frac{1}{n^2}4n}}{\frac{1}{n}2n}=\sqrt{\frac{1}{n}} \tag{4-63}$$

设 $|X_e|^2$ 的均值和标准差分别为 μ_e 和 σ_e,因为式(4-61)两边乘以任意一非零常数时,其标准差与均值的比不变,因此有

$$\frac{\sigma_e}{\mu_e}=\sqrt{\frac{1}{n}} \tag{4-64}$$

由式(4-64)可知,当 $n=1$ 即对谱线仅进行一次平均计算时,所得谱密度估计结果围绕真实值偏离幅度为真实值的1倍;当 $n=120$ 时,偏离幅度约为真实值的0.09倍(即0.91~1.09倍,为±0.4dB)。因此,对随机振动信号进行谱密度估计时必须保证足够的平均次数。在谱估计中,除了自由度,有时还需要考虑**置信度**和**置信区间**。

给定一个正实数 $0<\alpha<1$,若

$$\mathrm{Prob}\{\chi^2(m)>\chi^2_\alpha(m)\}=\alpha \tag{4-65}$$

则称数值 $\chi^2_\alpha(m)$ 为卡方分布 $\chi^2(m)$ 的上 α 分位点。式(4-65)表示 $\chi^2(m)>\chi^2_\alpha(m)$ 的概率为 α。若给定 α 和 m 可查卡方分布表得到 $\chi^2_\alpha(m)$。因此,若

$$\mathrm{Prob}\{\chi^2(m)>\chi^2_{\alpha/2}(m)\}=\frac{\alpha}{2} \tag{4-66}$$

$$\mathrm{Prob}\{\chi^2(m)<\chi^2_{1-\alpha/2}(m)\}=\frac{\alpha}{2} \tag{4-67}$$

则有

$$\mathrm{Prob}\{\chi^2_{1-\alpha/2}(m)\leqslant\chi^2(m)\leqslant\chi^2_{\alpha/2}(m)\}=1-\alpha \tag{4-68}$$

式(4-68)表示估计值处于置信区间 $[\chi^2_{1-\alpha/2}(m),\chi^2_{\alpha/2}(m)]$ 的置信度为 $(1-\alpha)$。例如,当 $\alpha=0.05$、$m=16$ 时,查卡方分布表得置信区间为[6.908,28.845],也即在置信度为95%下,估计值最小为6.908,最大为28.845。又 $\chi^2(16)$ 的理论均值为 $m=16$,因此谱密度值应当处于[6.908/16,28.845/16]即[0.43,1.8]倍真值之间。同样可得,当 $\alpha=0.2$(置信度80%)、$m=16$ 时谱密度估计值处于[0.58,1.47]倍真值之间。可见,在相同自由度,置信度要求越高,则谱密度估计值偏离真值范围越大。

4.3.3 谱密度估计的韦尔奇法

由上述分析可知,在谱密度的估计中,增加平均次数可有效提高谱的估计精度。但实际中信号记录的长度总是有限的,这制约了平均次数的增加。韦尔奇(Welch)法的主要思想是对记录的信号进行适当分段并允许分段之间的部分重叠,从而可增加平均次数。如图4-8所示,将原 N 个数据分为 m 段,每段 L 个数据,相邻数据段之间有部分数据重叠。对每个数据段求取谱密度,然后进行平均,这样可有效增加平均次数,使谱的估计结果得以光滑。在 Matlab 中韦尔奇算法的函数名为 pwelch。

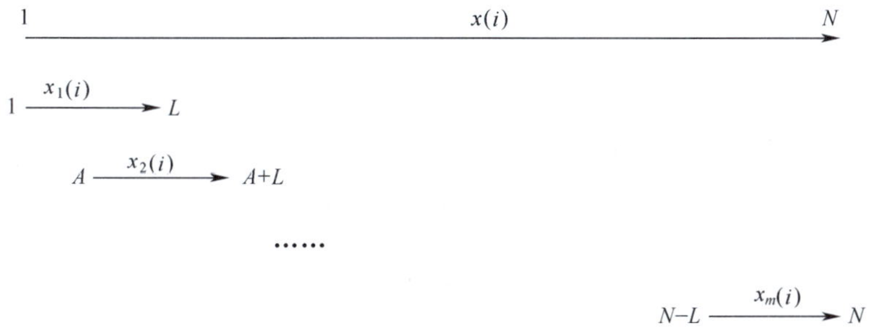

图 4－8　数据分段与重叠

4.4 窗　函　数

前面已经提及，对周期函数进行非整周期采样再进行 FFT 时会发生泄漏，对非周期函数同样存在泄漏问题，对采样数据进行适当加窗可以有效减少泄漏。加窗过程就是将采样数据与窗函数相应的值相乘。例如，如 $x_i(i=1,2,\cdots,N)$ 为对信号 $x(t)$ 进行采集的一个样本，$w_i(i=1,2,\cdots,N)$ 为相应的窗函数 $w(t)$ 在相应时刻点的数值，则 $\bar{x}_i=x_i w_i(i=1,2,\cdots,N)$ 为加窗后的样本。因此，采样结果可以看成是通过窗函数在信号 $x(t)$ 上截取的一段。“未加窗”实际上是施加了矩形窗，即 $w_i\equiv 1$。矩形窗在起始点和终止点对信号进行了强行截断，导致延拓点处的不连续，产生泄漏。人为施加窗函数就是使截取的信号在起始点和终止点趋近于零，降低延拓点处的不连续性，抑制泄漏。图 4－9 所示为 $N=64$ 点的汉宁窗，其数学表达式为

$$w_i=\frac{1}{2}\left[1-\cos\left(\frac{2\pi i}{N}\right)\right]\quad i=0,1,\cdots,N-1 \tag{4-69}$$

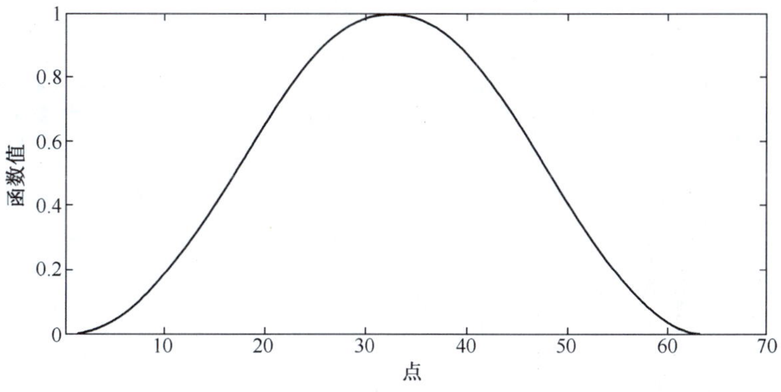

图 4－9　汉宁窗函数

信号加窗后，其幅值将变小，必须进行适当修正。由于“未加窗”实际上是相当于施加了 $w_i\equiv 1$ 的矩形窗，因此对线性谱幅值而言，加窗后的修正因子为

$$sf_1 = \frac{\int_0^T 1\mathrm{d}t}{\int_0^T w(t)\mathrm{d}t} = \frac{N}{\sum_{i=1}^{N} w_i} \tag{4-70}$$

对功率谱幅值而言,加窗后的修正因子为

$$sf_2 = \frac{\int_0^T 1^2\mathrm{d}t}{\int_0^T w^2(t)\mathrm{d}t} = \frac{N}{\sum_{i=1}^{N} w_i^2} \tag{4-71}$$

例如,当 $N = 64$ 时,汉宁窗的修正因子分别为:$sf_1 = 1.9692$,$sf_2 = 2.6256$,即当采用64点汉宁窗时,由FFT计算得到傅里叶谱幅值,需乘以1.9692,功率谱密度幅值需乘以2.6256。

例4.5 采用Matlab编程计算正弦波 $f(t) = 2.5\sin(20\pi t)$ N的傅里叶谱幅值和功率谱密度受加窗情况影响。

解:为分析泄漏情况,此处取采样时长 $T = 0.25$s,共采集2.5个周期,采样点数 $N = 64$,频率分辨率 $\Delta f = 1/T = 4$Hz。理论上在10Hz处,单边傅里叶谱幅值为2.5N,单边功率谱密度幅值 $2.5^2/2/4 = 0.78125$ (N^2/Hz),但在该频率分辨率下10Hz谱线不存在,仅可参考8Hz或12Hz谱线。

图4-10所示为加汉宁窗和平顶窗对傅里叶谱幅值的影响。由图4-10中可见,非整周期采样时,施加平顶窗可以有效得到正弦信号的傅里叶谱幅值。计算程序如下:

```
%例4.5程序
N=64;T=0.25;fs=N/T;df=fs/N;f=(0:N-1)*df;
t=linspace(0,T,N);x=2.5*sin(2*pi*10*t);
w1=hanning(N);sf1=N/sum(w1);w2=flattopwin(N);sf2=N/sum(w2);
x1=x.*w1.'*sf1;x2=x.*w2.'*sf2;
y1=fft(x1)/N;y2=fft(x2)/N;y=fft(x)/N;
G1=abs(y1)*2;G2=abs(y2)*2;G=abs(y)*2;
plot(f(1:N/2),G(1:N/2),'-k',f(1:N/2),G1(1:N/2),'-sk',f(1:N/2),G2(1:N/2),'-*k')
```

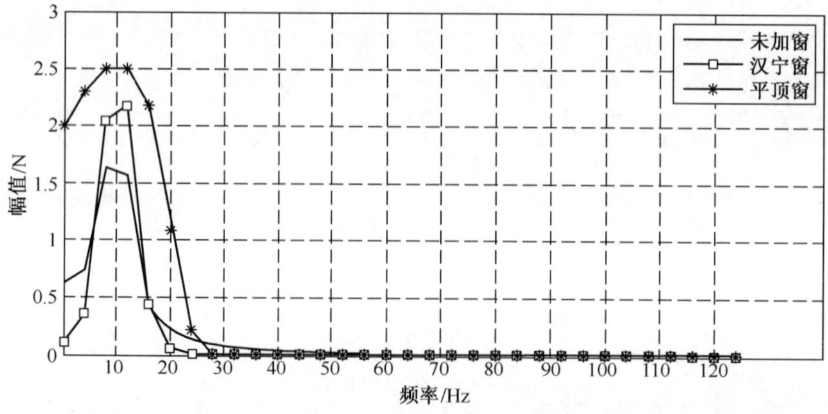

图4-10 加窗对傅里叶谱幅值影响

图4-11所示为加汉宁窗对功率谱密度的影响。由图可见,加窗后泄漏情况有所改善,但

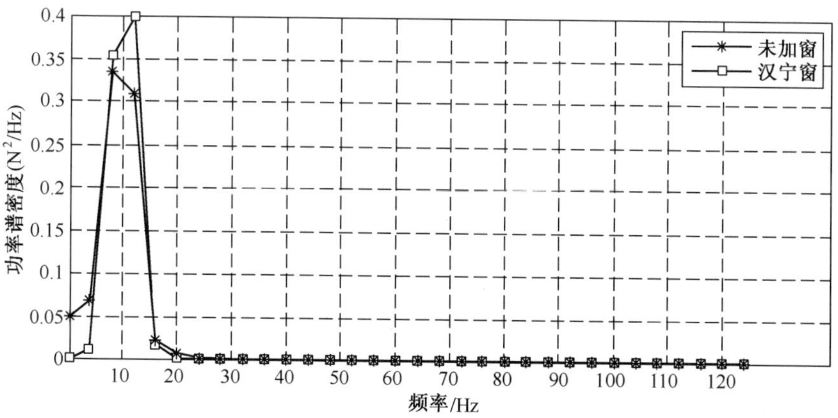

图 4－11　加窗对功率谱密度影响

由于频率分辨率的影响，在 12Hz 处的谱密度值与理论上 10Hz 处的值仍有较大差异。其中谱密度幅值修正因子采用式(4－71)。

例 4.6　运用韦尔奇法计算 $x(t)=1.5\sin(2\pi\cdot151t)+\text{in}(2\pi\cdot501t)+r(t)$ N 的功率谱密度，其中 $r(t)$ 为正态随机信号。

解：此处取采样时长 $T=1\text{s}$，采样点数 $N=2000$，则频率分辨率 $\Delta f=1/T=1\text{Hz}$，采样率 $f_s=2000\text{Hz}$。

在 Matlab 中韦尔奇算法的调用方法为：[pxx,f]=pwelch(x,w,noverlap,nfft,fs)，其中 x 为总的采样数据；w 为窗函数数据，若仅给定点数，则采用汉宁窗；noverlap 为重叠点数，它不能超过 w 的点数；nfft 为 FFT 计算点数；fs 为采样频率；pxx 为计算所得的单边功率谱密度，f 为对应的频率点。

本例中，将 2000 个数据点分为 8 段，重叠率为 50%，则 w = hanning(N/8)，nfft = N/8，noverlap = N/16。因此，每段采样时间为 1/8s，频率分辨率变为 8Hz。图 4－12(a)所示为对所有采样点一次计算的结果，图 4－12(b)所示为韦尔奇算法结果。可见，采用韦尔奇法平均后，谱密度曲线变得光滑，但谱线的瓣变宽，分辨率下降。注意，由于韦尔奇法的相邻谱线的频率间隔增加了 8 倍，所以图 4－12(b)对应的谱密度值下降为图 4－12(a)1/8 倍。本例基本程序如下：

```
%例 4.6 程序
N=2000;T=1;fs=N/T;df=fs/N;f=(0:N-1)*df;
t=linspace(0,T,N);
x=1.5*sin(2*pi*151*t)+sin(2*pi*501*t)+randn(1,length(t));
w1=hanning(N);sf2=N/sum(w1.^2);%谱密度修正因子
x1=x.*w1';y1=fft(x1)/N;
p1=abs(y1).^2/df*2*sf2;
subplot(2,1,1);semilogy(f(1:N/2),p1(1:N/2))
hn = hanning(N/8)';noverlap = N/16;
[p2,f2] = pwelch(x,hn,noverlap,N/8,fs,'onesided');
subplot(2,1,2);semilogy(f2,p2)
```

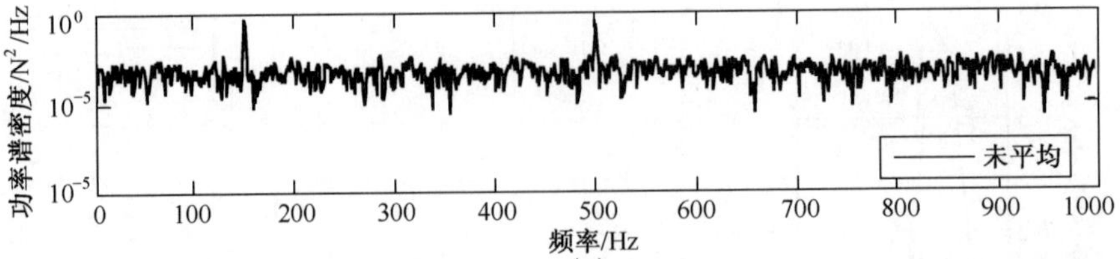

(a)

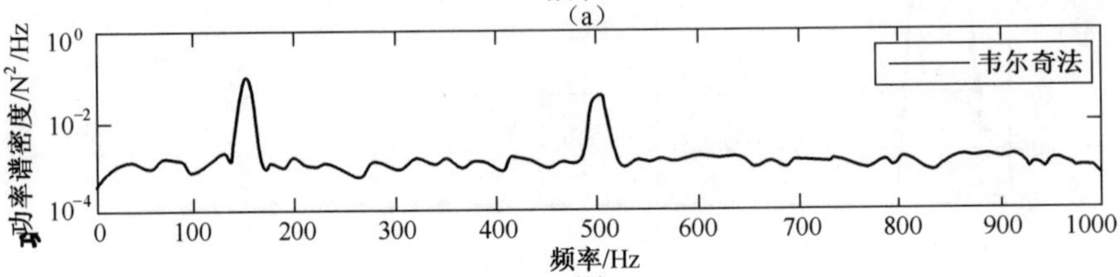

(b)

图 4-12 用韦尔奇法计算功率谱密度

4.5 随机振动激励与响应关系

设 n 自由度线性振动系统受到 m 个平稳随机激励,即

$$\boldsymbol{f}(t)=[f_1(t),f_2(t),\cdots,f_m(t)]^{\mathrm{T}} \tag{4-72}$$

系统的平稳随机振动响应为

$$\boldsymbol{u}(t)=[u_1(t),u_2(t),\cdots,u_n(t)]^{\mathrm{T}} \tag{4-73}$$

由杜哈梅积分可知

$$\boldsymbol{u}(t)=\int_{-\infty}^{+\infty}\boldsymbol{h}(\eta)\boldsymbol{f}(t-\eta)\,\mathrm{d}\eta \tag{4-74}$$

式中:$\boldsymbol{h}(\eta)$为单位冲激响应函数矩阵。则响应的相关函数矩阵为

$$\begin{aligned}\boldsymbol{R}_{uu}(\tau)&=E[\boldsymbol{u}(t)\,\boldsymbol{u}^{\mathrm{T}}(t+\tau)]\\&=E\left[\int_{-\infty}^{+\infty}\boldsymbol{h}(\eta_1)\boldsymbol{f}(t-\eta_1)\,\mathrm{d}\eta_1\int_{-\infty}^{+\infty}\boldsymbol{f}^{\mathrm{T}}(t+\tau-\eta_2)\boldsymbol{h}^{\mathrm{T}}(\eta_2)\,\mathrm{d}\eta_2\right]\\&=\int_{-\infty}^{+\infty}\int_{-\infty}^{+\infty}\boldsymbol{h}(\eta_1)E[\boldsymbol{f}(t-\eta_1)\,\boldsymbol{f}^{\mathrm{T}}(t+\tau-\eta_2)]\,\boldsymbol{h}^{\mathrm{T}}(\eta_2)\,\mathrm{d}\eta_1\mathrm{d}\eta_2\\&=\int_{-\infty}^{+\infty}\int_{-\infty}^{+\infty}\boldsymbol{h}(\eta_1)\,\boldsymbol{R}_{ff}(\tau+\eta_1-\eta_2)\,\boldsymbol{h}^{\mathrm{T}}(\eta_2)\,\mathrm{d}\eta_1\mathrm{d}\eta_2\\&=\int_{-\infty}^{+\infty}\int_{-\infty}^{+\infty}\boldsymbol{h}(\eta_1)\,\frac{1}{2\pi}\int_{-\infty}^{+\infty}\boldsymbol{S}_{ff}(\omega)\,\mathrm{e}^{\mathrm{j}\omega(\tau+\eta_1-\eta_2)}\,\mathrm{d}\omega\,\boldsymbol{h}^{\mathrm{T}}(\eta_2)\,\mathrm{d}\eta_1\mathrm{d}\eta_2\\&=\int_{-\infty}^{+\infty}\left[\int_{-\infty}^{+\infty}\boldsymbol{h}(\eta_1)\,\mathrm{e}^{\mathrm{j}\omega\eta_1}\mathrm{d}\eta_1\right]\frac{1}{2\pi}\boldsymbol{S}_{ff}(\omega)\,\mathrm{e}^{\mathrm{j}\omega\tau}\left[\int_{-\infty}^{+\infty}\boldsymbol{h}^{\mathrm{T}}(\eta_2)\,\mathrm{e}^{-\mathrm{j}\omega\eta_2}\mathrm{d}\eta_2\right]\mathrm{d}\omega\\&=\frac{1}{2\pi}\int_{-\infty}^{+\infty}\boldsymbol{H}(-\omega)\,\boldsymbol{S}_{ff}(\omega)\,\boldsymbol{H}^{\mathrm{T}}(\omega)\,\mathrm{e}^{\mathrm{j}\omega\tau}\,\mathrm{d}\omega\end{aligned} \tag{4-75}$$

又由功率谱密度的定义可知

$$\boldsymbol{R}_{uu}(\tau)=\frac{1}{2\pi}\int_{-\infty}^{+\infty}\boldsymbol{S}_{uu}(\omega)\,\mathrm{e}^{\mathrm{j}\omega\tau}\,\mathrm{d}\omega \tag{4-76}$$

所以有

$$\boldsymbol{S}_{uu}(\omega)=\boldsymbol{H}(-\omega)\ \boldsymbol{S}_{ff}(\omega)\ \boldsymbol{H}^{\mathrm{T}}(\omega)=\boldsymbol{H}^{*}(\omega)\ \boldsymbol{S}_{ff}(\omega)\ \boldsymbol{H}^{\mathrm{T}}(\omega) \tag{4-77}$$

式中，* 表示取复共轭。注意，由于频响函数矩阵元素可表达为 jω 的有理分式，因此有

$$\boldsymbol{H}(-\omega)=\boldsymbol{H}^{*}(\omega) \tag{4-78}$$

式(4-77)描述了平稳随机响应功率谱密度矩阵与激励矩阵之间的关系，该式被称为**随机振动理论的核心公式**。

运用以上类似推导过程还可以得到

$$\boldsymbol{S}_{fu}(\omega)=\boldsymbol{S}_{ff}(\omega)\ \boldsymbol{H}^{\mathrm{T}}(\omega) \tag{4-79}$$

进而有

$$\boldsymbol{H}(\omega)=\boldsymbol{S}_{fu}^{\mathrm{T}}(\omega)\ \boldsymbol{S}_{ff}^{-\mathrm{T}}(\omega) \tag{4-80}$$

可见，当 $\boldsymbol{S}_{ff}^{-\mathrm{T}}$ 存在，即 $f_1(t)$，$f_2(t)$，…，$f_m(t)$ 互不相关时，可用式(4-80)测量频响函数矩阵，此为多输入多输出(MIMO)测量频响函数矩阵的理论基础。

对于单输入单输出(SISO)系统，由式(4-77)和式(4-80)可得

$$S_{uu}(\omega)=|H(\omega)|^2 S_{ff}(\omega) \tag{4-81}$$

$$S_{fu}(\omega)=S_{ff}(\omega)H(\omega) \tag{4-82}$$

响应的均方值为

$$E[u^2(t)]=\frac{1}{2\pi}\int_{-\infty}^{+\infty}S_{uu}(\omega)\,\mathrm{d}\omega=\frac{1}{2\pi}\int_{-\infty}^{+\infty}|H(\omega)|^2 S_{ff}(\omega)\,\mathrm{d}\omega \tag{4-83}$$

第 5 章 振动分析的有限元法

5.1 单元的基本概念

有限元法是一种近似分析方法,它是结构振动数值计算中最重要的一类方法。有限元法的基本步骤为:将一个结构划分为有限个离散结构**单元**,单元之间通过单元的**结点**连接;分别建立每个单元的运动方程;组合成总体运动方程;求解总体运动方程得到结构响应的近似解。将一个实际连续结构及其所受载荷与边界条件转化为有限个结构单元组成的离散结构以及载荷和边界条件的过程称为**结构有限元建模**。

从几何构形上看,结构单元可分为线状、面状和体状单元。常用的线状单元有杆、轴、梁等单元,它们用于对杆状结构(如刚架)的建模;面状单元有膜、板等单元,它们用于对平面结构(如板)建模;体状单元主要有块体单元,用于对三维实体结构建模。以下以杆单元为例,具体介绍构建一个单元所需的一些基本要素。

图 5-1 所示为一杆单元,定义该单元用到了以下基本要素:

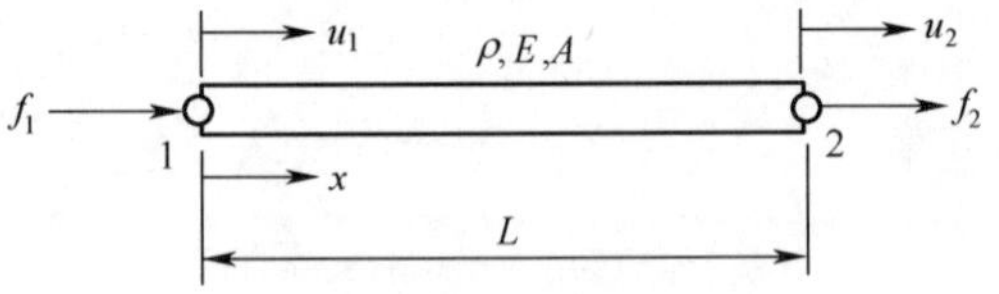

图 5-1　两自由度杆单元

(1) **单元结点**　此处有两个结点 1 和 2,它们位于单元的两端。

(2) **局部坐标**　此处为 x 坐标,以结点 1 为原点,由结点 1 指向结点 2。

(3) **结点位移**　此处为 u_1 和 u_2,它们分别表示结点 1 和 2 沿 x 的位移。

(4) **结点力**　此处为 f_1 和 f_2,它们与结点位移相对应,是产生结点位移的原因。

(5) **单元参数**　此处为杆的长度 L 、质量密度 ρ 、弹性模量 E 、横截面积 A 。

单元结点上位移个数又称为结点**自由度数**,结点自由度数乘以结点数为单元自由度数。例如,该杆单元每个结点有一个自由度,因有两个结点,所以单元共有两个自由度。

有限单元法的一个基本思想是:整个单元的运动由单元的结点运动所决定。例如,上述杆单元内任意一点的位移由两个结点的位移决定,也即单元内部任意点的位移可由两个结点的位移插值得到,这个插值函数称为**形函数**。例如,该杆单元内任意一点的位移为

$$u_e(x) = N_1(x)u_1 + N_2(x)u_2 \tag{5-1}$$

式中：$N_1(x)$ 和 $N_2(x)$ 为形函数，假设它们都是 x 的幂级多项式函数。可用以下方法求取形函数。

先求 $N_1(x)$，令式(5－1)中的 $u_1 = 1, u_2 = 0$，显然此时有 $u_e(x) = N_1(x)$，在 $x = 0$ 和 $x = L$ 处，$u_e(x)$ 应该分别等于 u_1 和 u_2。因此，

$$\begin{cases} N_1(0) = 1 \\ N_1(L) = 0 \end{cases} \tag{5-2}$$

众所周知，由两个条件可以决定一个一次多项式函数，因此若令

$$N_1(x) = a_1 + b_1 x \tag{5-3}$$

利用式(5－2)的两个条件可得 $N_1(x)$ 为

$$N_1(x) = 1 - \frac{x}{L} \tag{5-4}$$

为求 $N_2(x)$，先令式(5－1)中的 $u_1 = 0, u_2 = 1$，采用同样的方法可得

$$N_2(x) = \frac{x}{L} \tag{5-5}$$

显然，$N_1(x)$ 和 $N_2(x)$ 都是 x 的线性函数，这表示结点位移对单元内任意一点位移的影响与它们之间的距离呈线性关系。显然，形函数的幂级次数与单元的结点个数有关，单元结点数越多，形函数可取的次数越高。式(5－1)可进一步写为以下矩阵形式，即

$$u_e(x) = \boldsymbol{N}(x)\boldsymbol{u} \tag{5-6}$$

式中：$\boldsymbol{N}$ 为**形函数矩阵**；$\boldsymbol{u}$ 为单元的**结点位移向量**，且

$$\boldsymbol{N}(x) = [N_1(x) \quad N_2(x)] \tag{5-7}$$

$$\boldsymbol{u} = \begin{bmatrix} u_1 \\ u_2 \end{bmatrix} \tag{5-8}$$

单元内的弹性应变为

$$\boldsymbol{\varepsilon}(x) = \frac{\mathrm{d}u_e}{\mathrm{d}x} = \frac{\mathrm{d}\boldsymbol{N}(x)}{\mathrm{d}x}\boldsymbol{u} = \boldsymbol{B}\boldsymbol{u} \tag{5-9}$$

式中：$\boldsymbol{B}$ 矩阵为形函数矩阵对空间坐标的导数矩阵，表示单元内应变与结点位移向量之间的联系。单元内的弹性应力可表示为

$$\boldsymbol{\sigma}(x) = E\boldsymbol{\varepsilon}(x) = E\boldsymbol{B}\boldsymbol{u} \tag{5-10}$$

由上述推导可知，只要得到单元的结点位移，就可以得到单元内任意一点的位移、应变、应力。这种有限元方法以结点的位移作为求解的原始未知量，称为**位移型有限元法**。

5.2　单元运动方程与单元矩阵

一般而言，根据弹性力学知识，当三维弹性体单元结点发生虚位移 $\delta\boldsymbol{u}$ 时，单元内任意一点的虚位移和虚应变为

$$\begin{cases} \delta\boldsymbol{u}_e = \boldsymbol{N}\delta\boldsymbol{u} \\ \delta\boldsymbol{\varepsilon} = \boldsymbol{B}\delta\boldsymbol{u} \end{cases} \tag{5-11}$$

单元内力和惯性力在此虚位移所做的虚功为

$$
\begin{aligned}
W_{\mathrm{i}} &= \int_V (\delta\, \boldsymbol{\varepsilon}^{\mathrm{T}} \boldsymbol{\sigma} + \delta \boldsymbol{u}_{\mathrm{e}}^{\mathrm{T}} \rho \ddot{\boldsymbol{u}}_{\mathrm{e}})\,\mathrm{d}v \\
&= \int_V (\boldsymbol{B}^{\mathrm{T}} E \boldsymbol{B} \boldsymbol{u} + \delta \boldsymbol{u}^{\mathrm{T}} \boldsymbol{N}^{\mathrm{T}} \rho \boldsymbol{N} \ddot{\boldsymbol{u}})\,\mathrm{d}v \\
&= \delta \boldsymbol{u}^{\mathrm{T}} \int_V (\boldsymbol{B}^{\mathrm{T}} E \boldsymbol{B} \boldsymbol{u} + \boldsymbol{N}^{\mathrm{T}} \rho \boldsymbol{N} \ddot{\boldsymbol{u}})\,\mathrm{d}v
\end{aligned} \tag{5-12}
$$

作用在单元上的外力在此虚位移上所做的虚功为

$$
\begin{aligned}
W_{\mathrm{e}} &= \int_V \delta \boldsymbol{u}_{\mathrm{e}}^{\mathrm{T}} \boldsymbol{p}_{\mathrm{b}}\,\mathrm{d}v + \int_S \delta \boldsymbol{u}_{\mathrm{e}}^{\mathrm{T}} \boldsymbol{p}_{\mathrm{s}}\,\mathrm{d}s + \sum_{i=1}^{n} \delta \boldsymbol{u}_{\mathrm{e}i}^{\mathrm{T}} \boldsymbol{p}_i \\
&= \int_V \delta \boldsymbol{u}^{\mathrm{T}} \boldsymbol{N}^{\mathrm{T}} \boldsymbol{p}_{\mathrm{b}}\,\mathrm{d}v + \int_S \delta \boldsymbol{u}^{\mathrm{T}} \boldsymbol{N}^{\mathrm{T}} \boldsymbol{p}_{\mathrm{s}}\,\mathrm{d}s + \sum_{i=1}^{n} \delta \boldsymbol{u}^{\mathrm{T}} \boldsymbol{N}_{(i)}^{\mathrm{T}} \boldsymbol{p}_i \\
&= \delta \boldsymbol{u}^{\mathrm{T}} \left(\int_V \boldsymbol{N}^{\mathrm{T}} \boldsymbol{p}_{\mathrm{b}}\,\mathrm{d}v + \int_S \boldsymbol{N}^{\mathrm{T}} \boldsymbol{p}_{\mathrm{s}}\,\mathrm{d}s + \sum_{i=1}^{n} \boldsymbol{N}_{(i)}^{\mathrm{T}} \boldsymbol{p}_i \right)
\end{aligned} \tag{5-13}
$$

式中:$\boldsymbol{p}_{\mathrm{b}}$ 为作用在单元上的体积力;$\boldsymbol{p}_{\mathrm{s}}$ 为作用在单元上的表面力;$\boldsymbol{p}_i$ 为作用在第 i 点处的集中力且该处的虚位移为 $\delta u_{\mathrm{e},i}$,$N_{(i)}$ 为形函数矩阵在第 i 点的值;n 为集中力总数。

由虚功原理,对任意虚位移都有

$$
W_{\mathrm{i}} = W_{\mathrm{e}} \tag{5-14}
$$

由此可得

$$
\left(\int_v \boldsymbol{N}^{\mathrm{T}} \rho \boldsymbol{N}\,\mathrm{d}v \right) \ddot{\boldsymbol{u}} + \left(\int_v \boldsymbol{B}^{\mathrm{T}} \boldsymbol{E} \boldsymbol{B}\,\mathrm{d}v \right) \boldsymbol{u} = \int_V \boldsymbol{N}^{\mathrm{T}} \boldsymbol{p}_{\mathrm{b}}\,\mathrm{d}v + \int_S \boldsymbol{N}^{\mathrm{T}} \boldsymbol{p}_{\mathrm{s}}\,\mathrm{d}s + \sum_{i=1}^{n} \boldsymbol{N}_{(i)}^{\mathrm{T}} \boldsymbol{p}_i \tag{5-15}
$$

令

$$
\boldsymbol{M}_{\mathrm{e}} = \int_v \boldsymbol{N}^{\mathrm{T}} \rho \boldsymbol{N}\,\mathrm{d}v \tag{5-16}
$$

$$
\boldsymbol{K}_{\mathrm{e}} = \int_v \boldsymbol{B}^{\mathrm{T}} \boldsymbol{E} \boldsymbol{B}\,\mathrm{d}v \tag{5-17}
$$

$$
\boldsymbol{f}_{\mathrm{e}} = \int_V \boldsymbol{N}^{\mathrm{T}} \boldsymbol{p}_{\mathrm{b}}\,\mathrm{d}v + \int_S \boldsymbol{N}^{\mathrm{T}} \boldsymbol{p}_{\mathrm{s}}\,\mathrm{d}s + \sum_{i=1}^{n} \boldsymbol{N}_{(i)}^{\mathrm{T}} \boldsymbol{p}_i \tag{5-18}
$$

则得到单元的运动方程为

$$
\boldsymbol{M}_{\mathrm{e}} \ddot{\boldsymbol{u}} + \boldsymbol{K}_{\mathrm{e}} \boldsymbol{u} = \boldsymbol{f}_{\mathrm{e}} \tag{5-19}
$$

式中:$\boldsymbol{M}_{\mathrm{e}}$、$\boldsymbol{K}_{\mathrm{e}}$ 分别为**单元的质量矩阵**和**刚度矩阵**,且式(5-16)所定义的质量矩阵又称为**一致质量矩阵**,一致的含义是指在计算单元质量矩阵时所采用的形函数与计算单元刚度矩阵的形函数相同;$\boldsymbol{u}$ 为单元的**结点位移列向量**;$\boldsymbol{f}_{\mathrm{e}}$ 为作用在单元上所有外力根据式(5-18)等效到单元结点上形成的**结点力向量**。

另外,单元阻尼矩阵可依据第 2 章相关方法进行处理。

5.3 杆与梁的单元矩阵

由式(5-16)和式(5-17)可见,计算单元矩阵关键是需要先得到其形函数。对图 5-1 所示两自由度杆单元,将其形函数矩阵代入式(5-16)和式(5-17)后可得

$$
\boldsymbol{M}_{\mathrm{e}} = \rho A L \begin{bmatrix} 1/3 & 1/6 \\ 1/6 & 1/3 \end{bmatrix} \tag{5-20}
$$

$$\boldsymbol{K}_{\mathrm{e}}=\frac{EA}{L}\begin{bmatrix}1 & -1\\ -1 & 1\end{bmatrix} \tag{5-21}$$

由式(5－20)可见,采用一致质量矩阵时,杆单元总质量的 2/3 平分在单元质量阵的两个对角元上,另外 1/3 总质量平分在两个非对角元上。如果将总质量只分配给质量阵的对角元,这样所得的单元质量矩阵称为**集中质量矩阵**。一般来讲,一致质量矩阵是非对角的,而集中质量矩阵是对角矩阵。

下面进一步研究平面梁单元的单元矩阵。图 5－2 所示为四自由度平面梁单元,该单元有两个结点,每个结点分别有一个横向平动位移自由度和一个转动位移自由度。

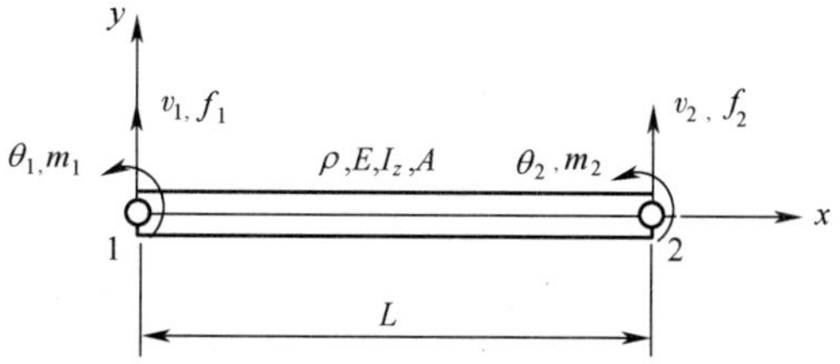

图 5－2　四自由度平面梁单元

整个单元的结点位移向量为 $[v_1\ \theta_1\ v_2\ \theta_2]^{\mathrm{T}}$,其中 v_1 和 v_2 为沿 y 轴的平动位移,θ_1 和 θ_2 为绕 z 轴转动角位移(xyz 符合右手系),I_z 为梁横截面对 z 轴的轴惯性矩;对应的结点力向量为 $[f_1\quad m_1\quad f_2\quad m_2]^{\mathrm{T}}$,其中 f_1 和 f_2 为剪切力,m_1 和 m_2 为弯矩。根据材料力学可知,单元内任意一点处的转角和位移之间有以下关系,即

$$\theta(x)=\frac{\mathrm{d}v(x)}{\mathrm{d}x} \tag{5-22}$$

因此只要求得 $v(x)$ 与结点位移 $[v_1\quad \theta_1\quad v_2\quad \theta_2]^{\mathrm{T}}$ 之间的插值关系,即可得到 $\theta(x)$ 与它们的关系。令单元内任一点的横向位移为

$$\begin{aligned}v_{\mathrm{e}}(x)&=N_1(x)v_1+N_2(x)\theta_1+N_3(x)v_2+N_4(x)\theta_2\\&=\boldsymbol{N}\boldsymbol{u}\end{aligned} \tag{5-23}$$

式中

$$\boldsymbol{N}=[N_1(x)\quad N_2(x)\quad N_3(x)\quad N_4(x)] \tag{5-24}$$

$$\boldsymbol{u}=[v_1\quad \theta_1\quad v_2\quad \theta_2]^{\mathrm{T}} \tag{5-25}$$

式中的形函数可运用以下方法进行求解。例如,在求 $N_1(x)$ 时,令 $v_1=1$, $\theta_1=\theta_2=0$, $v_2=0$, 则此时有 $v_{\mathrm{e}}(x)=N_1(x)$ 。因此 $N_1(x)$ 需满足以下 4 个条件,即

$$\begin{cases}N_1(0)=1\\ N'_1(0)=0\\ N_1(L)=0\\ N'_1(L)=0\end{cases} \tag{5-26}$$

显然,这 4 个条件可唯一确定一个 3 次幂级多项式。令

$$N_1(x)=a_1+b_1x+c_1x^2+d_1x^3 \tag{5-27}$$

利用式(5－26)可得

$$N_1(x)=1-\frac{3x^2}{L^2}+\frac{2x^3}{L^3} \tag{5-28}$$

类似地,可得

$$N_2(x)=x-\frac{2x}{L}+\frac{x^3}{L^2} \tag{5-29}$$

$$N_3(x)=\frac{3x^2}{L^2}-\frac{2x^3}{L^3} \tag{5-30}$$

$$N_4(x)=-\frac{x^2}{L}+\frac{x^3}{L^2} \tag{5-31}$$

可见,这些形函数都是3次多项式,因此,形函数的幂级次数不但与单元的结点个数有关,还可能与结点上的自由度数有关。单元的结点个数越多,结点上的自由度数越多,则形函数有可能取的阶次越高。

以上形函数还可通过参考材料力学中梁的变形曲线导出。例如,在求 $N_1(x)$ 时,仍然先令 $v_1(0)=1$, $\theta_1(0)=\theta_2(L)=0$, $v_2(L)=0$,此时有 $v_e(x)=N_1(x)$,即在该种位移约束下梁的挠度曲线就是第一个形函数。该问题也等价为求解左端挠度为1、转角为0,右端固定的悬臂梁挠度曲线问题如图5-3所示。因此,只要求得左端点的力 f_1 和力矩 m_1,即可得到此情况下的挠度曲线。

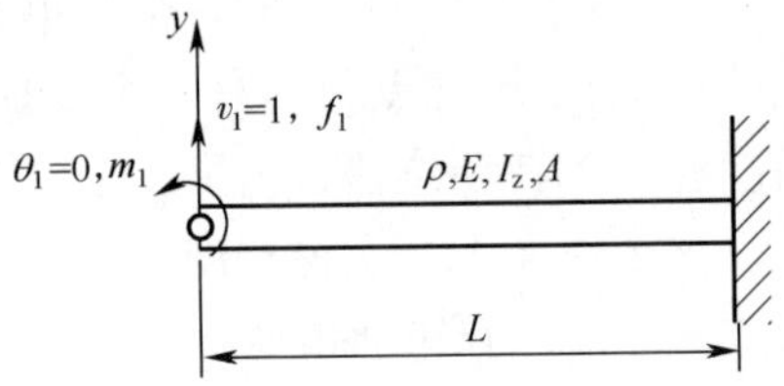

图5-3　求形函数 $N_1(x)$ 的等价问题

参考材料力学,将 f_1 和 m_1 分别作用下左端处挠度和转角相叠加后得到

$$\begin{cases}\dfrac{f_1L^3}{3EI_z}-\dfrac{m_1L^2}{2EI_z}=1\\[2ex]\dfrac{m_1L}{EI_z}-\dfrac{f_1L^2}{2EI_z}=0\end{cases} \tag{5-32}$$

解得

$$\begin{cases}f_1=12\dfrac{EI_z}{L^3}\\[2ex]m_1=6\dfrac{EI_z}{L^2}\end{cases} \tag{5-33}$$

再将所得的 f_1 和 m_1 分别作用下梁的挠度曲线相加得到

$$N_1(x)=1-\frac{3x^2}{L^2}+\frac{2x^3}{L^3} \tag{5-34}$$

运用类似的方法可得到 $N_2(x)$、$N_3(x)$ 和 $N_4(x)$,此结果与前述结果完全相同。

将所得形函数代入式(5-24)得到形函数矩阵,再利用式(5-16)和式(5-17)可得四自由度平面梁单元的质量矩阵和刚度矩阵分别为

$$\boldsymbol{M}_e=\frac{\rho AL}{420}\begin{bmatrix}156 & 22L & 54 & -13L\\ 22L & 4L^2 & 13L & -3L^2\\ 54 & 13L & 156 & -22L\\ -13L & -3L^2 & -22L & 4L^2\end{bmatrix} \tag{5-35}$$

$$\boldsymbol{K}_e=\frac{EI_z}{L^3}\begin{bmatrix}12 & 6L & -12 & 6L\\ 6L & 4L^2 & -6L & 2L^2\\ -12 & -6L & 12 & -6L\\ 6L & 2L^2 & -6L & 4L^2\end{bmatrix} \tag{5-36}$$

如果将杆单元的两个自由度加入上述平面梁单元内，则得到图5-4所示的六自由度平面梁单元。该梁单元的位移按以下方式排列形成位移列向量，即 $\boldsymbol{u}=[u_1\ v_1\ \theta_1\ u_2\ v_2\ \theta_2]^{\mathrm{T}}$，由于梁的轴向变形与弯曲变形之间相互独立，因此六自由度平面梁单元的质量矩阵和刚度矩阵分别为

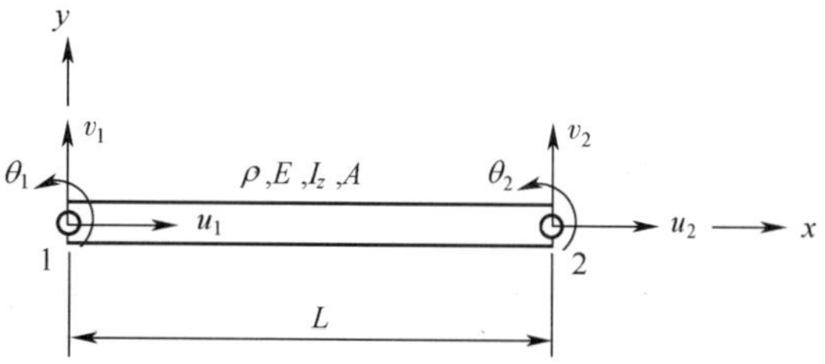

图5-4 六自由度平面梁单元

$$\boldsymbol{M}_{\mathrm{e}}=\frac{\rho AL}{420}\begin{bmatrix}140 & 0 & 0 & 70 & 0 & 0\\ 0 & 156 & 22L & 0 & 54 & -13L\\ 0 & 22L & 4L^2 & 0 & 13L & -3L^2\\ 70 & 0 & 0 & 140 & 0 & 0\\ 0 & 54 & 13L & 0 & 156 & -22L\\ 0 & -13L & -3L^2 & 0 & -22L & 4L^2\end{bmatrix} \tag{5-37}$$

$$\boldsymbol{K}_{\mathrm{e}}=\begin{bmatrix}EA/L & 0 & 0 & -EA/L & 0 & 0\\ 0 & 12EI_z/L^3 & 6EI_z/L^2 & 0 & -12EI_z/L^3 & 6EI_z/L^2\\ 0 & 6EI_z/L^2 & 4EI_z/L & 0 & -6EI_z/L^2 & 2EI_z/L\\ -EA/L & 0 & 0 & EA/L & 0 & 0\\ 0 & -12EI_z/L^3 & -6EI_z/L^2 & 0 & 12EI_z/L^3 & -6EI_z/L^2\\ 0 & 6EI_z/L^2 & 2EI_z/L & 0 & -6EI_z/L^2 & 4EI_z/L\end{bmatrix} \tag{5-38}$$

各元素在矩阵中的位置，完全由单元位移列向量中对各个结点位移的排列次序决定。

以上仅考虑了梁在 xy 面内的弯曲情形，若再加上梁在 xz 面内的弯曲以及轴向拉压和扭转变形，则得到空间三维梁单元。图5-5所示为十二自由度三维空间梁单元的结点自由度定义，若其结点位移列向量定义为

$$\boldsymbol{u}=[u_1\quad v_1\quad w_1\quad \theta_{x1}\quad \theta_{y1}\quad \theta_{z1}\quad u_2\quad v_2\quad w_2\quad \theta_{x2}\quad \theta_{y2}\quad \theta_{z2}]^{\mathrm{T}} \tag{5-39}$$

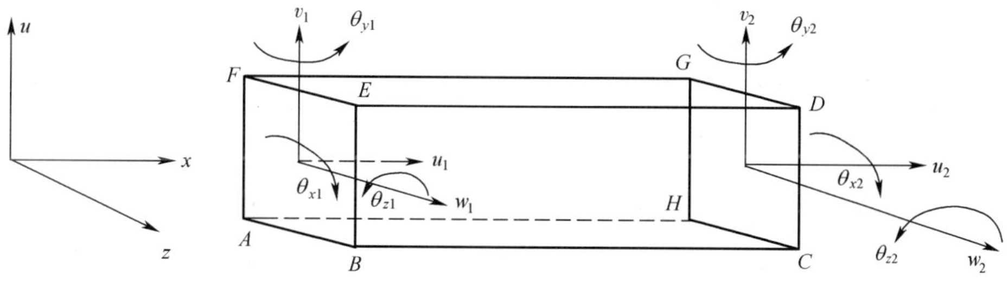

图5-5 十二自由度空间梁单元

需要注意的是，该三维梁单元在 xz 面内投影后相应的四自由度平面梁单元如图5-6所示，此时与图5-2的 xy 面内弯曲相类比，其转动角的方向是相反的，当借用 xy 面内弯曲的质量矩阵和刚度矩阵进行类推得到 xz 面内的单元矩阵时，有关矩阵元素符号需做调整。

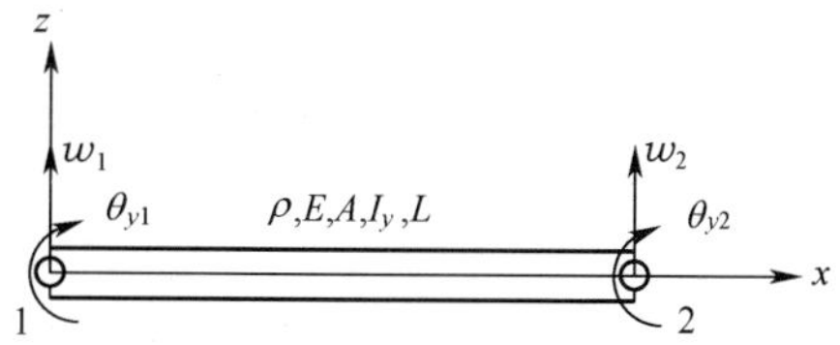

图5-6 xz 面内的弯曲

由类推得到的 xz 面内的质量矩阵和刚度矩阵分

别为

$$\boldsymbol{M}_{\mathrm{e}}^{xz}=\frac{\rho AL}{420}\begin{bmatrix}156 & -22L & 54 & 13L\\ -22L & 4L^2 & -13L & -3L^2\\ 54 & -13L & 156 & 22L\\ 13L & -3L^2 & 22L & 4L^2\end{bmatrix} \tag{5-40}$$

$$\boldsymbol{K}_{\mathrm{e}}^{xz}=\frac{EI_y}{L^3}\begin{bmatrix}12 & -6L & -12 & -6L\\ -6L & 4L^2 & 6L & 2L^2\\ -12 & 6L & 12 & 6L\\ -6L & 2L^2 & 6L & 4L^2\end{bmatrix} \tag{5-41}$$

式中：I_y 为梁的横截面对 y 轴的轴惯性矩。

另外，绕 x 轴扭转的单元矩阵可通过与杆单元作类比得到，即

$$\boldsymbol{M}_{\mathrm{e}}^{xx}=\rho J_x L\begin{bmatrix}1/3 & 1/6\\ 1/6 & 1/3\end{bmatrix} \tag{5-42}$$

$$\boldsymbol{K}_{\mathrm{e}}^{xx}=\frac{GJ_x}{L}\begin{bmatrix}1 & -1\\ -1 & 1\end{bmatrix} \tag{5-43}$$

式中：J_x 为梁横截面对 x 轴的极惯性矩。

综合以上各单元矩阵得到十二自由度空间梁单元矩阵，见式(5-44)和式(5-45)，其他类型的单元矩阵可参考有限元方法的专门书籍。

$$\boldsymbol{K}_{\mathrm{e}}=\begin{bmatrix}
\frac{EA}{L} & & & & & & & & & & & \\
0 & \frac{12EI_z}{L^3} & & & & & & & & & & \\
0 & 0 & \frac{12EI_y}{L^3} & & & & & & & & & \\
0 & 0 & 0 & \frac{GJ_x}{L} & & & & & \text{对称} & & & \\
0 & 0 & -\frac{6EI_y}{L^2} & 0 & \frac{4EI_y}{L} & & & & & & & \\
0 & \frac{6EI_z}{L^2} & 0 & 0 & 0 & \frac{4EI_z}{L} & & & & & & \\
-\frac{EA}{L} & 0 & 0 & 0 & 0 & 0 & \frac{EA}{L} & & & & & \\
0 & -\frac{12EI_z}{L^3} & 0 & 0 & 0 & -\frac{6EI_z}{L^2} & 0 & \frac{12EI_z}{L^3} & & & & \\
0 & 0 & -\frac{12EI_y}{L^3} & 0 & \frac{6EI_y}{L^2} & 0 & 0 & 0 & \frac{12EI_y}{L^3} & & & \\
0 & 0 & 0 & -\frac{GJ_x}{L} & 0 & 0 & 0 & 0 & 0 & \frac{GJ_x}{L} & & \\
0 & 0 & -\frac{6EI_y}{L^2} & 0 & \frac{2EI_y}{L} & 0 & 0 & 0 & \frac{6EI_y}{L^2} & 0 & \frac{4EI_y}{L} & \\
0 & \frac{6EI_z}{L^2} & 0 & 0 & 0 & \frac{2EI_z}{L} & 0 & -\frac{6EI_z}{L^2} & 0 & 0 & 0 & \frac{4EI_z}{L}
\end{bmatrix} \tag{5-44}$$

$$
\boldsymbol{M}_{\mathrm{e}}=\rho AL\cdot\begin{bmatrix}
\frac{1}{3} & & & & & & & & & & & \\
0 & \frac{13}{35} & & & & & & & & & & \\
0 & 0 & \frac{13}{35} & & & & & & & & & \\
0 & 0 & 0 & \frac{J_x}{3A} & & & & & & \text{对称} & & \\
0 & 0 & -\frac{11L}{210} & 0 & \frac{L^2}{105} & & & & & & & \\
0 & \frac{11L}{210} & 0 & 0 & 0 & \frac{L^2}{105} & & & & & & \\
\frac{1}{6} & 0 & 0 & 0 & 0 & 0 & \frac{1}{3} & & & & & \\
0 & \frac{9}{70} & 0 & 0 & 0 & \frac{13L}{420} & 0 & \frac{13}{35} & & & & \\
0 & 0 & \frac{9}{70} & 0 & -\frac{13L}{420} & 0 & 0 & 0 & \frac{13}{35} & & & \\
0 & 0 & 0 & \frac{J_x}{6A} & 0 & 0 & 0 & 0 & 0 & \frac{J_x}{3A} & & \\
0 & 0 & \frac{13L}{420} & 0 & -\frac{L^2}{140} & 0 & 0 & 0 & \frac{11L}{210} & 0 & \frac{L^2}{105} & \\
0 & -\frac{13L}{420} & 0 & 0 & 0 & -\frac{L^2}{140} & 0 & -\frac{11L}{210} & 0 & 0 & 0 & \frac{L^2}{105}
\end{bmatrix}
\tag{5-45}
$$

5.4　坐 标 转 换

以上的单元矩阵是在单元自身的坐标系即局部坐标系 xyz 下导出的，显然，单元矩阵与坐标系的定义密切相关。实际结构可能由多个单元组成，每个单元自身的局部坐标系之间可能有差异，因此有必要定义一个各单元共用的总体坐标系，并通过总体坐标系统来考虑各单元的影响和作用，即将单元在局部坐标系下的单元矩阵转换到总体坐标下。

首先来讨论图 5-4 所示的六自由度平面梁单元的坐标变换问题。假设该单元在局部坐标 $o-xy$ 下的结点位移向量为 $\boldsymbol{u}=[u_1,v_1,\theta_1,u_2,v_2,\theta_2]^{\mathrm{T}}$，在总体坐标系 $O-XY$ 下结点位移向量为 $\overline{\boldsymbol{u}}=[\bar{u}_1,\bar{v}_1,\theta_1,\bar{u}_2,\bar{v}_2,\theta_2]^{\mathrm{T}}$，如图 5-7 所示。由于 $o-xy$ 和 $O-XY$ 为同一平面，所以绕 z 轴的转角自由度在两个坐标系中相同。容易推导得到

$$
\boldsymbol{u}=\boldsymbol{P}\,\overline{\boldsymbol{u}} \tag{5-46}
$$

式中

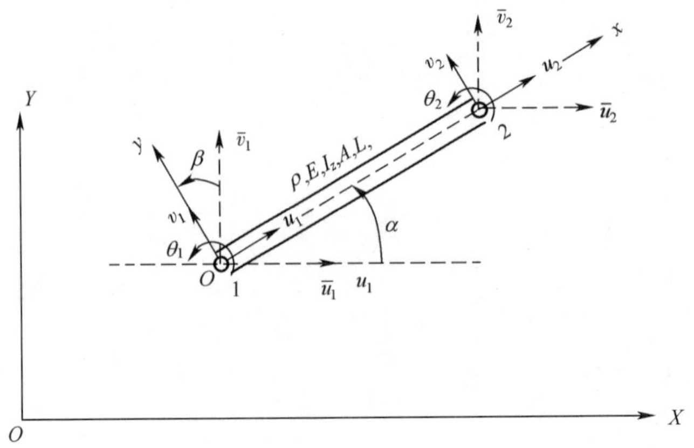

图 5-7　平面梁单元坐标变换

$$\boldsymbol{P} = \begin{bmatrix} \boldsymbol{p} & 0 \\ 0 & \boldsymbol{p} \end{bmatrix}_{6\times 6} \tag{5-47}$$

$$\boldsymbol{p} = \begin{bmatrix} l & m & 0 \\ -m & l & 0 \\ 0 & 0 & 1 \end{bmatrix} \tag{5-48}$$

$$\begin{cases} l = \cos\alpha \\ m = \cos\beta = \sin\alpha \end{cases} \tag{5-49}$$

将式(5-46)代入式(5-19),单元在局部坐标系下的运动方程中得

$$\boldsymbol{M}_{\mathrm{e}}\boldsymbol{P}\ddot{\bar{\boldsymbol{u}}} + \boldsymbol{K}_{\mathrm{e}}\boldsymbol{P}\bar{\boldsymbol{u}} = \boldsymbol{f}_{\mathrm{e}} \tag{5-50}$$

将式(5-50)两边同乘以 $\boldsymbol{P}^{\mathrm{T}}$,得

$$\boldsymbol{P}^{\mathrm{T}}\boldsymbol{M}_{\mathrm{e}}\boldsymbol{P}\ddot{\bar{\boldsymbol{u}}} + \boldsymbol{P}^{\mathrm{T}}\boldsymbol{K}_{\mathrm{e}}\boldsymbol{P}\bar{\boldsymbol{u}} = \boldsymbol{P}^{\mathrm{T}}\boldsymbol{f}_{\mathrm{e}} \tag{5-51}$$

即

$$\overline{\boldsymbol{M}}_{\mathrm{e}}\ddot{\bar{\boldsymbol{u}}} + \overline{\boldsymbol{K}}_{\mathrm{e}}\bar{\boldsymbol{u}} = \overline{\boldsymbol{f}}_{\mathrm{e}} \tag{5-52}$$

式中

$$\overline{\boldsymbol{M}}_{\mathrm{e}} = \boldsymbol{P}^{\mathrm{T}}\boldsymbol{M}_{\mathrm{e}}\boldsymbol{P} \tag{5-53}$$

$$\overline{\boldsymbol{K}}_{\mathrm{e}} = \boldsymbol{P}^{\mathrm{T}}\boldsymbol{K}_{\mathrm{e}}\boldsymbol{P} \tag{5-54}$$

$$\overline{\boldsymbol{f}}_{\mathrm{e}} = \boldsymbol{P}^{\mathrm{T}}\boldsymbol{f}_{\mathrm{e}} \tag{5-55}$$

分别为总体坐标系下的单元质量矩阵、单元刚度矩阵和结点力列向量。

5.5　由单元矩阵到总体矩阵的组装

式(5-52)已建立了一个单元在总体坐标系的运动方程,将一个结构所划分的所有单元的运动方程集合到一起,即可得到整个结构在总体坐标系下的运动方程,这个集合过程就是总体矩阵的组装。总体矩阵组装的基本原则是根据各自由度在局部坐标系下的编号以及其在总体坐标系下编号之间的对应关系来进行。

如图 5－8 所示，一个梁结构被划分为两个梁单元，总共有 3 个结点，9 个自由度，总体坐标系下自由度编号如图 5－8 所示，而局部坐标系下的自由度编号排列次序如图 5－4 所示。该结构总体位移列向量是 9×1 维的，因此，总体矩阵是 9×9 维的。组装后的总体运动方程为

$$[M]_{9\times9}[\ddot{u}]_{9\times1}+[K]_{9\times9}[u]_{9\times1}=[f]_{9\times1} \tag{5-56}$$

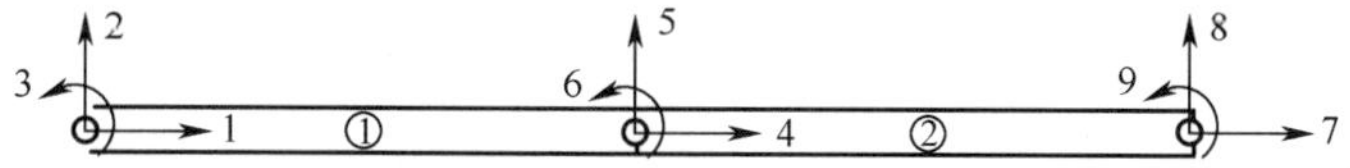

图 5－8　两个梁单元结构

两个梁单元的单元矩阵在总体矩阵中占据的位置如图 5－9 所示，单元矩阵元素在总体矩阵中的位置完全由其自由度编号决定。例如，对第②单元而言，在其单元矩阵中自由编号为 4 对应在总体系统中的自由度编号为 7，而单元矩阵中自由编号为 6 对应在总体系统中的自由度编号则为 9，则元素位置映射关系为 4→7、6→9。因此，在单元矩阵中(4,6)位置的元素需放在总体矩阵的(7,9)位置；单元矩阵中(6,6)位置的元素需放在总体矩阵的(9,9)位置，余者类推。放置在同一位置的元素之间相加，右端力向量也可按照类似方法进行向量组装得到。

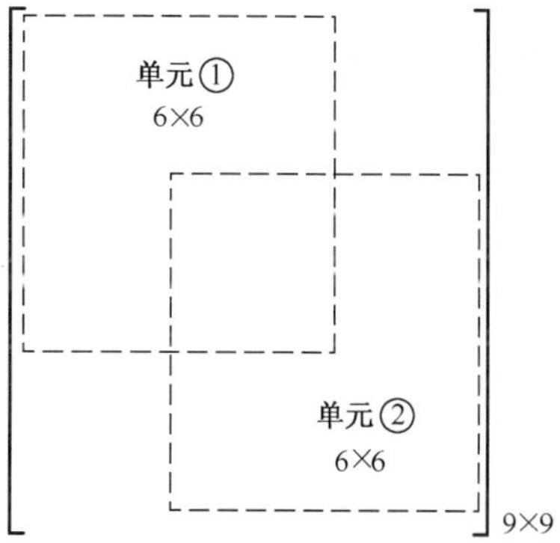

图 5－9　两个梁单元的总体矩阵组装

5.6　简单边界条件的处理

若结点处的某些位移固定为零，则称这样的边界条件为简单边界条件。简单边界条件的引入可以通过在组装完成的总体矩阵中划去相应的行和列来实现。

例如，在图 5－8 中，如果最左端刚性固定，则前 3 个位移都为零，那么将图 5－9 所示组装好的总体矩阵划掉前 3 行前 3 列，剩余的 6 × 6 矩阵则为引进边界条件后系统的总体矩阵。这一过程在实际中可借助编程将与被约束自由度相关的单元矩阵元素不装配到总体矩阵中，从而自动实现边界条件的引入。

5.7　固有振动特性计算编程示例

以下针对图 5－10 所示的平面悬臂梁进行编程，计算其前 3 阶固有频率和挠度振型。

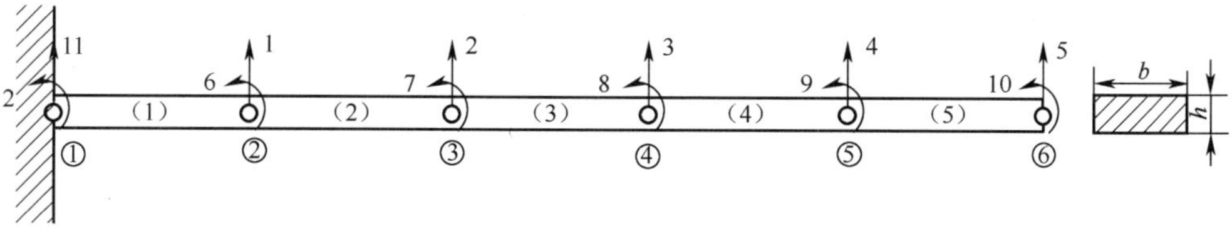

图 5－10　悬臂梁编程算例

例 5.1 图 5-10 所示梁长度 $L=1\text{m}$，弹性模量 $E=71\times10^9\text{GPa}$，质量密度 $\rho=2.77\times10^3\ \text{kg/m}^3$，横截面宽度 $b=0.1\text{m}$，横截面高度 $h=0.01\text{m}$。

解：将该梁均分为 5 个单元，有 6 个结点，采用 4 自由度平面梁单元进行计算，自由度编号如图 5-10 所示，由于左端固定，系统实际自由度为 10。注意，此处编号中将结点的挠度自由度编为了前 5 个，这样它们在位移向量或振型向量中就为前 5 个，有利于画挠度振型图；另外，在左侧固定结点处也给了自由度编号，该自由度编号大于系统实际自由度数即可，其目的是在程序中进行总体矩阵组装时，只要自由度编号大于系统实际自由度则不进行组装，从而实现边界条件的自动引入。示例程序及计算结果如下，表 5-1 所列为悬臂梁前 3 阶固有频率计算值与理论值对比，图 5-11 所示为计算所得悬臂梁的前 3 阶挠度振型图。

```
% 例 5.1 程序
% Frequency Calculation for 2D Beam
clear all;  clc; close all;
length=1; er=2.77e3; ee=71e9;wid=10e-2;high=1e-2;% 输入梁长度、质量密度、弹性模量、宽度和高度
ei=wid*high*high*high/12.; ea=wid*high;% 计算截面转动惯矩和截面积
ne=5; nfe=4; nf=10;el=length/ne;% 输入单元数、单元自由度数、系统总自由度数、计算单元长度
ndg=[11,12,1,6;1,6,2,7;2,7,3,8;3,8,4,9;4,9,5,10];% 输入各单元自由度编号
em=[156.,-22*el,54,13*el;-22*el,4*el*el,-13*el,-3*el*el;54,-13*el,156,22*el;13*el,-3*el*el,22*el,4*el*el];
em=em*er*ea*el/420.;% 计算单元质量阵
ek=[12,-6*el,-12,-6*el;-6*el,4*el*el,6*el,2*el*el; -12,6*el,12,6*el;-6*el,2*el*el,6*el,4*el*el];
ek=ek*ee*ei/el/el/el;% 计算单元刚度阵
sk=zeros(nf,nf);sm=zeros(nf,nf);% 预形成空的总刚度和质量阵
      m=zeros(4);% 预形成空的工作数组
      for kk=1:ne,% 对单元循环
         for i=1:nfe,% 对单元自由度循环
            m(i)=ndg(kk,i);% 取出单元自由度编号放入工作数组
         end
         for i=1:nfe,% 对自由度编号循环
            mi=m(i);% 单元自由度编号与总体自由度编号对应关系建立
            if(mi<=nf),% 若自由度编号小于系统总自由度则进行总体矩阵组装
            for j=1:nfe,
               mj=m(j);% 单元自由度编号与总体自由度编号对应关系建立
                if(mj<=nf),
                  sk(mi,mj)=sk(mi,mj)+ek(i,j);
                  sm(mi,mj)=sm(mi,mj)+em(i,j);
                end
             end
            end
         end
      end
```

```
[V,D]=eig(sk,sm);% 求解广义特征值问题,V-特征向量矩阵,D-对角元为特征值
fre=sqrt(diag(D))/2/pi% 计算固有频率,单位 Hz
gama=[1.8751 4.6941 7.8548]/length;fre1=sqrt(ee*ei/er/ea)*gama.^2/2/pi% 计算固有频率解析解
subplot(3,1,1);v1(1:6)=0;v1(2:6)=V(1:5,1);v1=v1/max(abs(v1));plot(v1)% 绘制振型图
subplot(3,1,2);v2(1:6)=0;v2(2:6)=V(1:5,2);v2=v2/max(abs(v2));plot(v2)
subplot(3,1,3);v3(1:6)=0;v3(2:6)=V(1:5,3);v3=v3/max(abs(v3));plot(v3)
```

表 5-1　悬臂梁前 3 阶固有频率计算值与理论值对比

阶　次	1	2	3
计算值/Hz	8.179	51.27	144.0
理论值/Hz	8.178	51.25	143.5

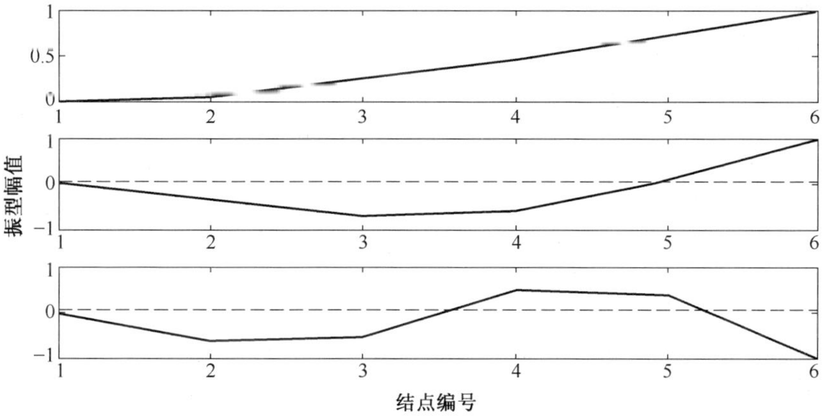

图 5-11　计算所得悬臂梁前 3 阶挠度振型

5.8　振动响应计算编程示例

例 5.2　在例 5.1 中,假设在第一自由度方向施加激励力 $f_1(t)=10\sin5t$N,在第三自由度方向施加激励力 $f_2(t)=5\sin8t$N,系统初始条件为零,系统阻尼矩阵 $\boldsymbol{C}=\alpha\boldsymbol{M}+\beta\boldsymbol{K}$,$\alpha=0.01$,$\beta=1\times10^{-4}$。编程计算第五自由度处的响应,如图 5-12 所示。

解:按照上例对梁进行划分,计算得到质量矩阵和刚度矩阵后,运用状态空间法,附加以下程序段进行响应计算,结果如下:

```
% 例 5.2 程序,接例 5.1 的程序代码
sc=0.01*sm+1.e-4*sk;% 形成阻尼矩阵
m_inv=inv(sm);% 求质量阵逆矩阵
A=[zeros(nf,nf),eye(nf);-m_inv*sk,-m_inv*sc];% 形成 A
B0=[1 0;0 0;0 1;0 0;0 0;0 0;0 0;0 0;0 0;0 0];
B=[zeros(nf);m_inv]*B0;% 形成 B
C=eye(2*nf);% 形成 C
```

```
D=0;% 形成 D
sys=ss(A,B,C,D);% 生成系统模型
t=0:0.01:60;% 形成时间点
f1=10*sin(5*t);f2=5*sin(8*t);
f=[f1;f2];f=f';% 形成激励力
X0=zeros(2*nf,1);% 形成零初始条件
[Y,t] = lsim(sys,f,t,X0) % 计算响应
plot(t,Y(:,5),'k','LineWidth',1)% 绘制第五自由度响应
xlabel('时间 \itt \rm (s)','fontname','Times New Roman','fontsize',9)% 设置坐标显示
ylabel('位移 \itu','fontname','Times New Roman','fontsize',9)% 设置坐标显示
set(gca,'fontsize',9,'fontname','Times New Roman')% 设置坐标显示
```

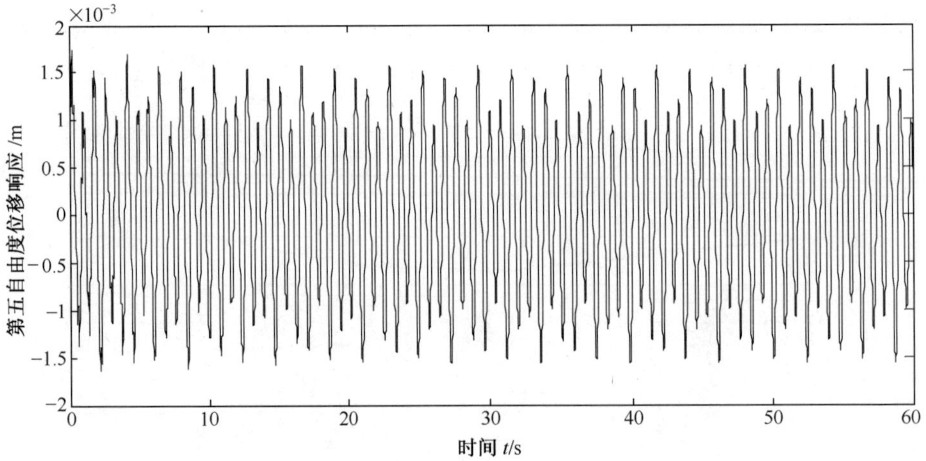

图 5-12　计算所得悬臂梁第五自由度响应

习　题

5-1　若例 5.1 中的梁为两端简支梁,试编程计算其固有频率和振型。

(参考答案:划分为 5 个单元计算结果 $f_1=23.419$Hz, $f_2=93.819$Hz, $f_3=212.42$Hz,振型图如图 5-13 所示。)

5-2　在例 5.2 中,若改第三自由度方向施加的激励力为单位阶跃力,第一自由度施加的激励力及其他条件不变,试编程计算第四自由度的位移响应。

(参考答案:采用 5 个单元计算的响应如图 5-14 所示)

5-3　在例 5.2 中,若仅在第五自由度方向施加激励力 $f_1(t)=5\sin 20\pi t$N,各阶模态阻尼比取为 0.1,试编程计算第五自由度的稳态位移响应幅值。

(参考答案:采用 5 个单元计算的结果为 4.88×10^{-3} m。本题可直接计算频率响应函数 $\boldsymbol{H}(\omega)=(\boldsymbol{K}+\mathrm{j}\omega\boldsymbol{C}-\omega^2\boldsymbol{M})^{-1}$,其中 $\omega=20\pi$,稳态位移幅值为 $5\boldsymbol{H}(5,5)$)

5-4　题 5-3 中若将激励改为 $f(t)=\begin{cases}5\text{N} & 0\leqslant t\leqslant 1\\ 0\text{N} & t>1\end{cases}$,瑞利阻尼系数取 $\alpha=0$, $\beta=3\times10^{-3}$,试编程计算第五自由度的位移响应。

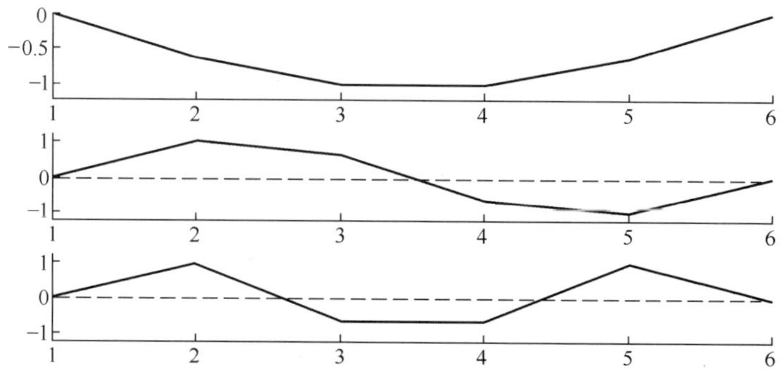

图 5 − 13　习题 5 − 1 计算所得振型图

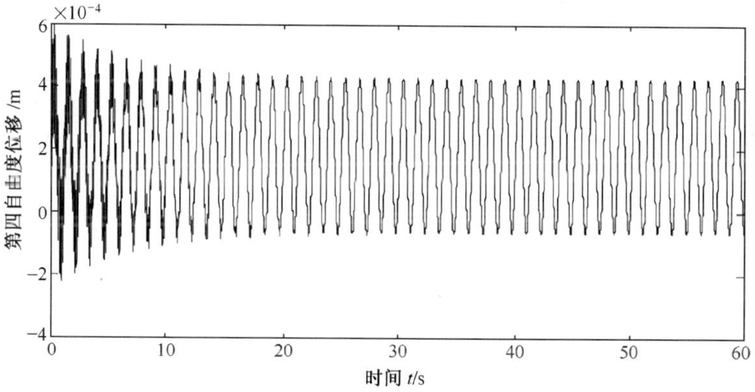

图 5 − 14　习题 5 − 2 参考答案

（参考答案：采用 5 个单元计算的响应如图 5 − 15 所示）

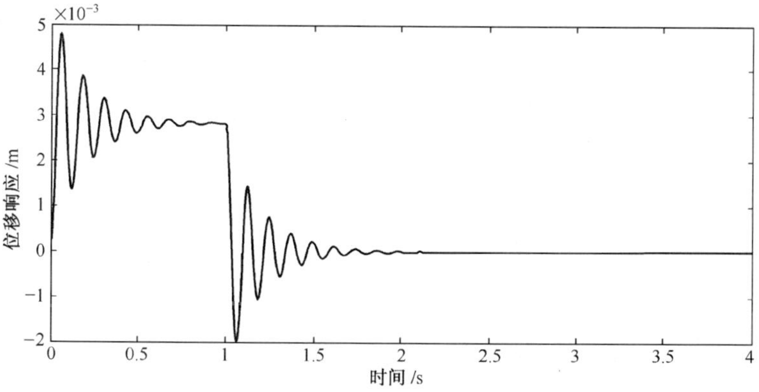

图 5 − 15　习题 5 − 4 参考答案

第6章 用 ANSYS 进行振动计算入门

6.1 基本步骤

自编有限元计算程序常用于算法研究，它灵活方便，适合于简单结构计算，是研究中必不可少的，但对工程中大型、复杂的结构计算则需采用专业化的软件。以下对运用 ANSYS Workbench V14 进行结构振动计算过程进行简单介绍。ANSYS Workbench 中进行结构振动计算所涉及的分析模块主要有模态（Modal）、谐响应（Harmonic Response）、瞬态响应（Transient Structural）、响应谱（Response Spectrum）、随机振动（Random Vibration）等。以下以模态分析为例简介 ANSYS Workbench 基本计算步骤。启动 ANSYS Workbench 之后，双击左侧分析系统（Analysis Systems）中的模态分析模块（Modal）图标，得到模态分析项目如图 6-1 所示。

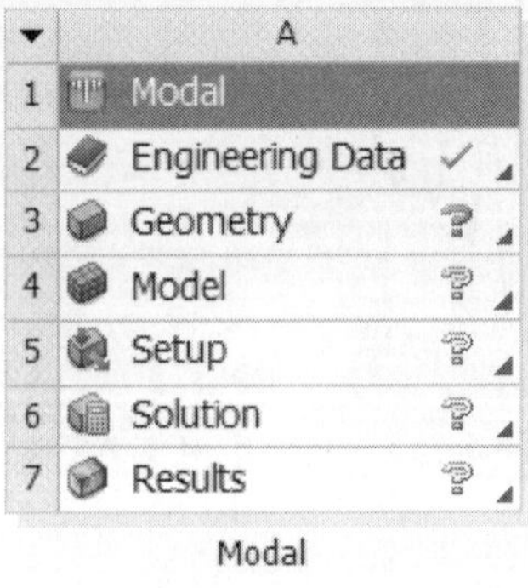

图 6-1　振动模态计算基本步骤

图中左侧的序号 1 表示项目名称，序号 2~7 为项目的分析步骤，即输入材料工程数据（Engineering Data）、几何建模（Geometry）、有限元建模（Model）、任务建立（Setup）、求解（Solution）、结果处理（Results）。图中右侧打"√"表示该步骤已有可用数据，打"？"表示数据不完善，需要补充。以下按照序号 2~7 所对应的步骤进行简述。

6.2　工程数据输入

材料工程数据默认为使用结构钢(Structural Steel)。双击 Engineering Data 条目后可得到一个该项目中已有的材料列表,如图 6－2 所示,其中已有一种结构钢(Structural Steel)材料。可以在“Click here to add a new material”区域单击添加新材料,也可以单击整个程序界面右上角的工程数据源(Engineering Data Sources)书形图标,可得图 6－3 所示列表。单击通用材料(General Materials)区域,左侧的序号 3 将高亮显示。此时在该表下方将显示出通用材料的列表,如图 6－4 所示,对计算中需用到的材料单击其后的加号按钮进行添加。材料添加完成后可

Outline of Schematic A2: Engineering Data

	A	B	C	D
1	Contents of Engineering Data		Source	Description
2	Material			
3	Structural Steel		General_Materials.xml	Fatigue Data at zero mean stress comes from 1998 ASME BPV Code, Section 8, Div 2, Table 5-110.1
*	Click here to add a new material			

图 6－2　原有材料表

Engineering Data Sources

	A	B	C	D
1	Data Source		Location	Description
2	Favorites			Quick access list and default items
3	General Materials			General use material samples for use in various analyses.
4	General Non-linear Materials			General use material samples for use in non-linear analyses.
5	Explicit Materials			Material samples for use in an explicit anaylsis.
6	Hyperelastic Materials			Material stress-strain data samples for curve fitting.
7	Magnetic B-H Curves			B-H Curve samples specific for use in a magnetic analysis.
8	Thermal Materials			Material samples specific for use in a thermal analysis.
9	Fluid Materials			Material samples specific for use in a fluid analysis.
*	Click here to add a new library		...	

图 6－3　原有材料库列表

Outline of General Materials

	A	B	C	D	E
1	Contents of General Materials	Add		Source	Description
2	Material				
3	Structural Steel			General_Materials.xml	Fatigue Data at zero mean stress comes from 1998 ASME BPV Code, Section 8, Div 2, Table 5-110.1
4	Air			General_Materials.xml	General properties for air.
5	Aluminum Alloy			General_Materials.xml	General aluminum alloy. Fatigue properties come from MIL-HDBK-5H, page 3-277.
6	Concrete			General_Materials.xml	
7	Copper Alloy			General_Materials.xml	
8	Gray Cast Iron			General_Materials.xml	
9	Magnesium Alloy			General_Materials.xml	
10	Polyethylene			General_Materials.xml	
11	Stainless Steel			General_Materials.xml	
12	Titanium Alloy			General_Materials.xml	
13	Silicon Anisotropic			General_Materials.xml	

图 6－4　通用材料库包含材料列表

单击屏幕上方的“Return to Project”按钮，返回主界面，再重新双击 Engineering Data 则可显示出项目中所选择的材料，如图 6-5 所示。

Outline of Schematic A2: Engineering Data

	A	B	C	D
1	Contents of Engineering Data		Source	Description
2	Material			
3	Aluminum Alloy		General_Materials.xml	General aluminum alloy. Fatigue properties come from MIL-HDBK-5H, page 3-277.
4	Structural Steel		General_Materials.xml	Fatigue Data at zero mean stress comes from 1998 ASME BPV Code, Section 8, Div 2, Table 5-110.1
5	Titanium Alloy		General_Materials.xml	
*	Click here to add a new material			

图 6-5　项目中包含材料列表

6.3 几何建模

材料定义完毕后，单击屏幕上方的“Return to Project”按钮，返回主界面，再双击 Geometry 选定几何建模长度单位，进入几何建模界面。先单击左侧的“Sketching”菜单进行草图绘制。以下针对例 5.1 中悬臂梁进行建模。该梁长为 1m，横截面积为 0.1m×0.01m。对梁类结构可采用线建模，也可采用三维实体建模。以下分别进行讨论。

6.3.1　线建模法

几何建模可分为两步，首先在“Sketching”菜单下绘制线框草图，然后到“Modeling”菜单下将线框草图转化为实体。

单击进入“Sketching”菜单，在界面左上角处选择绘图平面为“ZXPlane”。在“Sketching”菜单下单击“Settings”对网格进行设置。在“网格 Grid”条目下勾选“2 维显示 Show in 2D”和“捕捉 Snap”。在“网格主步长 Major Grid Spacing”条目下输入步长为“100mm”，在“每主步长分为次步长数 Minor-Steps per Major”条目下输入“1”，在“每个次步长捕捉数 Snaps per Minor”条目下输入“1”。

在右侧绘图区域滚动鼠标滚轮进行适当缩放调整，使下面标尺最大显示为 1000mm。单击左侧的“画图 Draw”菜单，选择“画线 Line”命令。在右侧绘图区，沿 Z 轴分别点选(0,0)和(1000,0)两点，形成长度为 1m 的线。

单击“Modeling”菜单进入实体建模。选择界面上部的“Concept”菜单，单击其中的“Lines From Sketches”。单击“Tree Outline”栏目中“XYPlane”下的“Sketch1”。单击“Detail View”栏目内“Base Objects”一行中的“Apply”按钮，若“Apply”按钮未出现，可先单击出现的“No Slected”按钮。单击左上角的“Generate”生成线体。此时在实体图标条目下应有“Line Body”出现，表示线实体建模成功。

单击界面上部的“Concept”菜单，从其中的“Cross Section”条目下选择“Rectangular”，在下方的“Details View”栏目下设置参数 B=100，H=10，此时建立了一个横截面 Rect1。

单击实体图标条目下的“Line Body”，在下方的“Details View”栏目下选择“Cross Section”为 Rect1。

6.3.2　三维体建模法

选择“YZPlane”作为绘图平面，在“Sketching”菜单下单击“Settings”对网格进行设置。在“Grid”条目下勾选“Show in 2D”和“Snap”。在“Major Grid Spacing”条目下输入步长为“5mm”，在“Minor - Steps per Major”条目下输入“1”，在“Snaps per Minor”条目下输入“1”。在“Draw”菜单下选择“Polyline”命令，在右侧绘图区域分别选择(-5,-50)、(5,-50)、(5,50)、(-5,50)4 点并右击在弹出的快捷菜单中选择“Closed End”命令完成草图绘制。单击“Modeling”菜单进入实体建模。选择界面上部的“Concept”菜单，单击其中的“Surfaces From Sketches”。单击“Tree Outline”栏目中“YZPlane”下的“Sketch1”。单击“Detail View”栏目内“Base Objects”一行中的“Apply”按钮，单击左上角的“Generate”生成面体。此时在实体图标条目下应有“Surface Body”出现，表示面实体建模成功。

其次对生成的面沿 X 轴向拔出(Extrude)，得到三维实体梁。在“Tree Outline”栏目下选择“Surfacesk1”，单击界面左上角的“Extrude”图标，在“Detail View”栏目内“FD1 Depth”条目下输入 1000，再单击“Geometry”行内的“Apply”按钮。右击“Tree Outline”栏目下的“Extrude1”图标，在弹出的快捷菜单中选择“Generate”命令，生成三维实体梁。此时在实体图标条目下应有“Solid Body”出现，表示三维实体建模成功，如图 6-6 所示。

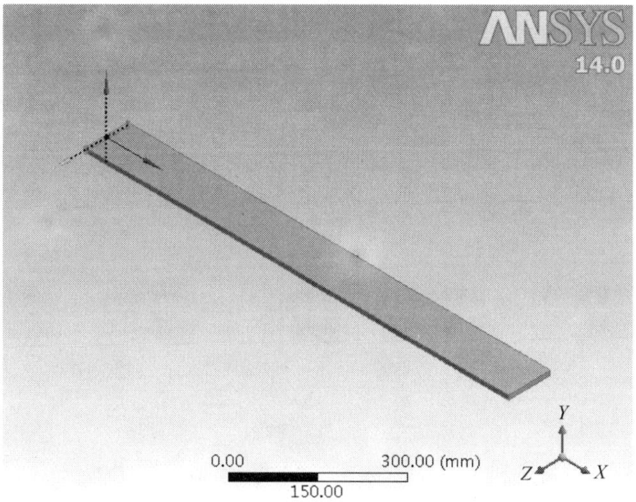

图 6-6　梁的三维实体建模结果

6.4　有限元建模

由于几何建模有两种方式，因此其后对应的有限元建模也有一定区别。以下分别予以简介。

6.4.1　线体有限元建模

关闭 Design Modeler 进入项目主界面，双击“Model”进入有限元建模界面。在“Model - Geometry”栏目中单击“Line Body”，在下方的“Details of ‘Line Body’”栏目的“Material”条目中单击“Assignment”，单击右侧区域，选择“Aluminum Alloy”。右击“Mesh”图标，在弹出的快捷菜单中选择“Generate Mesh”命令，生成有限元网格。

在“Modal”栏目下单击“Analysis Settings”，在界面的左上方单击打开“Supports”菜单，选择“Fixed Support”。将绘图区的梁显示在 *ZY* 面上，缩放、调整到合适的位置。单击界面最上方中部的点选择按钮，再单击选定梁的左端面。在左侧的“Detail of Fixed Support”栏目的“Geometry”行中单击“Apply”按钮。此时固定约束施加到了左端点上。

6.4.2 三维实体有限元建模

关闭 Design Modeler 进入项目主界面，双击“Model”进入有限元建模界面。在“Model - Geometry”栏目中右击“Surface Body”在弹出的快捷菜单中选择“Suppress Body”命令，将面体抑制，因为它不参加后续计算。单击“Solid”，在下方“Details of ‘Solid’”栏目的“Material”条目中单击“Assignment”，单击右侧区域，选择“Aluminum Alloy”。右击“Mesh”图标，在弹出的快捷菜单中选择“Generate Mesh”命令，生成有限元网格。

在“Modal”栏目下单击“Analysis Settings”，在界面的左上方单击打开“Supports”菜单，选择“Fixed Support”命令。将绘图区的梁旋转、缩放、调整到合适的位置。单击界面最上方中部的面选择按钮，单击选定梁的左端面。在左侧的“Detail of ‘Fixed Support’”栏目的“Geometry”行中单击“Apply”按钮。此时固定约束施加到了该端面上，如图 6 - 7 所示。

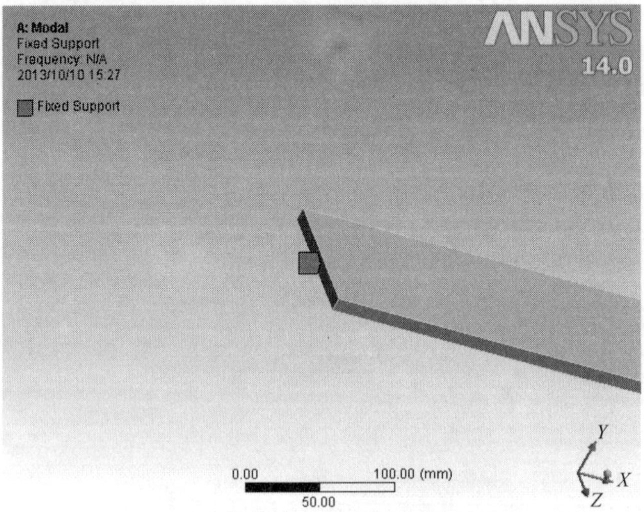

图 6 - 7　梁左端面施加固定约束

6.5 模态计算及结果展示

右击“Solution”，在弹出的快捷菜单中选择“Solve”命令，计算得到前 4 阶频率，如表 6 - 1 所列。

表 6－1　悬臂梁前 4 阶频率对比(单位:Hz)

模型	线模型	三维模型	理论值
1	8. 1778	8. 2624	8. 1784
2	51. 225	51. 745	51. 254
3	81. 135	81. 320	81. 784
4	143. 32	144. 90	143. 51

右击“Graph”区域,在弹出的快捷菜单中选择“Select All”命令,再右击该区域,在弹出的快捷菜单中选择“Create Mode Shape Results”命令。再右击“Solution”,在弹出的快捷菜单中选择“Evaluate All Results”命令。单击“Total Deformation”,单击“Animation”的播放键,可看到模态动画。对三维建模来讲,可看到第 1、2、4、6 阶是 *XY* 面内的弯曲振动,第 3 阶是 *XZ* 面内的弯曲振动,第 5 阶是扭转振动,梁在 *XY* 面内前 3 阶振型图如图 6－8 所示。

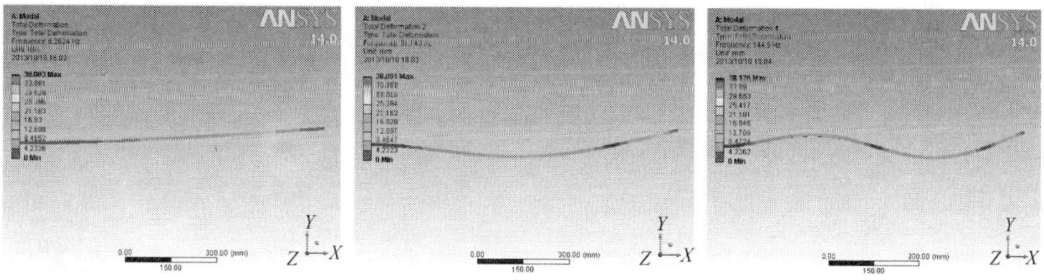

图 6－8　三维梁模型在 *XY* 面内的前 3 阶振型图

6.6　谐响应分析

谐响应分析(Harmonic Response)的建模过程与前述相同。谐响应分析是计算结构对简谐激励下的稳态响应即频响特性。简谐激励需指定幅值、加载自由度、频带范围,响应可选择某指定自由度。响应绘图可选择 Bode 图、实部和虚部频率特性等。仍以上述悬臂梁为例,计算在其自由端作用 $f = 5\sin\omega t$ 时,自由端的位移响应特性。在主页面中启动“Harmonic Response”模块(图 6－9),其中“Engineering Data”、“Geometry”、“Model”操作过程均与前述相同。

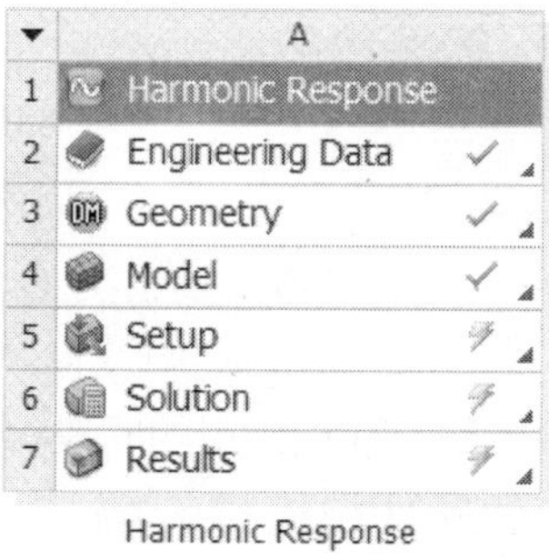

图 6－9　谐响应分析

双击“Setup”进入设置页面,在“Analysis Setting”中设置“Range Minimum”的值为 0Hz,

“Range Maxmum”的值为 20Hz，即分析频带为 0~20Hz；设置“Solution Intervals”的值为 100，即频带中的计算点数；在梁的一端加固定支撑，“Fixed Support”，在自由端 Y 向施加 5N 幅值；在“Damping Controls”中设置“Constant Damping Ratio”的值为 0.1。在上部菜单“Frequency Response”中选择“Deformation”。单击左侧出现的“Frequency Response”图标进行具体设置，在其细节菜单中设置对自由端点的 Y 向频率响应进行计算。设置完毕后可进行计算，得到的结果如图 6-10 所示，在 10Hz 处的响应幅值为 4.95mm，这与习题 4.3 中用 Matlab 计算得到的 4.88mm 相近。

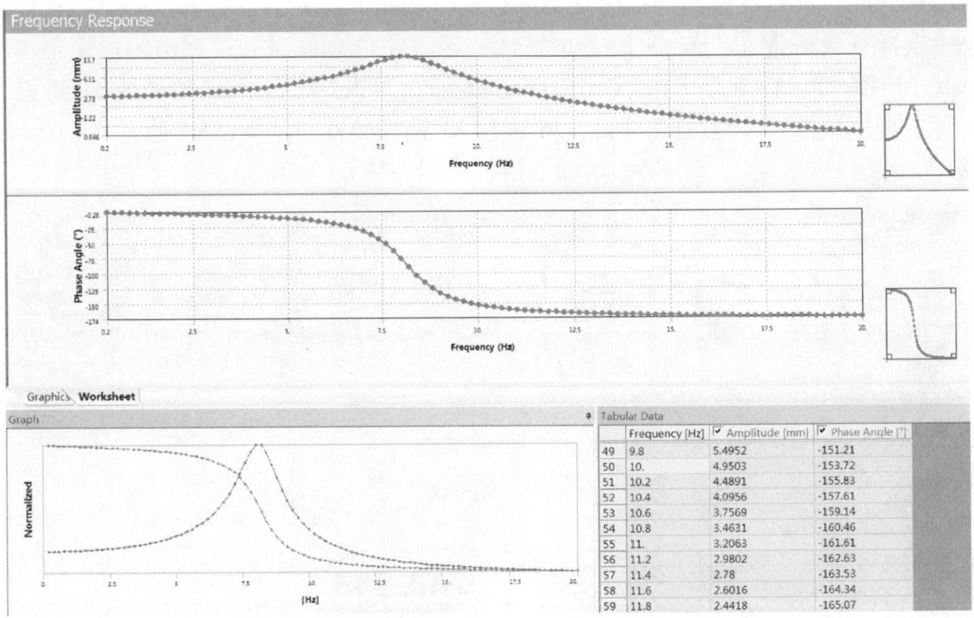

图 6-10　谐响应分析计算结果

6.7　瞬态结构分析

瞬态结构分析（Transient Structural）的建模过程也与前述相同。瞬态结构分析是计算结构对瞬态作用力的响应。瞬态作用力一般需要按载荷步进行分段加载，响应可选择某指定自由度。仍以上述悬臂梁为例，计算在其自由端作用 $f(t)=\begin{cases}5\text{N} & 0\leqslant t\leqslant 1\\ 0\text{N} & t>1\end{cases}$，瑞利阻尼系数取 $\alpha=0,\beta=3\times10^{-3}$ 时，自由端的位移响应。在主页面中启动“Transient Structural”模块（图 6-11），其中“Engineering Data”、“Geometry”、“Model”操作过程也与前述相同。

双击“Setup”进入设置页面，在“Analysis Setting”中设置“Step Controls”，如图 6-12 所示。其中共设置了 3 个载荷步，第一个载荷步是力真正作用的时段，共计时长 1s；第二个载荷步时长仅有 0.002s，用于力由 5N 垂直下降到 0N 的近似描述；第三个载荷步持续至 4s，实际作用力维持为 0N。

固定支撑“Fixed Support”的添加方式与前述相同。将力“Force”添加至梁自由端，选择以分量形式“Components”添加，在数据表单“Tabular Data”的“Z[N]”列中输入作用力的值，所得结果如图 6-13 所示。

	A
1	Transient Structural
2	Engineering Data ✓
3	Geometry ?
4	Model ?
5	Setup ?
6	Solution ?
7	Results ?

Transient Structural

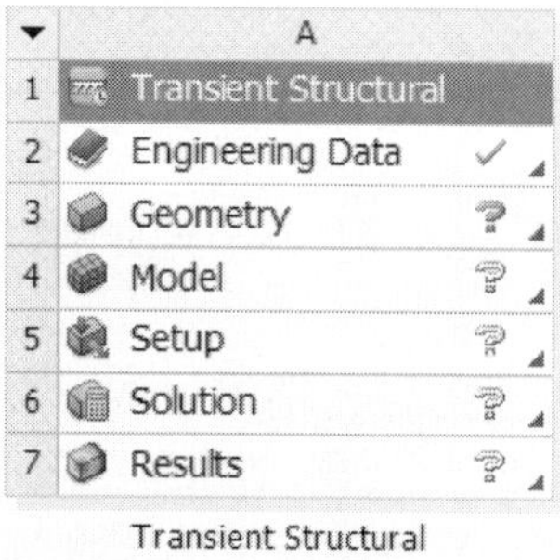

图 6－11　瞬态结构分析

Step Controls		Step Controls		Step Controls	
Number Of Steps	3.	Number Of Steps	3.	Number Of Steps	3.
Current Step Number	1.	Current Step Number	2.	Current Step Number	3.
Step End Time	1. s	Step End Time	1.002 s	Step End Time	4. s
Auto Time Stepping	On	Auto Time Stepping	On	Auto Time Stepping	On
Define By	Time	Define By	Time	Define By	Time
		Carry Over Time Step	Off	Carry Over Time Step	Off
Initial Time Step	1.e-005 s	Initial Time Step	1.e-006 s	Initial Time Step	1.e-005 s
Minimum Time Step	1.e-006 s	Minimum Time Step	1.e-006 s	Minimum Time Step	1.e-006 s
Maximum Time Step	1.e-003 s	Maximum Time Step	1.e-003 s	Maximum Time Step	1.e-003 s
Time Integration	On	Time Integration	On	Time Integration	On

图 6－12　3 个载荷步的设置

	Steps	Time [s]	☑ X [N]	☑ Y [N]	☑ Z [N]
1	1	0.	= 0.	= 0.	5.
2		1.	0.	0.	5.
3	2	1.002	= 0.	= 0.	0.
4	3	4.	= 0.	= 0.	0.

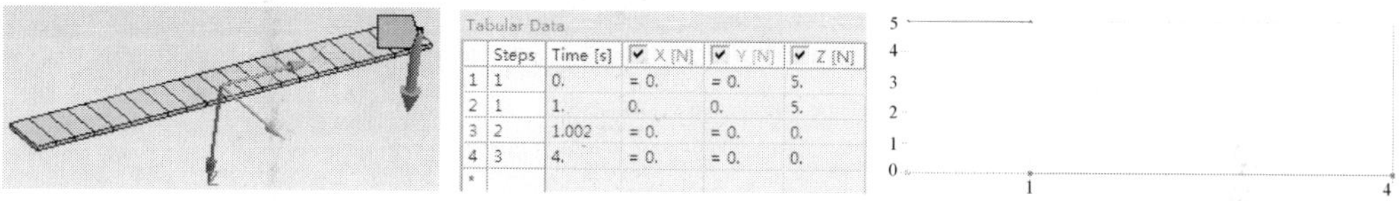

图 6－13　瞬态力的施加

在"Analysis Setting"中将"Solver Controls"的"Large Deflection"关闭,将涉及"Nonlinear Controls"的选项全部移除或关闭。将"Damping Controls"设置为"Direct Input",设定"Stiffness Coefficient"的值为 3×10^{-3}。单击"Solution (A6)",在屏幕上方的"Deformation"菜单中选择"Directional Deformation",然后对其进行细节定义。选定梁自由端的 Z 向位移响应作为输出。

设置完成后进行计算,最后的计算结果如图 6－14 所示。可以看到,该计算结果与第 5 章习题 5-4 采用 Matlab 编程计算所得的结果基本相同。

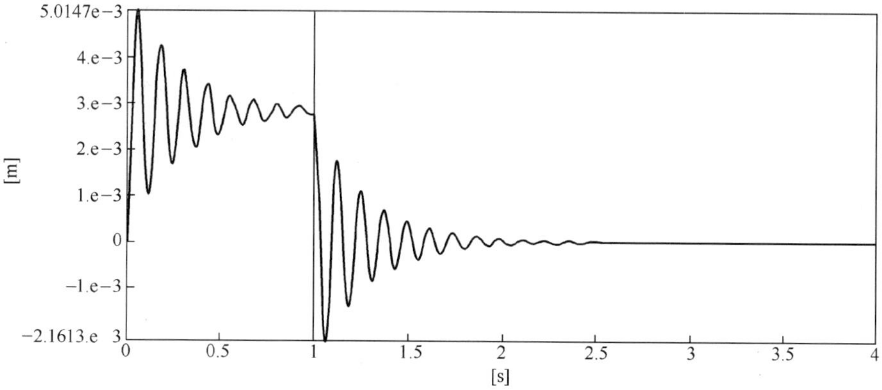

图 6－14　瞬态力作用下悬臂梁自由端位移响应

习　题

6－1 若例5.1中的梁为两端简支梁，用ANSYS分别以一维和三维建模方式，计算其固有频率。

6－2 在例5.2中，若仅在悬臂梁的自由端施加激励力$f(t)=5\sin 20\pi t$N，瑞利阻尼系数取$\alpha=0$，$\beta=3\times10^{-3}$，用ANSYS计算梁自由端的位移响应。

6－3 在上题中，若仅在悬臂梁的自由端施加单位阶跃力，试用ANSYS计算梁中部的加速度响应。

第7章 单自由度振动系统控制

7.1 单自由度PID控制

考虑图7-1所示单自由度系统,其中$f(t)$为外激励力,$u(t)$为系统振动响应。易知该系统的传递函数为

$$G(s)=\frac{U(s)}{F(s)}=\frac{1}{ms^2+cs+k} \tag{7-1}$$

式中:$F(s)$和$U(s)$分别为$f(t)$和$u(t)$的拉普拉斯变换。

若要对系统的振动响应进行主动控制,则需在质量块上再施加一个控制力$f_c(t)$,此时该系统变为图7-2所示,因此在振动控制中,关键是要产生一个合适的主动控制力$f_c(t)$。

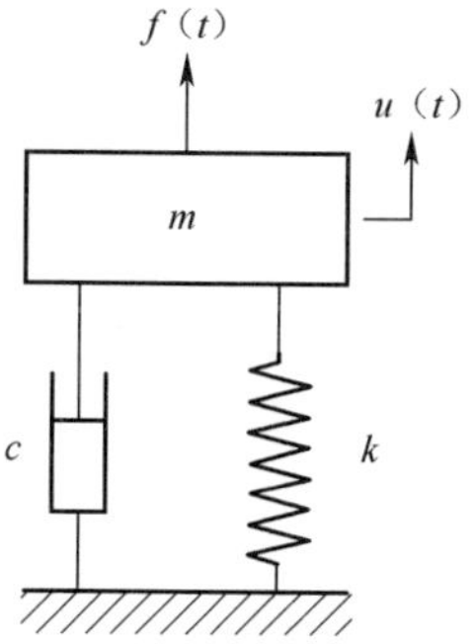

图7-1 单自由度系统

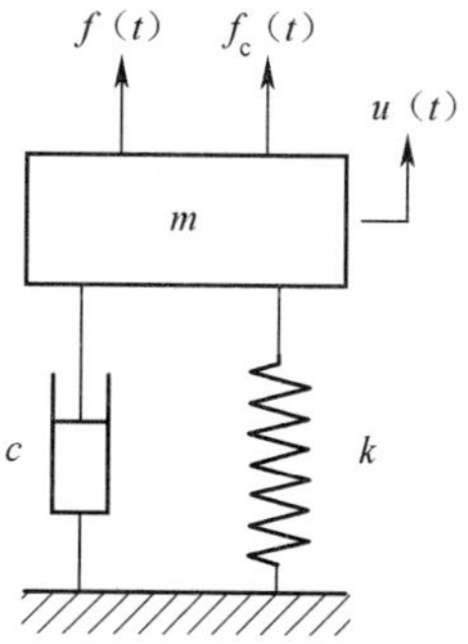

图7-2 受控单自由度系统

振动控制可分为两大类:一是**减振控制**,此时控制目标是使系统振动响应趋于零;二是**跟踪控制**,此时控制目标是使系统振动响应满足预定要求。

当采用比例—积分—微分(Proportional-Integral-Derivative,PID)反馈控制时,控制系统的框图如图7-3所示,其中:$r(t)$为参考输入信号;$e(t)$为控制误差信号;$K_c(s)$为控制器传递

函数；$f_c(t)$ 为控制力、$f(t)$ 为已知外激励力、$G(s)$ 为受控对象（图 7－1 所示的单自由度系统）的传递函数；$y(t)$ 为系统输出；$y(t)$ 的负值为反馈信号，它们均为标量函数。图 7－3 中暂不考虑扰动和噪声的因素。扰动是指未知外激励对输出的影响，噪声是指对输出测量有影响的其他因素。

加入反馈控制环节后，整个系统被称为**闭环系统**；否则称为**开环系统**。控制系统的目标是使受控对象的输出 $y(t)$ 与参考输入 $r(t)$ 相同。对减振控制而言，$r(t)=0$，对跟踪控制而言，$r(t)$ 为一给定的函数。

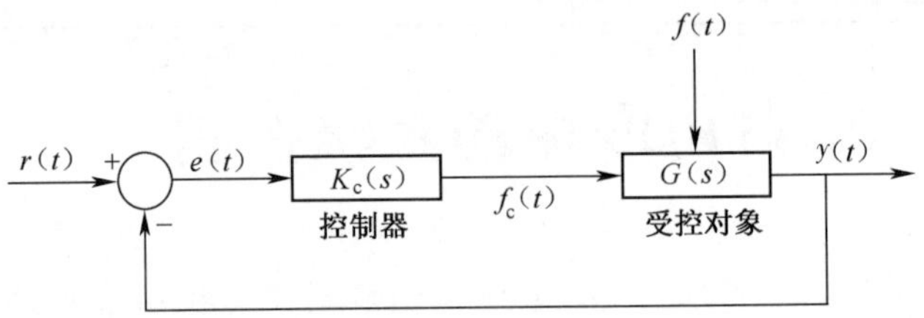

图 7－3　PID 控制框图

PID 控制的基本方法是控制器根据控制误差 $e(t)$ 生成主动控制力 $f_c(t)$ 输入受控对象，使其输出 $y(t)$ 满足要求。采用 PID 控制时，控制力 $f_c(t)$ 可表示为

$$f_c(t)=k_p e(t)+k_i\int e(t)\,\mathrm{d}t+k_d\frac{\mathrm{d}e(t)}{\mathrm{d}t} \tag{7-2}$$

式中：k_p 为**比例增益**；k_i 为**积分增益**；k_d 为**微分增益**，它们都为实常数。

对式(7－2)两边进行拉普拉斯变换可得

$$F_c(s)=k_pE(s)+\frac{k_i}{s}E(s)+k_dsE(s) \tag{7-3}$$

式中：$F_c(s)$ 和 $E(s)$ 分别为 $f_c(t)$ 和 $e(t)$ 的拉普拉斯变换（不考虑其初值影响）。

由此得到控制器的传递函数为

$$K_c(s)=\frac{F_c(s)}{E(s)}=k_p+\frac{k_i}{s}+k_ds=k_p\left(1+\frac{1}{t_i s}+t_ds\right) \tag{7-4}$$

式中：t_i 和 t_d 分别为积分和微分时间常数。

由图 7－3 可得

$$Y(s)=G(s)F(s)+G(s)F_c(s) \tag{7-5}$$

$$F_c(s)=K_c(s)E(s) \tag{7-6}$$

$$E(s)=R(s)-Y(s) \tag{7-7}$$

式中：$Y(s)$ 和 $R(s)$ 分别为 $y(t)$ 和 $r(t)$ 的拉普拉斯变换。

对于减振控制而言，参考输入 $R(s)=0$，则可得到闭环系统的振动响应 $y(t)$ 和外激励 $f(t)$ 之间的传递函数为

$$G_c(s)=\frac{Y}{F}=\frac{G}{1+GK_c} \tag{7-8}$$

即

$$Y=G_cF \tag{7-9}$$

相应的控制力为

$$F_c(s) = -K_c G_c F \tag{7-10}$$

可见,加入反馈主动控制后,外激励与系统响应之间的传递特性被改变,即系统的振动响应受到了控制。

对于跟踪控制而言,此时参考输入 $r(t)$ 为一给定的函数,其拉普拉斯变换 $R(s) \neq 0$,则可得系统的振动响应 $y(t)$ 和参考输入 $r(t)$ 之间的传递函数为

$$G_c(s) = \frac{Y}{R} = \frac{G}{1+GK_c}\frac{F(s)}{R(s)} + \frac{GK_c}{1+GK_c} \tag{7-11}$$

当无外激励时,$F(s)=0$,式(7-11)变为

$$G_c(s) = \frac{Y}{R} = \frac{GK_c}{1+GK_c} \tag{7-12}$$

要特别注意,式(7-11)和式(7-12)与式(7-8)的区别,在式(7-8)中外激励 F 是实际施加在受控对象上的力,而式(7-11)和式(7-12)中的参考输入 R 不是实际施加在受控对象上的力,式(7-11)和式(7-12)反映的是闭环系统的响应 Y 与参考输入 R 的一种关系,即

$$Y = G_c R \tag{7-13}$$

也就是说,若将 R 看成闭环系统的输入,则系统的输出为 Y。相应的主动控制力为

$$F_c(s) = K_c(1-G_c)R \tag{7-14}$$

例 7.1　在图 7-1 中取 $m=1\text{kg}$, $c=0.1\text{Ns/m}$, $k=1\text{N/m}$,外激励 $f(t)$ 为 1N 的单位阶跃力, $r(t)$ 为 1m 的单位阶跃位移。若取 $k_p=1$, $k_i=1$, $k_d=1$,试用 Matlab 编程仿真,研究减振控制和跟踪控制效果及所需施加的控制力,假设系统初始条件为零。

解:对于减振控制,系统响应和外激励的传递特性为式(7-8),在 Matlba 中用 step 函数可求出系统对阶跃激励的响应;对于跟踪控制,由于此时参考输入和外激励均为单位阶跃形式,它们的拉普拉斯变换相同,因此式(7-11)变为 $G_c = Y/R = G/(1+GK_c) + GK_c/(1+GK_c)$,同样可用 step 函数求出该传递函数对单位阶跃激励的响应。另外,对无控制情形,可直接针对式(7-1)利用 step 函数求取系统对单位阶跃激励的响应。具体结果如图 7-4 所示。由图中可见,在无控制时,系统响应围绕位移为 1 处上下做长时间衰减振动;在施加减振 PID 控制后,系统位移较快地趋近于 0;在施加跟踪 PID 控制后,系统位移较快地趋近于 1。

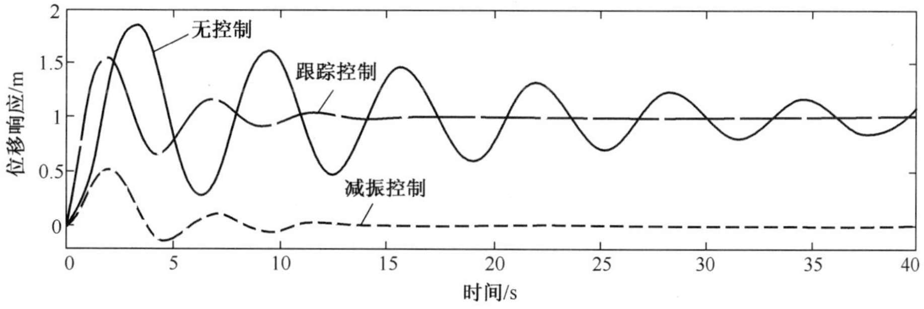

图 7-4　单自由度系统 PID 控制结果

实现以上控制过程所需施加的控制力分别为式(7-10)和式(7-14),从形式上看,它们也可以采用 Matlab 的 step 函数求解,这对于式(7-10)不存在问题。但式(7-14)中 R 与 F_c 之间的传递函数为 $K_c(1-G_c)$,如将 K_c 和 G_c 的表达式代入其中,可知该传递函数中分子关于 s 的

阶数高于分母。当系统传递函数分子的阶次高于分母时，称该传递函数是**不适定**的。在 Matlab 中，不适定的传递函数不能采用 step 函数求解阶跃响应。此时，可以采用数值微积分的方法来计算控制力。

假设采样时间间隔为 Δt，以下用 n 表示 $n\Delta t$ 时刻，则式(7-2)可离散表达为

$$f_c(n) = k_p e(n) + k_i \Delta t \sum_{i=0}^{n} e(i) + \frac{k_d}{\Delta t}[e(n) - e(n-1)] \tag{7-15}$$

式中

$$e(n) = r(n) - y(n) \tag{7-16}$$

利用以上两式可得控制力如图 7-5 所示。

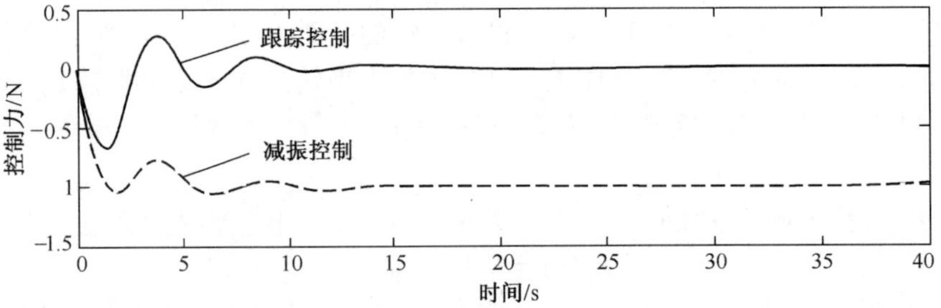

图 7-5 单自由度系统 PID 控制主动控制力

例 7.2 如图 7-6 所示的悬臂梁，其参数与例 5.1 相同。在第一自由度作用有外激励 $f(t)$，现在第三自由度施加主动控制力 $f_c(t)$，以第五自由度挠度响应作为系统输出。采用 PID 对系统输出进行控制。试用 Matlab 编程仿真，研究不同 P 增益下的减振控制效果，假设系统初始条件为零。

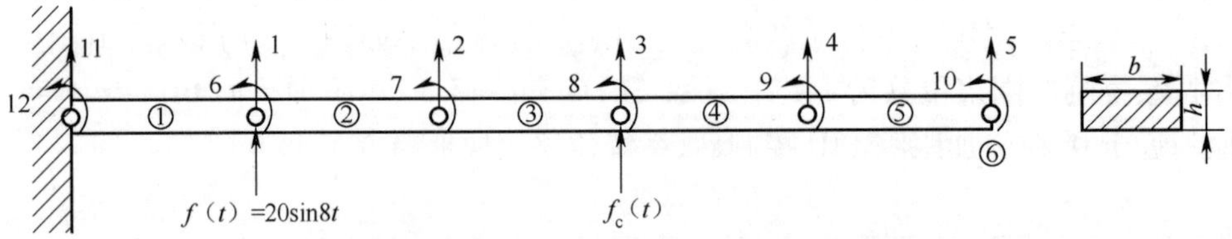

图 7-6 悬臂梁振动 PID 主动控制

解：第五自由度的响应可表示为

$$Y(s) = H_{53}(s)F_c(s) + H_{51}(s)F(s) \tag{a}$$

式中：$H_{53}(s)$ 为第三自由度激励第五自由度响应之间的传递函数；$H_{51}(s)$ 为第一自由度激励第五自由度响应之间的传递函数，在模拟计算中，可通过 Matlab 对传递函数矩阵公式直接求出。

因为对应减振控制

$$F_c(s) = -K_c(s)Y(s) \tag{b}$$

所以有

$$Y = \frac{H_{51}}{1 + H_{53}K_c}F \tag{c}$$

式(c)就表示施加 PID 反馈控制后外激励与响应之间的传递关系。若 $k_i = 10$，$k_d = 1$ 保持

不变，k_p 分别取 $k_{p1}=5000$，$k_{p2}=10000$，$k_{p3}=20000$，$k_{p4}=28000$，则系统受控响应分别如图 7－7 和图 7－8 所示。由图 7－7 可见，当 k_p 逐渐增大时，受控响应幅度逐渐变小，但当 k_p 增大到一定程度后，如图 7－8 所示，受控响应幅度则趋向发散。

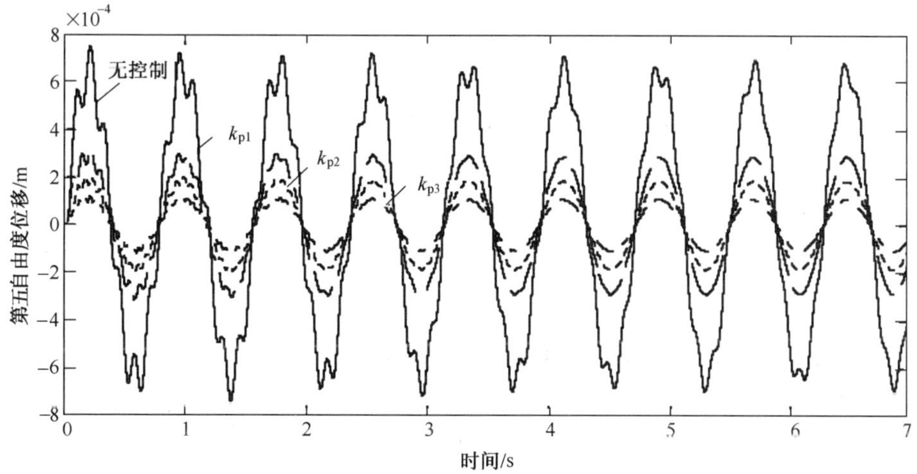

图 7－7　$k_p=k_{p1}$、k_{p2}、k_{p3} 时悬臂梁自由端横向振动响应

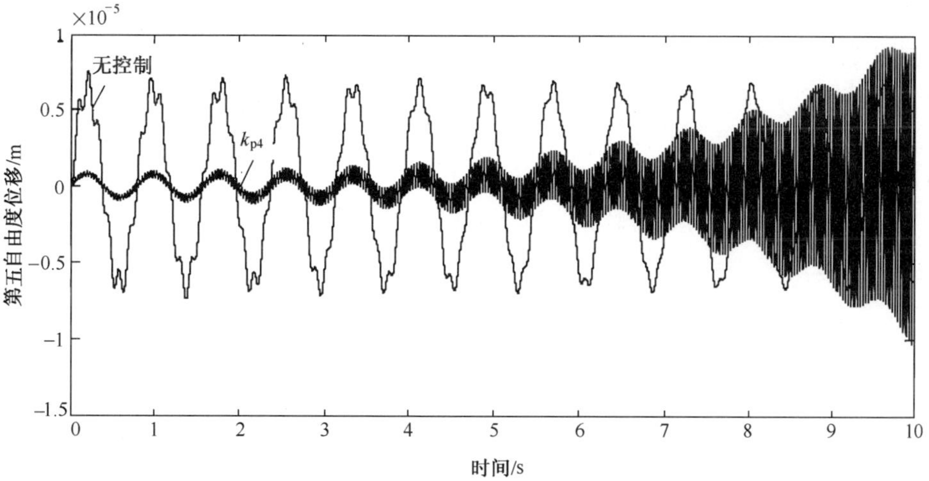

图 7－8　$k_p=k_{p4}$ 时悬臂梁自由端横向振动响应

7.2 PID 控制性能指标

衡量 PID 控制性能常用的指标如下：

（1）**上升时间**　输出第一次达到稳定终值的 90% 所需时间，一般要求该值尽量小。

（2）**建立时间**　输出在该时刻之后保持在±5%稳定终值内，一般要求该值尽量小。

（3）**超调量**　跟踪控制中，响应的最大幅值与稳定终值的比，一般要求该值不超过 1.2。

（4）**稳态偏差**　实际稳定终值与希望的稳定终值之间的差，一般要求该值尽量小。

增加 PID 控制的 3 个增益对控制性能的影响,如表 7-1 所示。

表 7-1　增加 PID 控制的 3 个增益对控制性能的影响

参数	上升时间	建立时间	超调量	稳态偏差
k_p	减少	不明确	减少	减少
k_i	减少	增加	增加	消除
k_d	不明确	减少	减少	不明确

PID 控制器设计的基本步骤为:根据无控制时的响应特性决定需改进之处;使用 P 控制改善上升时间;增加 D 控制改善超调量;增加 I 控制消除稳态误差。参考表 6-1 对 3 个参数进行适当调整,以得到更合适的值。

7.3　PID 控制的稳定性

在例 7.2 中已经发现,当比例增益 k_p 增大到一定值后,系统受控振动响应会发生发散现象,闭环系统出现了失稳。

闭环系统的**稳定性**定义如下:如果闭环系统传递函数(如式(7-8)或式(7-12))的所有**极点**都处在复平面的左半平面(即极点的实部小于零),则系统是稳定的。极点是指传递函数用有理分式表示时分母多项式的根。

例 7.3　若闭环系统的传递函数 $G_c = G/(1 + GK_c)$,其中,$K_c = k_p$,$G = 1/(ms^2 + cs + k)$,$m = 1\text{kg}$,$c = 0.1\text{Ns/m}$,$k = 1\text{N/m}$。(1)试分析 k_p 的取值对闭环系统稳定性的影响。(2)若 $G = (0.1 - s)/(ms^2 + cs + k)$,试分析 k_p 的取值对闭环系统稳定性的影响。

解:(1) 闭环系统传递函数的极点为以下方程的根,即

$$ms^2 + cs + k + k_p = 0 \tag{a}$$

即

$$s^2 + 0.1s + 1 + k_p = 0 \tag{b}$$

解得

$$s_{1,2} = \frac{-0.1 \pm \mathrm{j}\sqrt{4(1 + k_p) - 0.01}}{2} \tag{c}$$

所以,当 $k_p > 0$ 时,无论 k_p 如何取值,闭环系统两个极点的实部始终为 $-0.1/2 = -0.05$,即极点始终处在复平面的左半平面,系统保持稳定。

(2) 此时闭环传递函数为

$$G_c = \frac{0.1 - s}{ms^2 + cs + k + k_p(0.1 - s)} = \frac{0.1 - s}{s^2 + (0.1 - k_p)s + 1 + 0.1k_p} \tag{d}$$

由

$$s^2 + (0.1 - k_p)s + 1 + 0.1k_p = 0 \tag{e}$$

解得

$$s_{1,2} = \frac{-(0.1 - k_p) \pm \mathrm{j}\sqrt{4(1 + 0.1k_p) - (0.1 - k_p)^2}}{2} \tag{f}$$

由式(f)很容易看出,当 $k_p > 0.1$ 时系统将出现失稳。当 $k_p = 0.01$、0.1、0.2 时,闭环系统对阶跃激励的响应如图 7-9 所示。由图中可见,当 $k_p = 0.01$ 时,闭环系统对单位阶跃激励的响应为衰减振动;当 $k_p = 0.1$ 时,闭环系统对单位阶跃激励的响应为正弦振动,此时系统稳定性处于临界状态,两个极点为纯虚数,位于复平面的虚轴上;当 $k_p = 0.2$ 时,闭环系统对单位阶跃激励的响应为发散振动,此时系统已失稳。

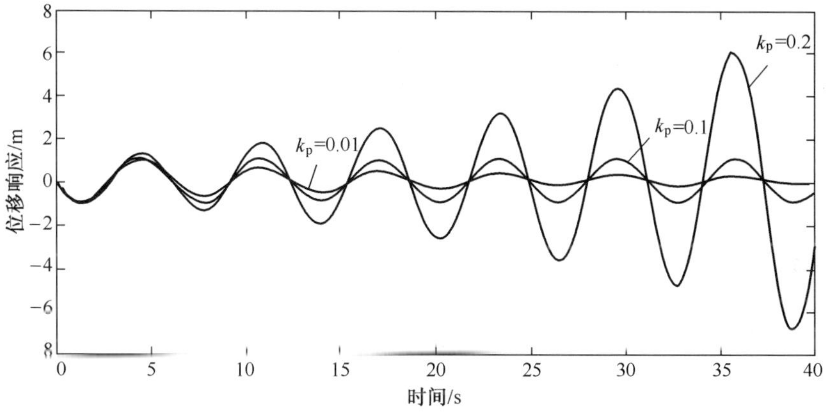

图 7-9　$k_p = 0.01$、0.1、0.2 时闭环系统响应

在控制器设计中,常采用**稳定裕度**来具体衡量闭环系统的稳定性能。稳定裕度分为**增益裕度**(Gain Margin,GM)和**相位裕度**(Phase Margin,PM)两个指标。若令 $L(s) = G(s)K_c(s)$,则增益裕度的定义为

$$\begin{cases} GM = \dfrac{1}{|L(j\omega_g)|} \\ \angle L(j\omega_g) = -\pi \end{cases} \tag{7-17}$$

相位裕度的定义为

$$\begin{cases} PM = \angle L(j\omega_p) + \pi \\ |L(j\omega_p)| = 1 \end{cases} \tag{7-18}$$

图 7-10 所示为复平面上 $L(j\omega)$ 的轨迹曲线,图中显示稳定性裕度的含义。GM 表示 $|L(j\omega_g)|$ 与失稳幅度 1 之间的倍数,也即在频率 ω_g 处,若 $|L(j\omega_g)|$ 放大到已有值的 GM 倍,则 $1 + L(s) = 0$ 的根会出现在复平面的左半平面,系统失稳;PM 表示 $\angle L(j\omega_p)$ 与$-\pi$之间相差的弧度数,即在频率 ω_p 处,若 $L(j\omega_p)$ 再有 PM 弧度的滞后,则 $1 + L(s) = 0$ 的根也会出现在复平面的左半平面,导致系统失稳。

例 7.4　求解例 7.3 第(2)小题中当 $k_p = 0.01$ 时,闭环系统的稳定性裕度。

解:当 $k_p = 0.01$ 时,有

$$L = G(s)K_c(s) = \frac{0.01(0.1 - s)}{s^2 + 0.1s + 1} \tag{a}$$

在 Matlab 中运用命令[GM,PM,Wg,Wp]=margin(L),可求得增益裕度为

$$GM = 10 \tag{b}$$

$$\omega_g = 1.005\text{rad/s} \tag{c}$$

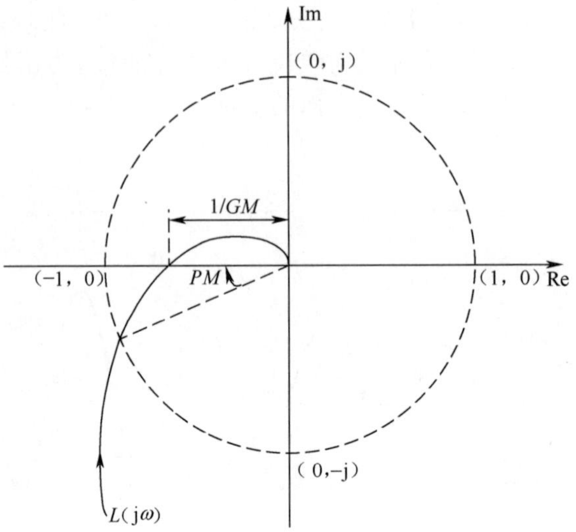

图 7－10　稳定性裕度

相位裕度为无穷大。在本例中,增益裕度 $GM=10$ 表示比例增益在目前的基础上放大 10 倍后系统将失稳,这与例 7.3 的结果是一致的。若采用 dB 表示,则该增益裕度分贝值为

$$20\lg GM = 20\lg 10 = 20\text{dB} \tag{d}$$

7.4　控制器设计的均衡性

若考虑扰动和噪声的影响,则反馈控制框图如图 7－11 所示。其中 $f_d(t)$ 为未知扰动力,它直接作用在受控对象上; $y_m(t)$ 为输出的测量值, $n(t)$ 为测量噪声,且

$$y_m(t) = y(t) + n(t) \tag{7-19}$$

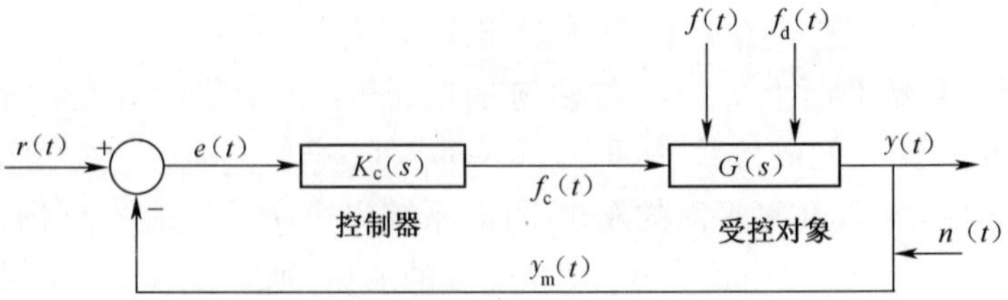

图 7－11　含扰动和噪声的反馈控制系统

根据图 7－11 可以写出闭环系统的输出为

$$\begin{aligned} Y(s) &= \frac{GK_c}{1+GK_c}R - \frac{GK_c}{1+GK_c}N + \frac{G}{1+GK_c}F + \frac{G}{1+GK_c}F_d \\ &= TR - TN + SGF + SGF_d \end{aligned} \tag{7-20}$$

式中: Y、R、N、F、F_d 分别为 y、r、n、f、f_d 的拉普拉斯变换,有

$$S(s)=\frac{1}{1+GK_c} \tag{7-21}$$

$$T(s)=\frac{GK_c}{1+GK_c} \tag{7-22}$$

式中：S 为**灵敏度函数**；T 为**补灵敏度函数**。由式(7-20)可以得到控制器 K_c 对闭环输出的影响特征：

(1) 控制器的增益增大时(K_c 的模增大)，外界激励与扰动对输出的影响减小，即系统抗扰动能力增强。另外，系统的跟踪性能改善，但抗噪能力下降。

(2) 控制器的增益过大时可能导致系统失稳。

(3) 控制器的增益较大时，控制力较大，需要输入的能量较多。

因此控制器的设计应均衡多个因素，其基本原则是，在低频段可采用较大增益以提高跟踪性能和抗扰动能力；由于噪声主要出现在高频段，因此在高频段应降低增益以提高抗噪能力。另外，实际物理可实现的控制器必须**严格适定**，即随着频率逐渐变大，控制器的模应逐渐趋于零。

7.5　带有前置补偿器的跟踪控制系统

带有前置补偿器的跟踪控制系统框图如图7-12所示，其中 $K_r(s)$ 为前置补偿器。K_r 的作用是对参考输入 $R(s)$ 进行预补偿，以提高反馈跟踪的精度。例如，若响应 $Y(s)$ 在某频段幅值过大，则可通过 K_r 使参考谱 $R(s)$ 在该频段的幅值降低，这样跟踪精度将得到改善。例如，在图7-13中，无前置补偿时，反馈控制的输出响应谱在局部超出容差带，通过反馈控制已无法得到改善。此时若添加前置补偿器，使参考谱在该超标区域的要求幅度合理下降，则有可能使控制效果得到改善。

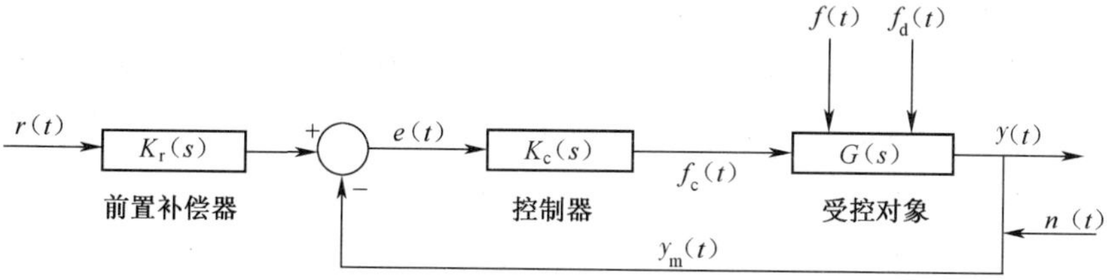

图7-12　含前置滤波器的反馈控制系统

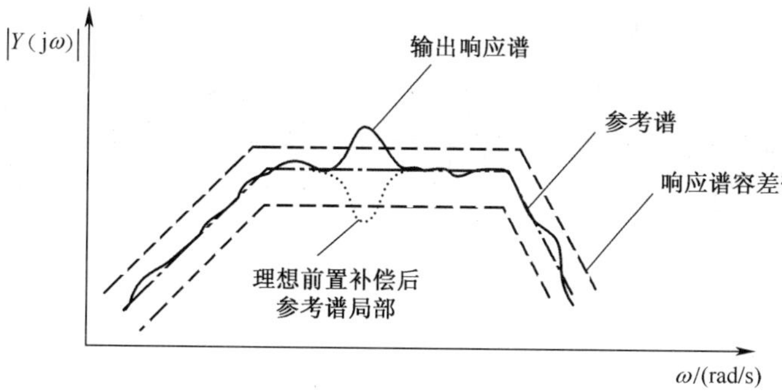

图7-13　理想前置补偿示意图

例 7.5 如图 7-14 所示闭环反馈控制系统,试设计控制器,使输出响应 $Y(s)$ 跟踪参考输入 $R(s)$。

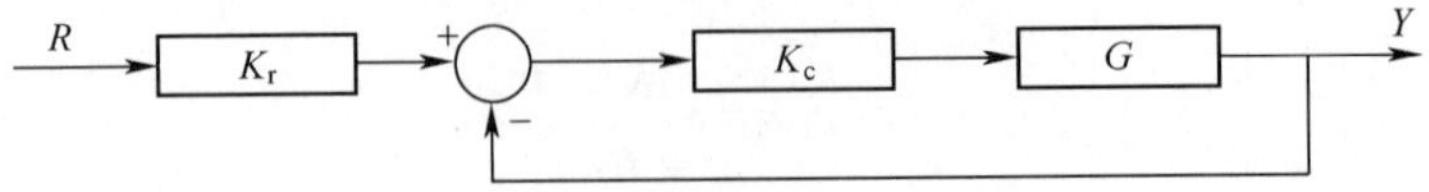

图 7-14 频域跟踪控制

解:在频域内系统的输出为

$$Y = GK_c(K_rR - Y) \tag{a}$$

即

$$Y = \frac{GK_c}{1 + GK_c}K_rR \tag{b}$$

若取

$$K_c = G^{-1} \tag{c}$$

$$K_r = 2 \tag{d}$$

则可得

$$Y = \frac{GG^{-1}}{1 + GG^{-1}}2R = R \tag{e}$$

本例展示的是一种基于求逆的控制器设计方法,该法在频域谱的控制中有重要应用价值。基于求逆的控制法主要存在两个困难:一是 G^{-1} 在某些频率点处会出现病态;二是时域内控制力的产生。

习 题

7-1 在图 7-1 取 $m = 1\text{kg}$, $c = 0.1\text{Ns/m}$, $k = 1\text{N/m}$,外激励 $f(t) = \sin 2t\text{N}$, $r(t)$ 为 1m 的单位阶跃位移。若取 $k_p = 20$, $k_i = 1$, $k_d = 5$,试用 Matlab 编程仿真,研究减振控制和跟踪控制效果及所需施加的控制力,假设系统初始条件为零。

(参考答案:减振控制, $G_c = G/(1 + GK_c)$,激励为正弦力;跟踪控制, $G_c = [G/(1 + GK_c)]F/R + GK_c/(1 + GK_c)$, $F/R = [2/(s^2 + 4)]/(1/s) = 2s/(s^2 + 4)$,激励为阶跃位移。具体结果如图 7-15 所示。)

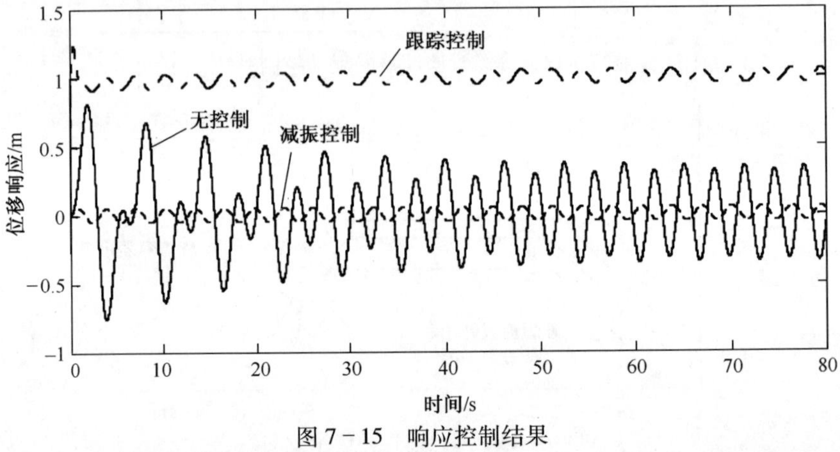

图 7-15 响应控制结果

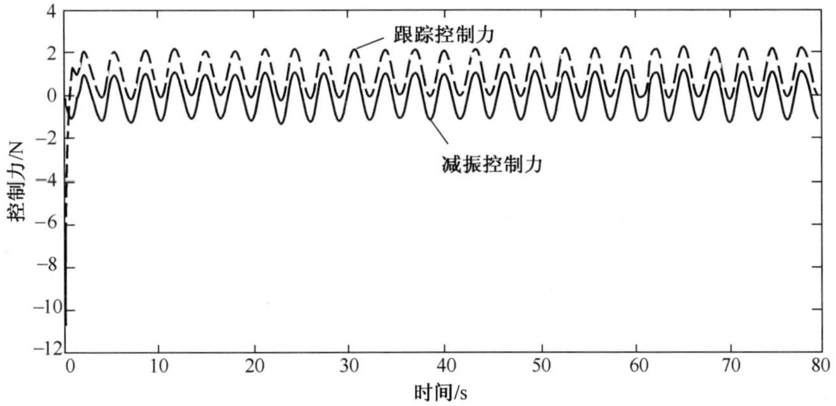

图 7−16　控制力

7−2　在例 7.4 中,若 $k_p = 0.04$,求出系统的稳定性裕度。
(参考答案: $GM = 5$, $PM = \infty$, $\omega_g = 1.005$)

第 8 章 状态空间反馈控制

8.1 振动响应状态空间表示

在第 2 章中得到了系统在状态空间下的方程为

$$\begin{cases}\dot{\boldsymbol{x}}(t)=\boldsymbol{A}\boldsymbol{x}(t)+\boldsymbol{B}\boldsymbol{f}(t)\\ \boldsymbol{x}(0)=\boldsymbol{x}_0\end{cases} \tag{8-1}$$

式中:$\boldsymbol{f}(t)$ 为作用在结构上的外力,假设 $\boldsymbol{A}$ 为 $2n\times 2n$ 维。

对式(8-1)第一式两边进行拉普拉斯变换得

$$s\boldsymbol{X}(s)=\boldsymbol{A}\boldsymbol{X}(s)+\boldsymbol{B}\boldsymbol{F}(s)+\boldsymbol{x}_0 \tag{8-2}$$

式中:$\boldsymbol{X}$ 和 $\boldsymbol{F}$ 分别为 $\boldsymbol{x}$ 和 $\boldsymbol{f}$ 的拉普拉斯变换。

由式(8-2)可得

$$\boldsymbol{X}(s)=(s\boldsymbol{I}-\boldsymbol{A})^{-1}\boldsymbol{x}_0+(s\boldsymbol{I}-\boldsymbol{A})^{-1}\boldsymbol{B}\boldsymbol{F}(s) \tag{8-3}$$

所以在状态空间下,系统的**传递函数矩阵**为 $(s\boldsymbol{I}-\boldsymbol{A})^{-1}$,其中 $\boldsymbol{I}$ 为单位矩阵。可见,在状态空间下,系统的固有动力学特性由 $\boldsymbol{A}$ 矩阵决定。对式(8-3)进行拉普拉斯逆变换,可得系统在状态空间下的振动响应为

$$\boldsymbol{x}(t)=L^{-1}[\boldsymbol{X}(s)] \tag{8-4}$$

系统在状态空间下的振动响应也可以采用以下方法求解,首先仿照一般指数函数的展开公式定义以下**矩阵指数函数**,即由

$$\mathrm{e}^{x}=\sum_{k=0}^{\infty}\frac{x^k}{k!} \tag{8-5}$$

得

$$\mathrm{e}^{\boldsymbol{A}t}=\sum_{k=0}^{\infty}\frac{\boldsymbol{A}^k t^k}{k!} \tag{8-6}$$

则由该定义可得

$$\frac{\mathrm{d}}{\mathrm{d}t}(\mathrm{e}^{\boldsymbol{A}t})=\boldsymbol{A}\mathrm{e}^{\boldsymbol{A}t}=\mathrm{e}^{\boldsymbol{A}t}\boldsymbol{A} \tag{8-7}$$

若 $\boldsymbol{A}$ 的特征值组成的对角矩阵为 $\boldsymbol{\Lambda}$，相应的特征向量矩阵为 $\boldsymbol{\Phi}$，则有

$$\boldsymbol{A\Phi} = \boldsymbol{\Phi\Lambda} \tag{8-8}$$

则

$$\begin{aligned} \boldsymbol{A} &= \boldsymbol{\Phi\Lambda\Phi}^{-1} \\ \boldsymbol{A}^2 &= \boldsymbol{A}\cdot\boldsymbol{A} = \boldsymbol{\Phi\Lambda\Phi}^{-1}\boldsymbol{\Phi\Lambda\Phi} = \boldsymbol{\Phi\Lambda}^2\boldsymbol{\Phi}^{-1} \\ &\vdots \\ \boldsymbol{A}^k &= \boldsymbol{\Phi\Lambda}^k\boldsymbol{\Phi}^{-1} \end{aligned} \tag{8-9}$$

由此可得

$$\mathrm{e}^{\boldsymbol{A}t} = \sum_{k=0}^{\infty}\frac{\boldsymbol{A}^k t^k}{k!} = \boldsymbol{\Phi}\sum_{k=0}^{\infty}\frac{\boldsymbol{\Lambda}^k t^k}{k!}\boldsymbol{\Phi}^{-1} = \boldsymbol{\Phi}\mathrm{e}^{\boldsymbol{\Lambda}t}\boldsymbol{\Phi}^{-1} \tag{8-10}$$

又因为

$$\mathrm{e}^{\boldsymbol{\Lambda}t} = \sum_{k=0}^{\infty}\frac{\boldsymbol{\Lambda}^k t^k}{k!} = \begin{bmatrix} \sum\limits_{k=0}^{\infty}\frac{\lambda_1^k t^k}{k!} & & & \\ & \sum\limits_{k=0}^{\infty}\frac{\lambda_2^k t^k}{k!} & & \\ & & \ddots & \\ & & & \sum\limits_{k=0}^{\infty}\frac{\lambda_{2n}^k t^k}{k!} \end{bmatrix} = \begin{bmatrix} \mathrm{e}^{\lambda_1 t} & & & \\ & \mathrm{e}^{\lambda_2 t} & & \\ & & \ddots & \\ & & & \mathrm{e}^{\lambda_{2n} t} \end{bmatrix} \tag{8-11}$$

所以

$$\mathrm{e}^{\boldsymbol{A}t} = \boldsymbol{\Phi}\begin{bmatrix} \mathrm{e}^{\lambda_1 t} & & & \\ & \mathrm{e}^{\lambda_2 t} & & \\ & & \ddots & \\ & & & \mathrm{e}^{\lambda_{2n} t} \end{bmatrix}\boldsymbol{\Phi}^{-1} \tag{8-12}$$

有了上述基础后，就可以仿照求解一阶常微分方程的变异系数求解方程式(8-1)的解。令

$$\boldsymbol{x}(t) = \mathrm{e}^{\boldsymbol{A}t}\boldsymbol{c}(t) \tag{8-13}$$

对式(8-13)求导可得

$$\dot{\boldsymbol{x}}(t) = \boldsymbol{A}\mathrm{e}^{\boldsymbol{A}t}\boldsymbol{c}(t) + \mathrm{e}^{\boldsymbol{A}t}\dot{\boldsymbol{c}}(t) \tag{8-14}$$

将式(8-13)代入式(8-1)第一式又可得

$$\dot{\boldsymbol{x}}(t) = \boldsymbol{A}\mathrm{e}^{\boldsymbol{A}t}\boldsymbol{c}(t) + \boldsymbol{B}\boldsymbol{f}(t) \tag{8-15}$$

对比式(8-14)和式(8-15)可得

$$\mathrm{e}^{\boldsymbol{A}t}\dot{\boldsymbol{c}}(t) = \boldsymbol{B}\boldsymbol{f}(t) \tag{8-16}$$

即

$$\dot{\boldsymbol{c}}(t) = \mathrm{e}^{-\boldsymbol{A}t}\boldsymbol{B}\boldsymbol{f}(t) \tag{8-17}$$

可得

$$\boldsymbol{c}(t) = \int_0^t \mathrm{e}^{-\boldsymbol{A}\tau}\boldsymbol{B}\boldsymbol{f}(\tau)\mathrm{d}\tau + \boldsymbol{c}(0) \tag{8-18}$$

由初始条件可得

$$\boldsymbol{x}_0 = \mathrm{e}^{\boldsymbol{A}\cdot 0}\boldsymbol{c}(0) = \boldsymbol{c}(0) \tag{8-19}$$

将式(8-18)代回式(8-13)得

$$\boldsymbol{x}(t) = \mathrm{e}^{\boldsymbol{A}t}\boldsymbol{x}_0 + \int_0^t \mathrm{e}^{\boldsymbol{A}(t-\tau)}\boldsymbol{B}\boldsymbol{f}(\tau)\,\mathrm{d}\tau \tag{8-20}$$

显然,式(8-20)中第一项表示系统对初始条件的响应,第二项表示系统对外激励的响应。对比式(8-20)和式(8-3)可得

$$\mathrm{e}^{\boldsymbol{A}t} = L^{-1}[(s\boldsymbol{I} - \boldsymbol{A})^{-1}] \tag{8-21}$$

8.2 可控与可观性

若将式(8-1)中的外力换为状态反馈控制力,即令 $\boldsymbol{f}(t) = \boldsymbol{u}(t)$,那么在状态空间下控制系统的方程可写为

$$\begin{cases}\dot{\boldsymbol{x}}(t) = \boldsymbol{A}\boldsymbol{x}(t) + \boldsymbol{B}\boldsymbol{u}(t)\\ \boldsymbol{y}(t) = \boldsymbol{C}\boldsymbol{x}(t)\end{cases} \tag{8-22}$$

式中: $\boldsymbol{y}(t)$ 为输出向量,它是状态量 $\boldsymbol{x}$ 经输出矩阵 $\boldsymbol{C}$ 组合而得。

注意,为与控制论的常用符号体系相一致,在控制系统状态方程中 $\boldsymbol{u}(t)$ 代表主动控制力, $\boldsymbol{C}$ 代表输出矩阵,后文中的 $\boldsymbol{K}$ 代表控制器,请读者注意区分。

在状态空间下,系统的**可控性**就是指系统状态向量 $\boldsymbol{x}(t)$ 的可控性。可控性的物理性描述为:状态向量 $\boldsymbol{x}(t_0)$ 在 $t = t_0$ 处可控是指,若存在分段连续有界输入 $\boldsymbol{u}(t)$ 可使状态向量 $\boldsymbol{x}(t_0)$ 转移到任意终值 $\boldsymbol{x}(t_f)$,其中 $t_f > t_0$ 有限,则系统可控。可控性在数学上可定义为,若

$$\mathrm{Rank}(\boldsymbol{B}\ \ \boldsymbol{A}\boldsymbol{B}\ \ \boldsymbol{A}^2\boldsymbol{B}\cdots\ \boldsymbol{A}^{2n-1}\boldsymbol{B}) = 2n \tag{8-23}$$

则称系统 $[\boldsymbol{A},\boldsymbol{B}]$ 可控。

同样,系统的**可观性**可描述为:若任意初始状态 $\boldsymbol{x}(t_0)$ 可根据有限时段的分段连续有界输入 $\boldsymbol{u}(t)$ 和系统输出 $\boldsymbol{y}(t)$ 进行确定,则系统可观。可观性在数学上定义为,若

$$\mathrm{Rank}\begin{bmatrix}\boldsymbol{C}\\ \boldsymbol{C}\boldsymbol{A}\\ \vdots\\ \boldsymbol{C}\boldsymbol{A}^{2n-1}\end{bmatrix} = 2n \tag{8-24}$$

则系统可观。

系统的可控性和可观性还可运用下列定义的**可控性格拉姆矩阵** $\boldsymbol{W}_c$ (Controllability Grammian)和**可观性格拉姆矩阵** $\boldsymbol{W}_o$ (Observability Grammian),从数量上进行描述。

$$\boldsymbol{W}_c(t) = \int_0^t \mathrm{e}^{\boldsymbol{A}\tau}\boldsymbol{B}\boldsymbol{B}^{\mathrm{T}}\mathrm{e}^{\boldsymbol{A}^{\mathrm{T}}\tau}\,\mathrm{d}\tau \tag{8-25}$$

$$\boldsymbol{W}_o(t) = \int_0^t \mathrm{e}^{\boldsymbol{A}^{T}\tau}\boldsymbol{C}^{\mathrm{T}}\boldsymbol{C}\mathrm{e}^{\boldsymbol{A}\tau}\,\mathrm{d}\tau \tag{8-26}$$

对于稳定系统在稳态下, $\boldsymbol{W}_c$ 和 $\boldsymbol{W}_o$ 不随时间变化,它们分别满足以下的李雅普诺夫(Lyapunov)方程,即

$$\boldsymbol{A}\boldsymbol{W}_c + \boldsymbol{W}_c\boldsymbol{A}^{\mathrm{T}} + \boldsymbol{B}\boldsymbol{B}^{\mathrm{T}} = 0 \tag{8-27}$$

$$A^{T} W_o + W_o A + C^{T} C = 0 \tag{8-28}$$

另外,定义

$$\gamma_i = \sqrt{\lambda_i (W_c W_o)} \quad i = 1,2,\cdots,2n \tag{8-29}$$

为系统的第 i 阶汉克尔奇异值(Hankel Singular Value),汉克尔奇异值可以综合衡量系统的可控性和可观性。

8.3 LQR 减振控制器

8.3.1 状态反馈

如果反馈控制力满足以下关系,即

$$u(t) = -Kx(t) \tag{8-30}$$

则称其为**状态反馈**,式中 K 为控制器,状态反馈控制系统框图如图 8-1 所示。

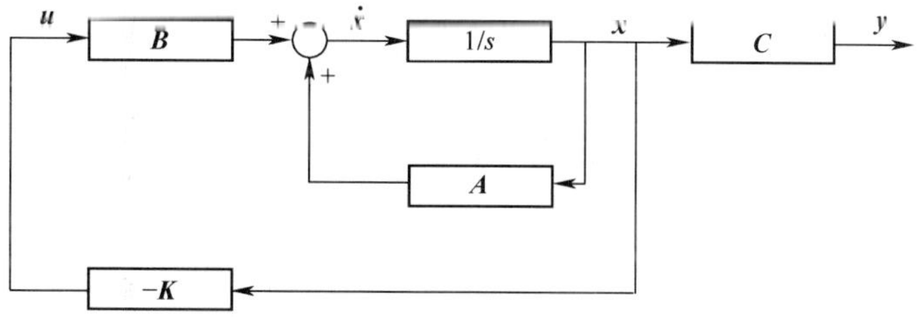

图 8-1　状态反馈系统框用

将式(8-30)代入式(8-22)第一式可得

$$\dot{x}(t) = A_c x(t) \tag{8-31}$$

式中

$$A_c = A - BK \tag{8-32}$$

为闭环控制系统的系统矩阵。

经过状态反馈控制后,控制系统的固有振动特性由矩阵 A_c 决定。参考式(8-20)可得方程式(8-31)的解为

$$x(t) = e^{A_c t} x_0 \tag{8-33}$$

对于减振问题,线性二次调节器(Linear Quadratic Regulator,LQR)控制器设计的原则是寻找使闭环系统稳定、形如式(8-30)的反馈控制器,并最小化以下指标函数,即

$$J = \int_0^{\infty} [x^{T}(t) Q x(t) + u^{T}(t) R u(t)] \, dt \tag{8-34}$$

式中:Q 和 R 为加权矩阵,且 Q 半正定对称,R 正定对称。

Q 和 R 可选为对角阵且其第 i 个对角元可分别初选为 $x_i(t)$ 平方和 $u_i(t)$ 平方最大可能值的倒数。由以上定义可以看出,该指标函数综合考虑了系统的减振效果和所需施加的控制力。将式(8-30)和式(8-33)代入式(8-34)后可得

$$J = x_0^{T} \left[\int_0^{\infty} e^{A^{T}_c t} (Q + K^{T} R K) e^{A_c t} dt \right] x_0 = x_0^{T} X x_0 \tag{8-35}$$

根据控制理论所得最优控制器为

$$\boldsymbol{K}=\boldsymbol{R}^{-1}\boldsymbol{B}^{\mathrm{T}}\boldsymbol{X} \tag{8-36}$$

式中 $\boldsymbol{X}$ 满足以下代数 Riccati 方程,即

$$\boldsymbol{A}^{\mathrm{T}}\boldsymbol{X}+\boldsymbol{X}\boldsymbol{A}-\boldsymbol{X}\boldsymbol{B}\boldsymbol{R}^{-1}\boldsymbol{B}^{\mathrm{T}}\boldsymbol{X}+\boldsymbol{Q}=0 \tag{8-37}$$

需要注意的是,式(8-36)最优控制器解是在指标函数为式(8-35)条件下得出的,此时结构上只作用有主动控制力,没有与状态向量无关的外激励力。

例 8.1 若无阻尼系统的质量矩阵为 $\begin{bmatrix}1 & 0\\0 & 1\end{bmatrix}$,刚度矩阵为 $\begin{bmatrix}2 & -1\\-1 & 2\end{bmatrix}$,初始位移为 $\begin{bmatrix}0.1\\0.2\end{bmatrix}$,初始速度为0。现在第一自由度处施加状态反馈控制力,试研究采用 LQR 控制器的控制效果。

解:系统的状态方程为

$$\begin{cases}\dot{\boldsymbol{x}}=\boldsymbol{A}\boldsymbol{x}+\boldsymbol{B}\boldsymbol{u}\\ \boldsymbol{y}=\boldsymbol{C}\boldsymbol{x}\end{cases} \tag{a}$$

式中

$$\boldsymbol{A}=\begin{bmatrix}0 & 0 & 1 & 0\\0 & 0 & 0 & 1\\-2 & 1 & 0 & 0\\1 & -2 & 0 & 0\end{bmatrix}$$

$$B=\begin{bmatrix}0 & 0\\0 & 0\\1 & 0\\0 & 1\end{bmatrix}\begin{bmatrix}1\\0\end{bmatrix}=\begin{bmatrix}0\\0\\1\\0\end{bmatrix} \tag{b}$$

$$\boldsymbol{C}=\boldsymbol{I}_4,\quad \mathrm{x}_0=[0.1\quad 0.2\quad 0\quad 0]^{T}$$

利用 Matlab 命令 rank(ctrb(A,b))和 rank(obsv(A,C))可得结果均为4,因而系统是可控和可观的。用命令 sys=ss(A,B,C,D)可得系统模型,在 LQR 控制器设计中,令 $Q=I_4$, $R=1$, $N=0$,再用命令[K,S,E]=lqr(sys,Q,R,N)可求得控制器 K_c 为

$$\boldsymbol{K}=[0.8375\quad -9.330\quad 1.6355\quad 0.3622] \tag{c}$$

则

$$\boldsymbol{A}_c=\boldsymbol{A}-\boldsymbol{B}\boldsymbol{K}=\begin{bmatrix}0 & 0 & 1 & 0\\0 & 0 & 0 & 1\\-2.8375 & 1.9333 & -1.6355 & -0.3622\\1 & -2 & 0 & 0\end{bmatrix} \tag{d}$$

开环和闭环系统对初始条件的响应如图8-2和图8-3所示。本例的基本 Matlab 计算程序如下:

```
%例8.1程序
A=[0 0 1 0;0 0 0 1;-2 1 0 0;1 -2 0 0]; B=[0 0 1 0]'; C=eye(4); D=0;
rank(ctrb(A,B)); rank(obsv(A,C)); sys=ss(A,B,C,D);
Q=eye(4); R=1; N=0; [K,S,E]=lqr(sys,Q,R,N); Ac=A-B*K; sysc=ss(Ac,B,C,D);
x0=[0.1;0.2;0;0];t=0:0.01:40;len=length(t);u=zeros(len,1);
[y1,t]=lsim(sys,u,t,x0); [y2,t]=lsim(sysc,u,t,x0);plot(t,y1(:,1),t,y2(:,1))
```

8.3.2 输出反馈

在实际控制中,一般无法实时获得状态向量的全部变量,而仅能获得状态向量中的少部分

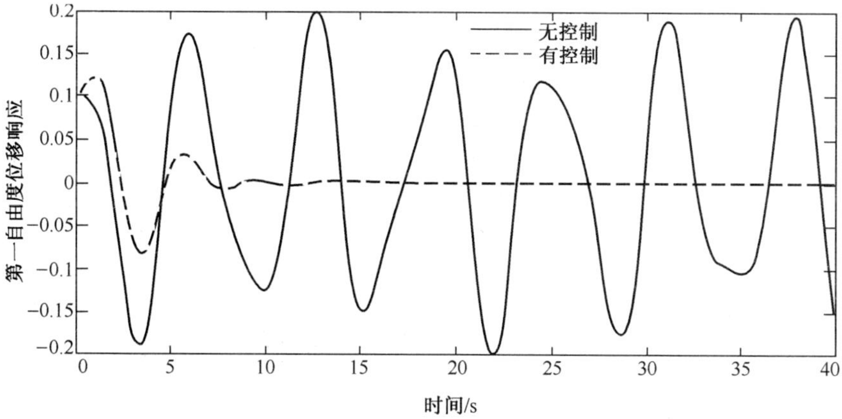

图 8－2　第一自由度位移响应控制结果

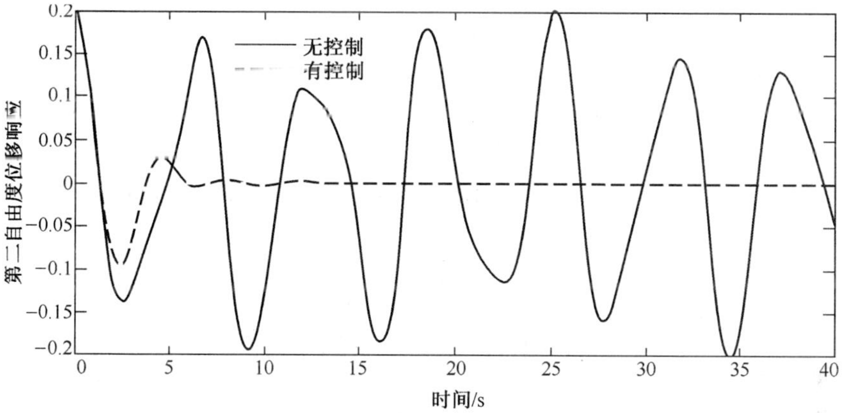

图 8－3　第二自由度位移响应控制结果

量，即系统观测输出量 $\boldsymbol{y}$ 的维数要远小于状态量 $\boldsymbol{x}$ 的维数。此时需用输出量 $\boldsymbol{y}$ 来估计出状态量，然后再根据式（8－30）生成反馈控制力。设 $\boldsymbol{x}$ 的估计为 $\hat{\boldsymbol{x}}$，则此时控制力 s 为

$$\boldsymbol{u}=-\boldsymbol{K}\hat{\boldsymbol{x}} \tag{8-38}$$

注意，加入状态估计后，并不影响式（8－36）的最优控制器 $\boldsymbol{K}$，此时控制系统的框图如图 8－4 所示。

系统满足的状态方程为

$$\begin{cases}\dot{\boldsymbol{x}}=\boldsymbol{A}\boldsymbol{x}+\boldsymbol{B}\boldsymbol{u}\\ \boldsymbol{u}=-\boldsymbol{K}\hat{\boldsymbol{x}}\\ \boldsymbol{y}=\boldsymbol{C}\boldsymbol{x}\\ \dot{\hat{\boldsymbol{x}}}=\boldsymbol{A}\hat{\boldsymbol{x}}+\boldsymbol{B}\boldsymbol{u}+\boldsymbol{L}(\boldsymbol{y}-\hat{\boldsymbol{y}})\\ \hat{\boldsymbol{y}}=\boldsymbol{C}\hat{\boldsymbol{x}}\end{cases} \tag{8-39}$$

令动态误差为

$$\boldsymbol{e}(t)=\boldsymbol{x}(t)-\hat{\boldsymbol{x}}(t) \tag{8-40}$$

则可得动态误差方程为

$$\dot{\boldsymbol{e}}(\boldsymbol{A}-\boldsymbol{L}\boldsymbol{C})\boldsymbol{e} \tag{8-41}$$

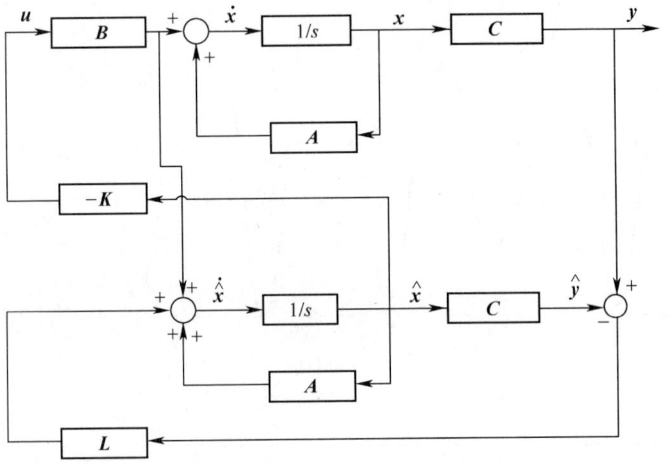

图 8-4　输出反馈控制

可见,只要 $(\boldsymbol{A}-\boldsymbol{LC})$ 稳定,则 $\boldsymbol{e}$ 逐渐趋于零,即 $\hat{\boldsymbol{x}}$ 逐渐趋于 $\boldsymbol{x}$ 。又因为

$$\dot{\boldsymbol{x}}=\boldsymbol{Ax}+\boldsymbol{Bu}=\boldsymbol{Ax}-\boldsymbol{BK}(\boldsymbol{x}-\boldsymbol{e})=(\boldsymbol{A}-\boldsymbol{BK})\boldsymbol{x}+\boldsymbol{BKe} \tag{8-42}$$

将以上两式写在一起得闭环系统的状态方程为

$$\begin{gathered}\begin{bmatrix}\dot{\boldsymbol{x}}\\ \dot{\boldsymbol{e}}\end{bmatrix}=\begin{bmatrix}\boldsymbol{A}-\boldsymbol{BK} & \boldsymbol{BK}\\ 0 & \boldsymbol{A}-\boldsymbol{LC}\end{bmatrix}\begin{bmatrix}\boldsymbol{x}\\ \boldsymbol{e}\end{bmatrix}\\ \boldsymbol{y}=[\boldsymbol{C}\quad 0]\begin{bmatrix}\boldsymbol{x}\\ \boldsymbol{e}\end{bmatrix}\end{gathered} \tag{8-43}$$

即

$$\begin{gathered}\dot{\boldsymbol{x}}_{\mathrm{c}}=\boldsymbol{A}_{\mathrm{c}}\boldsymbol{x}_{\mathrm{c}}\\ \boldsymbol{y}=\boldsymbol{C}_{\mathrm{c}}\boldsymbol{x}_{\mathrm{c}}\end{gathered} \tag{8-44}$$

式中

$$\begin{gathered}\boldsymbol{x}_{\mathrm{c}}=\begin{bmatrix}\boldsymbol{x}\\ \boldsymbol{e}\end{bmatrix},\quad \boldsymbol{x}_{\mathrm{c}}(0)=\begin{bmatrix}\boldsymbol{x}(0)\\ \boldsymbol{e}(0)\end{bmatrix}\\ \boldsymbol{A}_{\mathrm{c}}=\begin{bmatrix}\boldsymbol{A}-\boldsymbol{BK} & \boldsymbol{BK}\\ 0 & \boldsymbol{A}-\boldsymbol{LC}\end{bmatrix}\\ \boldsymbol{B}_{\mathrm{c}}=\begin{bmatrix}\boldsymbol{B}\\ 0\end{bmatrix},\quad \boldsymbol{C}_{\mathrm{c}}=[\boldsymbol{C}\quad 0]\end{gathered} \tag{8-45}$$

注意,尽管闭环系统的 $\boldsymbol{B}$ 矩阵 $\boldsymbol{B}_{\mathrm{c}}$ 未在式(8-44)中出现,但在计算中仍然是需要的,它表明控制力的施加位置。实现以上控制过程的关键是要确定估计过程增益矩阵 $\boldsymbol{L}$, $\boldsymbol{L}$ 又称为估计器。可以通过**极点配置**来确定 $\boldsymbol{L}$ 。此处,极点配置的含义是求取合适的 $\boldsymbol{L}$,让 $(\boldsymbol{A}-\boldsymbol{LC})$ 的极点处于预定的位置。

例 8.2　在例 8.1 中,假设观测信号为第一自由度的位移,其他条件不变。试采用输出反馈对系统振动进行控制,设初始估计误差 $\boldsymbol{e}(0)=\boldsymbol{x}(0)$ 。

解:此时系统方程为

$$\begin{cases}\dot{\boldsymbol{x}} = \boldsymbol{A}\boldsymbol{x} + \boldsymbol{B}\boldsymbol{u} \\ \boldsymbol{y} = \boldsymbol{C}\boldsymbol{x}\end{cases} \tag{a}$$

式中 $\boldsymbol{A}$、$\boldsymbol{B}$、$\boldsymbol{x}_0$ 与上例相同,而

$$\boldsymbol{C} = [1 \quad 0 \quad 0 \quad 0] \tag{b}$$

令 $(\boldsymbol{A} - \boldsymbol{L}\boldsymbol{C})$ 的极点为 op1 = −10, op2 = −11, op3 = −12, op4 = −13。采用 Matlab 命令 L = place(A′,C′,[op1 op2 op3 op4])′可得

$$\boldsymbol{L} = \begin{bmatrix} 4.6000e+001 \\ 5.9340e+003 \\ 7.8700e+002 \\ 1.5583e+004 \end{bmatrix} \tag{c}$$

求得 $\boldsymbol{L}$ 后,可根据式(8−45)生成系统矩阵,利用 Matlab 命令 sysc = ss(Ac,Bc,Cc,0)得到闭环系统模型,进而可求闭环系统对初始条件激励响应。第一自由度位移控制结果如图 8−5 所示。

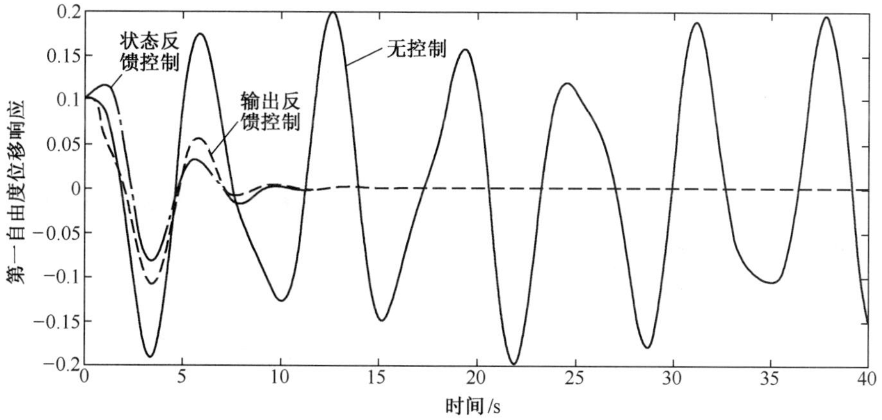

图 8−5 第一自由度位移控制结果对比

8.4 LQR 跟踪控制器

8.4.1 状态反馈

LQR 跟踪控制又称为定点调节(Set−Point Regulation),其含义是指通过主动控制让某输出量达到指定的值,采用状态反馈时其框图如图 8−6 所示,图中 $\boldsymbol{N}_{\mathrm{r}}$ 为前置补偿器,则系统的状态方程为

$$\begin{cases}\dot{\boldsymbol{x}} = (\boldsymbol{A} - \boldsymbol{B}\boldsymbol{K})\boldsymbol{x} + \boldsymbol{B}\boldsymbol{N}_{\mathrm{r}}\boldsymbol{r} \\ \boldsymbol{y} = \boldsymbol{C}\boldsymbol{x}\end{cases} \tag{8-46}$$

由图 8−6 可得输出信号 $\boldsymbol{y}$ 与参考信号 $\boldsymbol{r}$ 之间的传递关系为

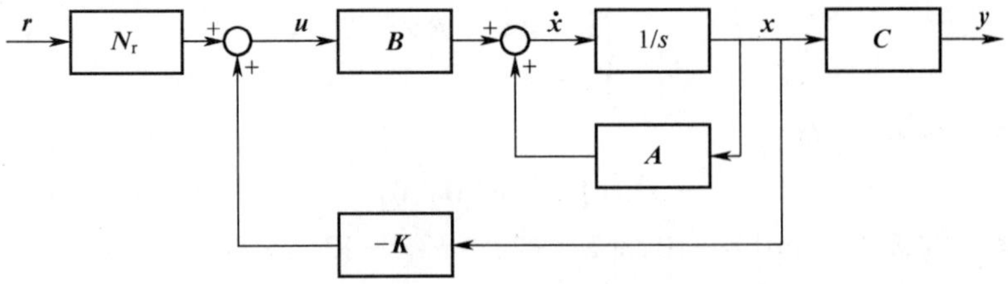

图 8-6 LQR 跟踪控制

$$Y(s)=C(sI-A+BK)^{-1}BN_rR(s) \tag{8-47}$$

若 r 为指定常数值,则

$$R(s)=\frac{1}{s}r \tag{8-48}$$

由拉普拉斯变换终值定理得

$$\lim_{t\to\infty}y(t)=\lim_{s\to 0}sY(s)=-C(A-BK)^{-1}BN_rr \tag{8-49}$$

可见,若有

$$N_r=-[C(A-BK)^{-1}B]^{-1} \tag{8-50}$$

则有

$$\lim_{t\to\infty}y(t)=r \tag{8-51}$$

例 8.3 在例 8.1 中假设控制目标改为使第一自由度的稳态位移响应为 $r=0.1$,其他条件不变,试求出前置补偿 N_r 并给出控制结果。

解:由例 8.1 和例 8.2 可知

$$A_c=A-BK=\begin{bmatrix}0&0&1&0\\0&0&0&1\\-2.8375&1.9333&-1.6355&-0.3622\\1&-2&0&0\end{bmatrix} \tag{a}$$

$$B=[0\quad 0\quad 1\quad 0]^T \tag{b}$$

$$C=[1\quad 0\quad 0\quad 0] \tag{c}$$

则

$$N_r=-[C(A-BK)^{-1}B]^{-1}=1.8708 \tag{d}$$

此时有

$$\dot{x}=(A-BK)x+BN_rr=A_cx+B\cdot(0.18708) \tag{e}$$

即系统相当于针对阶跃力 0.18708 作用下的响应。对第一自由度位移响应控制结果见图 8-7。

8.4.2 输出反馈

采用输出反馈时,输出反馈跟踪控制系统框图如图 8-8 所示。

由该框图可得系统的状态方程为

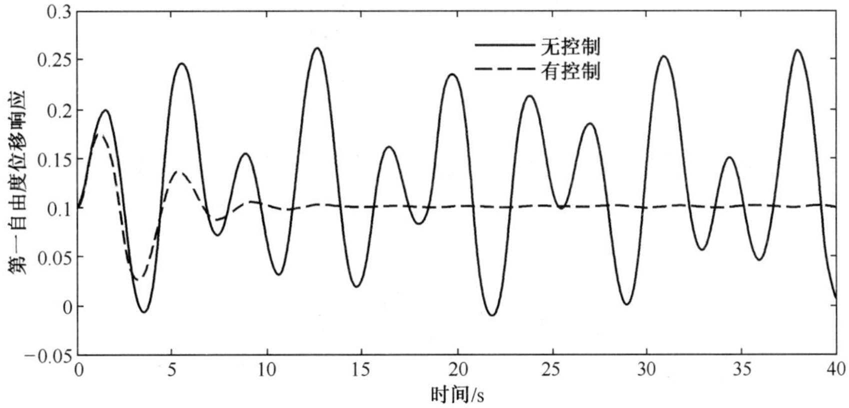

图 8－7　对第一自由度位移响应的状态反馈跟踪控制结果

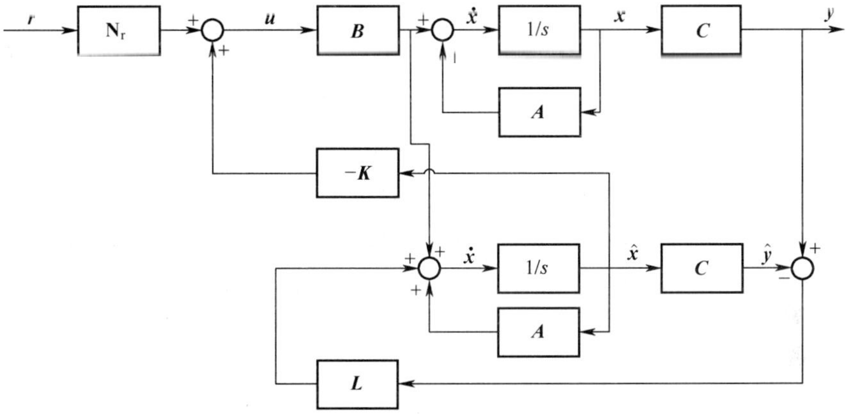

图 8－8　输出反馈跟踪控制

$$
\begin{cases}
\dot{\boldsymbol{x}} = \boldsymbol{A}\boldsymbol{x} + \boldsymbol{B}(-\boldsymbol{K}\hat{\boldsymbol{x}} + \boldsymbol{N}_{\mathrm{r}}\boldsymbol{r}) \\
\boldsymbol{y} = \boldsymbol{C}\boldsymbol{x} \\
\dot{\hat{\boldsymbol{x}}} = \boldsymbol{A}\hat{\boldsymbol{x}} + \boldsymbol{L}(\boldsymbol{y} - \hat{\boldsymbol{y}}) + \boldsymbol{B}(-\boldsymbol{K}\hat{\boldsymbol{x}} + \boldsymbol{N}_{\mathrm{r}}\boldsymbol{r}) \\
\hat{\boldsymbol{y}} = \boldsymbol{C}\hat{\boldsymbol{x}}
\end{cases} \tag{8-52}
$$

则动态误差方程仍为

$$
\dot{\boldsymbol{e}} = (\boldsymbol{A} - \boldsymbol{L}\boldsymbol{C})\boldsymbol{e} \tag{8-53}
$$

又

$$
\dot{\boldsymbol{x}} = (\boldsymbol{A} - \boldsymbol{B}\boldsymbol{K})\boldsymbol{x} + \boldsymbol{B}\boldsymbol{K}\boldsymbol{e} + \boldsymbol{B}\,\boldsymbol{N}_{\mathrm{r}}\boldsymbol{r} \tag{8-54}
$$

所以闭环系统方程为

$$
\begin{gathered}
\begin{bmatrix} \dot{\boldsymbol{x}} \\ \dot{\boldsymbol{e}} \end{bmatrix} = \begin{bmatrix} \boldsymbol{A} - \boldsymbol{B}\boldsymbol{K} & \boldsymbol{B}\boldsymbol{K} \\ 0 & \boldsymbol{A} - \boldsymbol{L}\boldsymbol{C} \end{bmatrix} \begin{bmatrix} \boldsymbol{x} \\ \boldsymbol{e} \end{bmatrix} + \begin{bmatrix} \boldsymbol{B}\,\boldsymbol{N}_{\mathrm{r}} \\ 0 \end{bmatrix} \boldsymbol{r} \\
\boldsymbol{y} = [\boldsymbol{C} \quad 0] \begin{bmatrix} \boldsymbol{x} \\ \boldsymbol{e} \end{bmatrix}
\end{gathered} \tag{8-55}
$$

在控制稳定收敛时，$\boldsymbol{e}\to 0$，式(8－54)与式(8－46)第一式将相同，则输出信号 $\boldsymbol{y}$ 与参考信号 $\boldsymbol{r}$ 之间的传递关系也将与式(8－47)相同，因此前置补偿器 $\boldsymbol{N}_{\mathrm{r}}$ 也相同。

例 8.4　在例 8.2 中假设控制目标是使第一自由度的稳态位移响应为 $\boldsymbol{r}=0.1$，其他条件不变，试给出控制结果。

解：在本例中仍然采用与例 8.2 相同的极点配置，具体控制结果如图 8－9 所示。

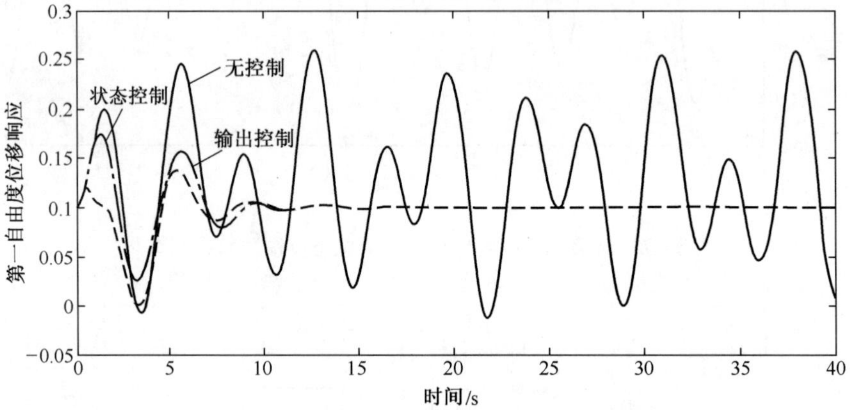

图 8－9　对第一自由度位移响应的输出反馈跟踪控制结果

在 LQR 控制器中若进一步考虑系统的输入和输出受高斯白噪声影响，则需建立和使用 LQG 控制器。但在实际使用中，影响输入和输出的噪声常常难以确定，这对 LQG 控制器的应用有一定制约。对于该问题本书不作展开讨论，读者可参阅其他相关资料。

第9章 H_∞ 控制器

9.1 系统的 H_2 范数

系统的范数主要用来评测系统对于标准激励(如单位冲激、单位标准差白噪声)响应的强度。H_2范数的定义为

$$\| G(s) \|_2 = \left[\frac{1}{2\pi}\int_{-\infty}^{\infty}\mathrm{trace}[G^*(j\omega)G(j\omega)]d\omega\right]^{\frac{1}{2}} \tag{9-1}$$

式中:$G(s)$ 为系统输出与输入之间的传递函数,$G(s)=C(sI-A)^{-1}B$;G^* 为 G 的共轭转置;$\mathrm{trace}[G^*G]$ 为 G 矩阵所有元素模的平方和。

可见,H_2范数是对系统频响函数矩阵中所有元素在整个频带上的一个综合评测。设 $g(t)$ 为 $G(s)$ 的拉普拉斯逆变换,则 $g(t)$ 为系统的单位冲激响应函数,且

$$g(t)=\begin{cases}Ce^{At}B & t\geqslant 0\\ 0 & t<0\end{cases} \tag{9-2}$$

由帕斯瓦定理(Parseval's Theorem)知

$$\begin{aligned}\| G(s) \|_2^2 &= \frac{1}{2\pi}\int_{-\infty}^{\infty}\mathrm{trace}[G^*(j\omega)G(j\omega)]d\omega\\ &=\int_{-\infty}^{\infty}\mathrm{trace}[g^T(t)g(t)]dt\end{aligned} \tag{9-3}$$

将式(9-2)代入式(9-3)得

$$\begin{aligned}\| G(s) \|_2^2 &= \int_0^{\infty}\mathrm{trace}[B^Te^{A^Tt}C^TCe^{At}B]dt\\ &=\mathrm{trace}\left[B^T\int_0^{\infty}[e^{A^Tt}C^TCe^{At}]dtB\right]\\ &=\mathrm{trace}[B^TW_oB]\end{aligned} \tag{9-4}$$

式中:W_o 为系统的可观性格拉姆矩阵,可由式(8-28)解得。由于 $\mathrm{trace}[G^*G]$ =

trace[$G G^*$],同样可得

$$\| G(s) \|_2^2 = \mathrm{trace}[C W_c C^T] \tag{9-5}$$

式中: W_c 为系统的可控性格拉姆矩阵,可由式(8-27)解得。

9.2 系统的 H_∞ 范数

H_∞ 范数的定义为

$$\| G(s) \|_\infty = \mathop{\mathrm{Sup}}_{\omega} \bar{\sigma}[G(\mathrm{j}\omega)] \tag{9-6}$$

其中,$\bar{\sigma}[G(\mathrm{j}\omega)]$ 是指在频率 ω 处矩阵 $G(\mathrm{j}\omega)$ 的最大奇异值,也即第一个奇异值。在所有可能的频率 ω 处,$G(\mathrm{j}\omega)$ 的 σ_1 中的最大者就是系统的 H_∞ 范数。在给定频率处,矩阵 $G(\mathrm{j}\omega)$ 的奇异值分解定义为

$$G = U\Sigma V^* \tag{9-7}$$

式中: G 为 $m \times n$ 维矩阵,代表 n 个输入 m 个输出; U 为 $m \times m$ 维酉矩阵(Unitary Matrix, $U^* U = I$),其第 i 列为 u_i ($\| u_i \|_2 = 1$); Σ 为 $m \times n$ 维奇异值矩阵,其主对角元为非负奇异值 σ_i,($i = 1,2,\cdots,k$), $k = \min(m,n)$,且 $\sigma_1 \geqslant \sigma_2, \cdots, \geqslant \sigma_k$; V 为 $n \times n$ 维酉矩阵,其第 i 列为 v_i。

在式(9-7)两边同乘以 V,可得

$$GV = U\Sigma \tag{9-8}$$

即

$$G v_i = \sigma_i u_i \tag{9-9}$$

若将 v_i 看成是系统的输入向量,则 u_i 为对应的输出向量,由于 v_i 和 u_i 的 2 范数即模长均为 1,因此,σ_i 可看成系统在该输入方向的增益,即放大倍数。所以 H_∞ 范数就是系统在整个频带内的最大增益。显然,若通过控制手段减小系统的 H_∞ 范数,则可实现减振目的。由以上分析还可发现,H_∞ 范数还可采用 2 范数定义为

$$\| G \|_\infty = \bar{\sigma}(G) = \max_{d \neq 0} \frac{\| Gd \|_2}{\| d \|_2} = \max_{\| d \|_2 = 1} \| Gd \|_2 \tag{9-10}$$

式中: d 为系统的任意非零输入向量。

9.3 标准 H_∞ 控制

标准 H_∞ 控制的基本框图如图 9-1 所示。图中 P 为受控对象,K 为控制器,u 为控制输入,w 为外部输入(包括外部扰动和参考信号),y 为测量输出,z 为控制误差输出。**H_∞ 控制问题的构成为**:寻找可行的控制器 K,使外部输入到控制误差输出传递函数矩阵的 H_∞ 范数最小,即 $\| T_{zw} \|_\infty$ 最小。

图 9-1 所对应的系统状态方程为

$$\begin{cases} \dot{x} = Ax + B_1 w + B_2 u \\ z = C_1 x + D_{12} u \\ y = C_2 x + D_{21} w \end{cases} \tag{9-11}$$

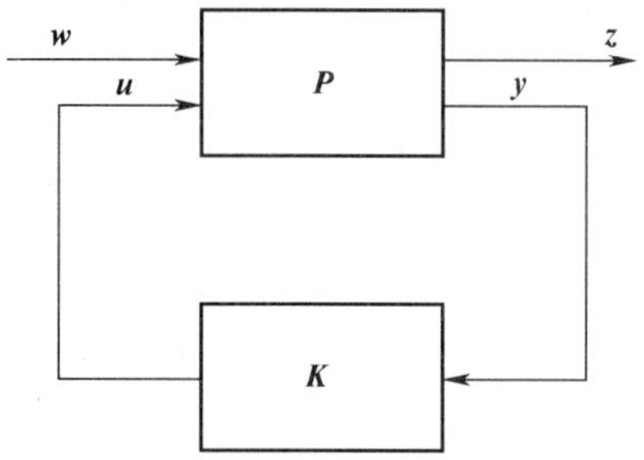

图 9－1　H_∞ 控制基本框图

式(9－11)中，控制误差 $\boldsymbol{z}$ 综合考虑了状态量中需要控制的量以及控制的输入能量；测量输出 $\boldsymbol{y}$ 综合考虑了状态量被测试部分的响应和外界扰动力。因此 H_∞ 控制器的设计中，既要控制某些需要控制的量，又要使施加的控制力合理可行；既要根据系统的响应进行反馈调整，也要考虑外部输入进行反馈调整。可见，H_∞ 控制相对 LQR 控制适应面更广泛、更全面。

上面的方程也可合写为

$$\begin{cases}\dot{\boldsymbol{x}} = \boldsymbol{A}\boldsymbol{x} + [\boldsymbol{B}_1 \quad \boldsymbol{B}_2]\begin{bmatrix}\boldsymbol{w}\\ \boldsymbol{u}\end{bmatrix}\\ \begin{bmatrix}\boldsymbol{z}\\ \boldsymbol{y}\end{bmatrix} = \begin{bmatrix}\boldsymbol{C}_1\\ \boldsymbol{C}_2\end{bmatrix}\boldsymbol{x} + \begin{bmatrix}0 & \boldsymbol{D}_{12}\\ \boldsymbol{D}_{21} & 0\end{bmatrix}\begin{bmatrix}\boldsymbol{w}\\ \boldsymbol{u}\end{bmatrix}\end{cases} \Rightarrow \begin{cases}\dot{\boldsymbol{x}} = \boldsymbol{A}\boldsymbol{x} + \boldsymbol{B}\bar{\boldsymbol{u}}\\ \bar{\boldsymbol{y}} = \boldsymbol{C}\boldsymbol{x} + \boldsymbol{D}\bar{\boldsymbol{u}}\end{cases} \tag{9-12}$$

式中：$\bar{\boldsymbol{u}} = [\boldsymbol{w} \quad \boldsymbol{u}]^{\mathrm{T}}$，$\bar{\boldsymbol{y}} = [z \quad \boldsymbol{y}]^{\mathrm{T}}$。系统的传递关系为

$$\begin{cases}\begin{bmatrix}z(s)\\ \boldsymbol{y}(s)\end{bmatrix} = \boldsymbol{P}(s)\begin{bmatrix}\boldsymbol{w}(s)\\ \boldsymbol{u}(s)\end{bmatrix} = \begin{bmatrix}\boldsymbol{P}_{11} & \boldsymbol{P}_{12}\\ \boldsymbol{P}_{21} & \boldsymbol{P}_{22}\end{bmatrix}\begin{bmatrix}\boldsymbol{w}\\ \boldsymbol{u}\end{bmatrix}\\ \boldsymbol{u}(s) = \boldsymbol{K}(s)\boldsymbol{y}(s)\end{cases} \tag{9-13}$$

注意，在上述公式中并未刻意区分频域和时域内函数的不同写法。例如，小写字母 $\boldsymbol{z}$ 既可表示时域内的函数又可表示为在频域内的函数，具体要根据情况而定。由此可得

$$\boldsymbol{z} = [\boldsymbol{P}_{11} + \boldsymbol{P}_{12}\boldsymbol{K}(\boldsymbol{I} - \boldsymbol{P}_{22}\boldsymbol{K})^{-1}\boldsymbol{P}_{21}]\boldsymbol{w} = \boldsymbol{T}_{zw}\boldsymbol{w} \tag{9-14}$$

所以

$$\boldsymbol{T}_{zw} = \boldsymbol{P}_{11} + \boldsymbol{P}_{12}\boldsymbol{K}(\boldsymbol{I} - \boldsymbol{P}_{22}\boldsymbol{K})^{-1}\boldsymbol{P}_{21} \tag{9-15}$$

求使 $\|\boldsymbol{T}_{zw}\|_\infty$ 最小的可行控制器 $\boldsymbol{K}$ 一般需进行迭代求解，即不断缩小 γ，使

$$\|\boldsymbol{T}_{zw}\|_\infty < \gamma \tag{9-16}$$

该求解过程需满足以下条件：

(A1) $(\boldsymbol{A},\boldsymbol{B}_2)$ 可控，$(\boldsymbol{A},\boldsymbol{C}_2)$ 可测(系统可测是指系统不可观的模态都是稳定的)。

(A2) $\boldsymbol{D}_{12}$ 列满秩，$\boldsymbol{D}_{21}$ 行满秩。

(A3) $\begin{bmatrix}\boldsymbol{A} - \mathrm{j}\omega\boldsymbol{I} & \boldsymbol{B}_2\\ \boldsymbol{C}_1 & \boldsymbol{D}_{12}\end{bmatrix}$ 对所有实 ω 都列满秩。

(A4) $\begin{bmatrix}\boldsymbol{A} - \mathrm{j}\omega\boldsymbol{I} & \boldsymbol{B}_1\\ \boldsymbol{C}_2 & \boldsymbol{D}_{21}\end{bmatrix}$ 对所有实 ω 都行满秩。

(A5) $\boldsymbol{D}_{11} = 0$，$\boldsymbol{D}_{22} = 0$。

其中，条件(A1)保证存在使系统稳定的控制器；(A2)保证控制器可实现性；(A3)和(A4)

是闭环系统稳定所需；(A5)是简化求解所需。满足这些条件后，存在稳定的控制器 $K(s)$ 使得式(9-16)得到满足，当且仅当：

(B1) 以下 Riccati 方程的解 $X_\infty \geqslant 0$，即

$$\boldsymbol{A}^{\mathrm{T}}\boldsymbol{X}_\infty + \boldsymbol{X}_\infty\boldsymbol{A} + \boldsymbol{C}_1^{\mathrm{T}}\boldsymbol{C}_1 + \boldsymbol{X}_\infty(\gamma^{-2}\boldsymbol{B}_1\boldsymbol{B}_1^{\mathrm{T}} - \boldsymbol{B}_2\boldsymbol{B}_2^{\mathrm{T}})\boldsymbol{X}_\infty = 0 \tag{9-17}$$

(B2) 以下 Hamiltionian 矩阵在虚轴上无特征值，即

$$\boldsymbol{A} + (\gamma^{-2}\boldsymbol{B}_1\boldsymbol{B}_1^{\mathrm{T}} - \boldsymbol{B}_2\boldsymbol{B}_2^{\mathrm{T}})\boldsymbol{X}_\infty \tag{9-18}$$

(B3) 以下 Riccati 方程的解 $Y_\infty \geqslant 0$，即

$$\boldsymbol{A}\boldsymbol{Y}_\infty + \boldsymbol{Y}_\infty\boldsymbol{A}^{\mathrm{T}} + \boldsymbol{B}_1\boldsymbol{B}_1^{\mathrm{T}} + \boldsymbol{Y}_\infty(\gamma^{-2}\boldsymbol{C}_1^{\mathrm{T}}\boldsymbol{C}_1 - \boldsymbol{C}_2^{\mathrm{T}}\boldsymbol{C}_2)\boldsymbol{Y}_\infty = 0 \tag{9-19}$$

(B4) 以下 Hamiltionian 矩阵在虚轴上无特征值，即

$$\boldsymbol{A} + \boldsymbol{Y}_\infty(\gamma^{-2}\boldsymbol{C}_1\boldsymbol{C}_1^{\mathrm{T}} - \boldsymbol{C}_2^{\mathrm{T}}\boldsymbol{C}_2) \tag{9-20}$$

(B5) 满足以下混合条件，即

$$\rho(\boldsymbol{X}_\infty\boldsymbol{Y}_\infty) < \gamma^2 \tag{9-21}$$

H_∞ 控制器求解过程涉及较复杂的理论和算法，本书不作进一步展开，具体可参阅控制论相关内容。在实际应用中，可直接使用 Matlab 有关命令完成控制器的设计。

例 9.1 若无阻尼系统质量矩阵为 $\begin{bmatrix}1 & 0\\0 & 1\end{bmatrix}$，刚度矩阵为 $\begin{bmatrix}2 & -1\\-1 & 2\end{bmatrix}$，初始位移为 $\begin{bmatrix}0.1\\0.2\end{bmatrix}$，初始速度为 0。现在第一自由度处施加外激励 $f_1 = \sin 2t$，在第二自由度施加控制力，试研究采用 H_∞ 控制器进行减振控制的效果。

解：取 $\boldsymbol{D}_{12} = \boldsymbol{D}_{21} = 1$，根据题意列出系统方程为

$$\begin{cases}\dot{\boldsymbol{x}} = \boldsymbol{A}\boldsymbol{x} + \boldsymbol{B}_1\boldsymbol{w} + \boldsymbol{B}_2\boldsymbol{u}\\ \boldsymbol{z} = \boldsymbol{C}_1\boldsymbol{x} + \boldsymbol{D}_{12}\boldsymbol{u}\\ \boldsymbol{y} = \boldsymbol{C}_2\boldsymbol{x} + \boldsymbol{D}_{21}\boldsymbol{w}\end{cases} \tag{a}$$

式中

$$\boldsymbol{A} = \begin{bmatrix}0 & 0 & 1 & 0\\0 & 0 & 0 & 1\\-2 & 1 & 0 & 0\\1 & -2 & 0 & 0\end{bmatrix},\ \boldsymbol{x} = \begin{bmatrix}x_1\\x_2\\\dot{x}_1\\\dot{x}_2\end{bmatrix},\ \boldsymbol{B}_1 = \begin{bmatrix}0\\0\\1\\0\end{bmatrix},\ \boldsymbol{w} = \sin 2t,\ \boldsymbol{B}_2 = \begin{bmatrix}0\\0\\0\\1\end{bmatrix} \tag{b}$$

$$\boldsymbol{C}_1 = [1\quad 0\quad 0\quad 0],\quad \boldsymbol{D}_{12} = 1 \tag{c}$$

$$\boldsymbol{C}_2 = [0\quad 1\quad 0\quad 0],\quad \boldsymbol{D}_{21} = 1 \tag{d}$$

整个系统模型可采用广义的 $\boldsymbol{P}$ 阵表示为

$$\boldsymbol{P} \triangleq \left[\begin{array}{c:cc}\boldsymbol{A} & \boldsymbol{B}_1 & \boldsymbol{B}_2\\ \hdashline \boldsymbol{C}_1 & \boldsymbol{D}_{11} & \boldsymbol{D}_{12}\\ \boldsymbol{C}_2 & \boldsymbol{D}_{21} & \boldsymbol{D}_{22}\end{array}\right] \tag{e}$$

即

$$
\boldsymbol{P} \triangleq \begin{bmatrix} \boldsymbol{A} & \boldsymbol{B} \\ \boldsymbol{C} & \boldsymbol{D} \end{bmatrix} = \left[\begin{array}{cccc:cc} 0 & 0 & 1 & 0 & 0 & 0 \\ 0 & 0 & 0 & 1 & 0 & 0 \\ -2 & 1 & 0 & 0 & 1 & 0 \\ 1 & -2 & 0 & 0 & 0 & 1 \\ \hdashline 1 & 0 & 0 & 0 & 0 & 1 \\ 0 & 1 & 0 & 0 & 1 & 0 \end{array}\right] \tag{f}
$$

可采用 Matlab 命令 P=ss(A,B,C,D)形成该系统模型。

由题意可知,测量输出数 nmeas=1,控制输入数 ncon=1;运用 Matlab 命令[K,CL,GAM]=hinfsyn(P,nmeas,ncon)可求得控制器 K,闭环系统 CL,最优 H_∞ 范数 γ =GAM,本例中算得 GAM= 3.67×10^{-4} 。

注意:该命令得到的控制器 K 和闭环系统 CL 都用状态空间表达,K 的状态数与 P 的状态数相同,CL 是 P 与 K 的闭环连接系统(也可用 Matlab 命令得:CL=lft(P,K)),CL 的状态是 P 和 K 的状态累加,即 CL 状态的前一半是 P 的状态,CL 状态的后一半是 K 的状态。P 的输出是 K 的输入,K 的输出(K 以状态空间表达的 $\boldsymbol{C}$ 阵与其状态之积)是 P 的输入。本例的主要程序如下:

```
%例9.1程序
A1=[0 0 1 0;0 0 0 1;-2 1 0 0;1 -2 0 0];B1=[0 0 1 0]';C1=[1 0 0 0];D1=0;
sys1=ss(A1,B1,C1,D1);%生成原系统模型
x10=[0.1;0.2;0;0]; t=0:0.01:40;f=sin(2*t);
[y1,t]=lsim(sys1,f,t,x10);%原系统无控制下响应
A=A1;B=[0 0;0 0 ;1 0;0 1];C=[1 0 0 0;0 1 0 0];D=[0 1;1 0];
P=ss(A,B,C,D);%生成广义系统
nmeas=1;ncon=1;[K,CL,GAM]=hinfsyn(P,nmeas,ncon);%求解控制器
x20=[0.1;0.2;0;0;0.;0.;0;0];%闭环系统初始条件(状态数是原系统2倍)
[y2,t]=lsim(CL,f,t,x20);%闭环系统响应
plot(t,y1,t,y2)
```

控制效果如图9-2所示。

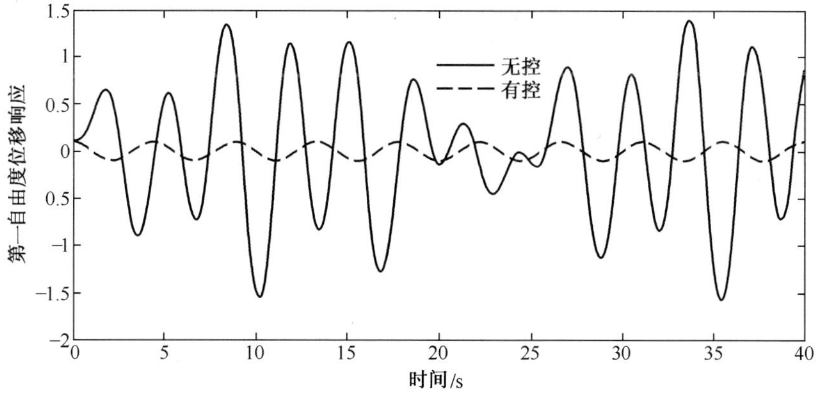

图9-2 两自由度系统正弦激励下 H_∞ 控制

9.4 H_∞ 混合灵敏度控制方法

图 9-3 给出了一种 H_∞ 混合灵敏度控制方法的框图。由该图可以得到

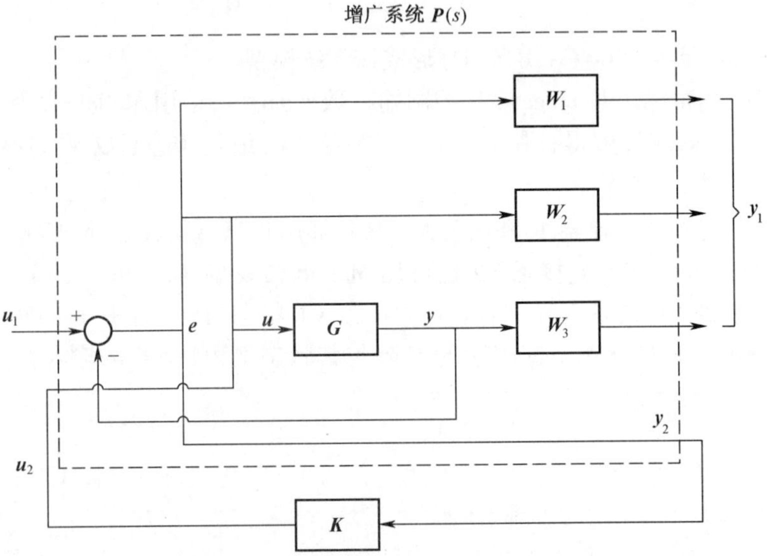

图 9-3 H_∞ 混合灵敏度控制方法框图

$$\boldsymbol{e} = (\boldsymbol{I} + \boldsymbol{GK})^{-1}\boldsymbol{u}_1 = \boldsymbol{S}\boldsymbol{u}_1 \tag{9-22}$$

$$\boldsymbol{u}_2 = (\boldsymbol{I} + \boldsymbol{GK})^{-1}\boldsymbol{K}\boldsymbol{u}_1 = \boldsymbol{R}\boldsymbol{u}_1 \tag{9-23}$$

$$\boldsymbol{y} = (\boldsymbol{I} + \boldsymbol{GK})^{-1}\boldsymbol{GK}\boldsymbol{u}_1 = \boldsymbol{T}\boldsymbol{u}_1 \tag{9-24}$$

$$\boldsymbol{y}_1 = \begin{bmatrix} \boldsymbol{W}_1\boldsymbol{S} \\ \boldsymbol{W}_2\boldsymbol{KS} \\ \boldsymbol{W}_3\boldsymbol{T} \end{bmatrix} \boldsymbol{u}_1 \tag{9-25}$$

式中：$\boldsymbol{S}$ 和 $\boldsymbol{T}$ 分别为灵敏度和补灵敏度矩阵；$\boldsymbol{W}_1$、$\boldsymbol{W}_2$、$\boldsymbol{W}_3$ 为加权函数矩阵，并且

$$\boldsymbol{S} = (\boldsymbol{I} + \boldsymbol{GK})^{-1} \tag{9-26}$$

$$\boldsymbol{R} = (\boldsymbol{I} + \boldsymbol{GK})^{-1}\boldsymbol{K} \tag{9-27}$$

$$\boldsymbol{T} = (\boldsymbol{I} + \boldsymbol{GK})^{-1}\boldsymbol{GK} \tag{9-28}$$

对跟踪问题 $\boldsymbol{u}_1$ 为参考输入，此时要求 $\boldsymbol{y}$ 尽可能与 $\boldsymbol{u}_1$ 一致，即要求在控制带宽内 $\boldsymbol{T}$ 接近于 $\boldsymbol{I}$，在带宽外 T 要尽快衰减以减少噪声影响；对抗扰动问题 $\boldsymbol{u}_1$ 为扰动输入，此时要求在控制带宽内，$\boldsymbol{S}$ 尽可能小；$\boldsymbol{u}_2$ 为控制输入，为减少控制所需能量，要求 $\boldsymbol{KS}$ 总是尽可能小。注意，以上推导中用到以下公式，即

$$\boldsymbol{G}_1(\boldsymbol{I} - \boldsymbol{G}_2\boldsymbol{G}_1)^{-1} = (\boldsymbol{I} - \boldsymbol{G}_1\boldsymbol{G}_2)^{-1}\boldsymbol{G}_1 \tag{9-29}$$

在 Matlab 中利用命令[K, CL, GAM, INFO] = mixsyn(G, W1, W2, W3)，可以得到控制器 $\boldsymbol{K}$ 且可使以下混合加权闭环传递函数的 H_∞ 范数最小。

$$T_{y_1u_1} \triangleq \begin{bmatrix} W_1S \\ W_2R \\ W_3T \end{bmatrix} \tag{9-30}$$

式中：S 表征参考与输出之间的传递特性，与抗扰动性能有关；R 表征参考与控制输入之间的传递特性，与控制能量有关；T 表征参考与输出之间的传递特性，与跟踪和抗噪性能有关。它们满足以下不等式，即

$$\bar{\sigma}(S(\mathrm{j}\omega)) \leqslant \gamma\, \underline{\sigma}(W_1^{-1}(\mathrm{j}\omega)) \tag{9-31}$$

$$\bar{\sigma}(R(\mathrm{j}\omega)) \leqslant \gamma\, \underline{\sigma}(W_2^{-1}(\mathrm{j}\omega)) \tag{9-32}$$

$$\bar{\sigma}(T(\mathrm{j}\omega)) \leqslant \gamma\, \underline{\sigma}(W_3^{-1}(\mathrm{j}\omega)) \tag{9-33}$$

可见，W_1 和 W_3 分别用于对 S 和 T 进行整形，W_2 用于对 R 整形。一般地，在控制带宽内，W_1 要大，即 S 小，以使系统具有较好的抗扰动能力；在控制带宽之外，W_3 要大，即 T 小，以使系统具有较好的鲁棒性能和抗噪声性能。W_1 可取为对角阵，即 $W_1 = \mathrm{diag}(w_i)$，且

$$w_i = \frac{s/M_i + \omega_{\mathrm{B}i}}{s + A_i\omega_{\mathrm{B}i}} \tag{9-34}$$

式中：常取 M_i 在 2 左右，$A_i \ll 1$，$\omega_{\mathrm{B}i}$ 为控制带宽，可根据不同通道进行选择。

在低频段，式(9-34)值的倒数近似为 A_i；在高频段，式(9-34)值的倒数近似为 M_i。w_i 还可取为以下高阶形式，即

$$w_i = \frac{(s/M_i^{\frac{1}{n}} + \omega_{\mathrm{B}i})^n}{(s + A_i^{\frac{1}{n}}\omega_{\mathrm{B}i})^n} \tag{9-35}$$

式中：$n > 1$。

另外，可取 $W_2 = I$。注意，加权矩阵的引入是算法所需，系统的实际响应仍然为 y，即式(9-24)。为简化起见，加权函数矩阵也可取为标量。

例 9.2　若有阻尼系统质量矩阵为 $\begin{bmatrix} 1 & 0 \\ 0 & 1 \end{bmatrix}$，刚度矩阵为 $\begin{bmatrix} 2 & -1 \\ -1 & 2 \end{bmatrix}$，阻尼阵为 $\begin{bmatrix} 0.02 & -0.01 \\ -0.01 & 0.02 \end{bmatrix}$，初始条件为 0。现在第一自由度处施加外激励 $d(t) = \sin 2t$，试研究用 H_∞ 混合灵敏度方法进行减振控制的效果。

解：本例中，可画出控制系统的框图如图 9-4 所示。

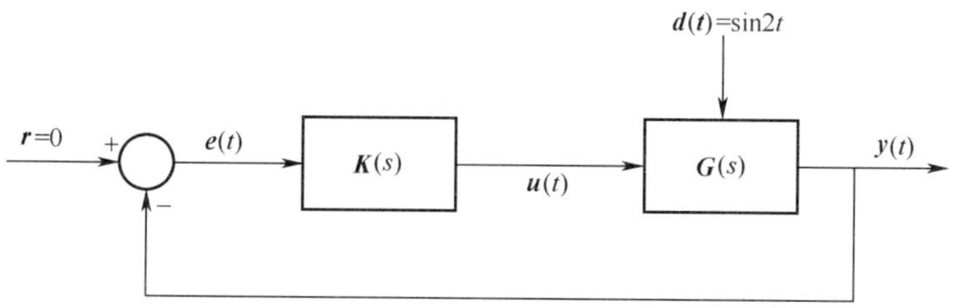

图 9-4　受扰动力作用的控制系统框图

由该框图可得闭环系统的响应为

$$y = (I + GK)^{-1}Gd = SGd \tag{a}$$

系统的控制力为

$$u = -Ky = -KSGd \tag{b}$$

注意,由于本例是二自由度系统,因此求得的控制力对应于两个自由度,即分别为施加于第一和第二自由度的控制力。

对式(9-35),选择 $M_i = 2, n = 3, \omega_{Bi} = 12$。编制如下程序,得到控制结果如图9-5所示。图9-6是控制力与扰动力对比,图中可见,施加在第一自由度的扰动力和控制力基本上是同幅反向的,而求出的施加在第二自由度的控制力很小,为 10^{-6} 量级,可以忽略。因此该控制结果与常理是完全相符的。本例的主要程序如下:

```
% 例9.2程序
s=tf('s');
M=[1 0;0 1];K=[2 -1;-1 2];C=0.01*K;
G=inv(K+s*C+s^2*M);% 得到传递函数矩阵
w0=12;w1=(s/2^(1/3)+w0)^3/(s+0.0001^(1/3)*w0)^3;% 设置控制带宽和w1
[Khinf,CL,GAM,INFO] = mixsyn(G,w1,0.1,[]);% w2取0.1,w3为空
S=inv(eye(2)+G*Khinf);% 求灵敏度矩阵
sysd=S*G;% 求闭环扰动响应传递矩阵
sysu=-Khinf*S*G;% 求控制力传递矩阵
t=0:0.1:20;len=length(t);
Fd=zeros(len,2);Fd(:,1)=sin(2*t);% 形成扰动力
[Fu,T]=lsim(sysu,Fd,t);% 计算控制力
f(:,1)=Fd(:,1)+Fu(:,1);% 第一自由度上作用有扰动力和控制力(第一自由度)之和
f(:,2)=Fu(:,2);% 第二自由度上作用有控制力(第二自由度)
[Y1,T]=lsim(G,Fd,t);% 求在扰动力作用下的系统响应
[Y2,T]=lsim(sysd,Fd,t);% 扰动力作用下闭环响应
[Y3,T]=lsim(G,f,t);% 扰动力与控制力联合作用在开环系统上的响应,Y3与Y2应相同
figure(1); plot(T,Y1(:,1),'-r',T,Y2(:,1),T,Y3(:,1),'*')
figure(2); plot(T,Fu(:,1),T,Fd(:,1),'-r')
```

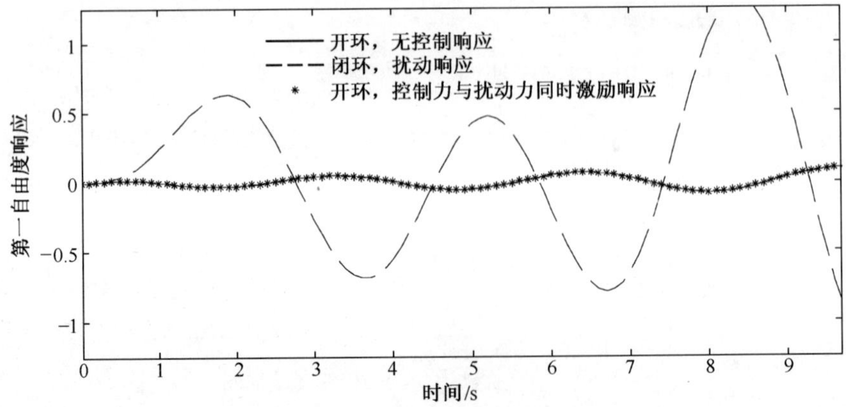

图9-5 响应控制结果

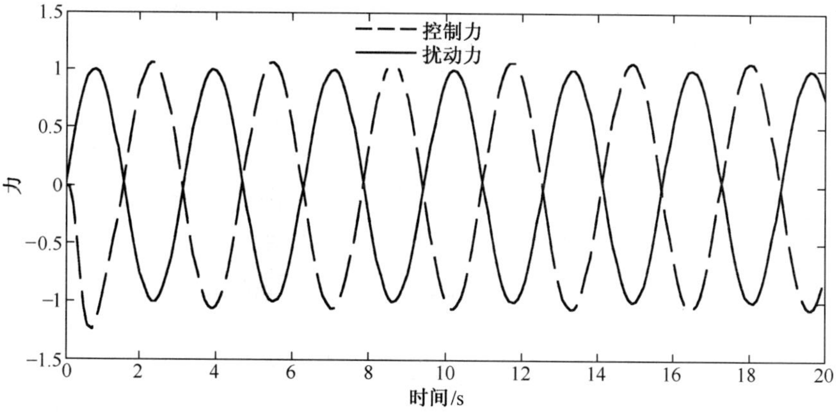

图9-6 控制力与扰动力对比

第 10 章 系统识别与模型降阶

10.1 基本概念

振动系统识别是指由系统实测的输入和输出数据进行系统动力学模型建立的过程。系统动力学特性可用频响函数(传递函数)模型、多项式(ARX)模型、状态空间模型等表示。在振动控制中常常需要使用系统的状态空间模型。因此,本章仅研究由实测数据得到系统状态空间模型的方法,这一过程又称为系统实现。系统实现的基本步骤是由实测时域数据估计传递函数,再由传递函数实现状态空间模型,即得到状态空间模型的 **A**、**B**、**C** 矩阵。

10.2 由实测时域数据估计频响函数

设由系统实测的某通道激励和某通道的响应时域数据序列分别为 x 和 y,两者的长度相同,则其频响函数可表示为

$$T_{yx} = \frac{S_{xy}}{S_{xx}} \tag{10-1}$$

式中:S_{xy} 为 x 和 y 的互谱密度;S_{xx} 为 x 的自谱密度,谱密度的估计可采用 Welch 方法。

在 Matlab 中可运用以下命令实现频响函数的估计,即

[Tyx, F] = tfestimate(x, y, window, noverlap, nfft, fs)

式中:Tyx 为频响函数值;F 为频率(Hz);window 为窗函数施加点数;noverlap 为重叠点数;nfft 为进行 FFT 计算的点数。

通过以上步骤可以获得离散的频响函数数据,在实际中常常需要进一步建立频响函数的有理分式模型,该模型可表示为

$$H(\mathrm{j}\omega) = \frac{b_1 (\mathrm{j}\omega)^n + b_2 (\mathrm{j}\omega)^{n-1} + \cdots + b_{n+1}}{a_1 (\mathrm{j}\omega)^m + a_2 (\mathrm{j}\omega)^{m-1} + \cdots + a_{m+1}} \tag{10-2}$$

其中系数 $a_1,a_2,\cdots,a_{m+1}$ 和 $b_1,b_2,\cdots,b_{n+1}$ 可通过对获得的离散频响函数数据进行最小二乘拟合获得。该拟合过程可通过普通幂级多项式法、正交多项式法、向量拟合法等实现。

在 Matlab 中可采用以下命令求取有理分式表示的频响函数模型的分子和分母系数,即

$$[b,a]=\text{invfreqs}(h,w,n,m)$$

式中:b 为分子系数;a 为分母系数;h 为频响函数;w 为频率点;n 为分子阶数;m 为分母阶数。

例 10.1 若两自由度系统质量矩阵为 $\begin{bmatrix}1 & 0\\0 & 1\end{bmatrix}$,刚度矩阵为 $\begin{bmatrix}200 & -100\\-100 & 200\end{bmatrix}$,模态阻尼比设定为 $\zeta_1=\zeta_2=0.1$,初始条件为 0。现在第一自由度处施加随机激励力,获取第二自由度的位移响应,试以此模拟测试数据进行频响函数的识别。

解:易知本系统的无阻尼固有频率分别为:$\omega_1=10\text{rad/s}$,$\omega_2=17.3\text{rad/s}$。编制 Matlab 程序进行模拟计算,频响函数幅值的理论、离散估计、有理分式模型值对比结果如图 10-1 所示,相位对比如图 10-2 所示(注意:本例中受随机性、频率分辨率等因素影响,每次计算所得的估计结果会有一定差异)。

所得频响函数有理分式模型的分子和分母系数分别为:

b = -1.3148e-003 46.2020e-003 -3.5062e+000 95.8934e+000

a = 1.0000e+000 200.1778e-003 400.1567e+000 39.8310e+000 30.0223e+003

基本计算程序如下:

```
% 例10.1程序
M=[1 0;0 1];K=100*[2 -1;-1 2];Cd=[0.1 0;0 0.1];% 输入质量、刚度、模态阻尼矩阵
[V,S]=eig(K,M);% 求系统无阻尼特征值问题
V1=inv(V);C=V1'*Cd*V1;% 求出系统阻尼矩阵
s=tf('s');
G=inv(M*s^2+C*s+K);% 求频响函数的理论解
X1=0;X2=50;N=1024;
omega = linspace(X1,X2,N);% 在频率 0~50rad/s 之间线性形成 1024 个点
FRF = frd(G,omega);% 生成频响函数数据对象
% bode(FRF(2,1))% 画出第一自由度输入第二自由度输出 Bode 图
% hold
A1=[zeros(2) eye(2);-inv(M)*K  -inv(M)*C];B1=[0 0 1 0]';C1=[0 1 0 0];D1=0;
sys1=ss(A1,B1,C1,D1);% 生成系统的状态空间模型
nfft=2048;% 设定进行 FFT 的点数
fs=2*X2/2/pi;dt=1/fs;% 设定采样率和采样时间间隔
len=20480;t=0:dt:(len-1)*dt;% 生成时间点
x=rand(len,1);x=x/std(x);x=x-mean(x);% 生成 0 均值,标准差 1,均匀分布随机数
[y,t]=lsim(sys1,x,t);% 求解系统响应
[Tyx,F] = tfestimate(x,y,[],[],nfft,fs);% 估计频响函数
F=F*2*pi;% 将频率由 Hz 转为 rad/s
FRF2=frd(Tyx,F)% 形成频响函数数据对象
% bode(FRF2,'*')% 绘制 Bode 图
[b,a]=invfreqs(Tyx,F,3,4)% 分子阶数 n=3,分母阶数 m=4
```

```
G2=tf(b,a);% 形成传递函数模型
% FRF3=frd(G2,omega);% 生成频响函数数据对象
% figure
% bode(FRF(2,1),FRF3,'*')% 绘图对比
% 以下为自主绘图(易于调整),不采用 Bode 绘图。
[resp1,freq1]=frdata(FRF(2,1));% 将频响函数数据从数据对象中取出
[resp3,freq3]=frdata(FRF3);
Fresp3=squeeze(resp3);% 将三维数组压缩为一维
Fresp1=squeeze(resp1);
ang1=(unwrap(angle(Fresp1)))/pi*180;% 得到非缠绕相位角
ang2=unwrap(angle(Tyx))/pi*180;
ang3=(unwrap(angle(Fresp3)))/pi*180;
ab1=abs(Fresp1);% 计算幅值
ab2=abs(Tyx);
ab3=abs(Fresp3);
semilogx(freq1,ab1,F,ab2,freq3,ab3)
figure
semilogx(freq1,ang1,F,ang2,freq3,ang3)
```

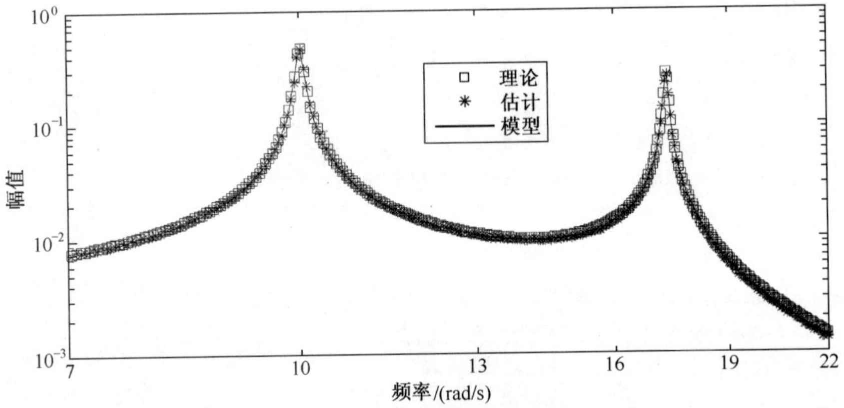

图 10-1　频响函数幅值对比

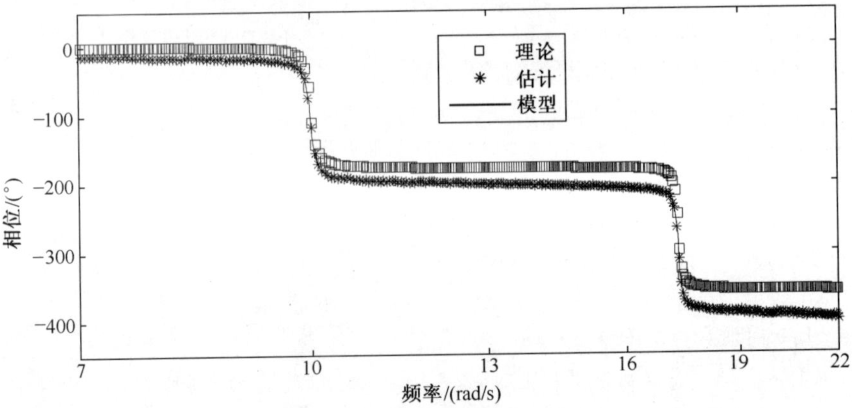

图 10-2　频响函数相位对比

10.3 状态空间模型的实现

实际振动系统传递函数的有理分式模型中，分子多项式的阶数不会超过分母多项式，因此传递函数可一般表示为

$$\frac{Y(s)}{U(s)}=\frac{b_0s^m+b_1s^{m-1}+\cdots+b_{m-1}s+b_m}{s^m+a_1s^{m-1}+\cdots+a_{m-1}s+a_m} \tag{10-3}$$

式中：Y 为输出；U 为输入；m 为分母多项式最高阶项的幂次。

为简化起见，第一项的系数被归一化。式(10-3)可改写为

$$\frac{Y(s)}{U(s)}=b_0+\frac{(b_1-a_1b_0)s^{m-1}+\cdots+(b_{m-1}-a_{m-1}b_0)s+(b_m-a_mb_0)}{s^m+a_1s^{m-1}+\cdots+a_{m-1}s+a_m} \tag{10-4}$$

则有

$$Y(s)=b_0U(s)+\hat{Y}(s) \tag{10-5}$$

式中

$$\hat{Y}(s)=\frac{(b_1-a_1b_0)s^{m-1}+\cdots+(b_{m-1}-a_{m-1}b_0)s+(b_m-a_mb_0)}{s^m+a_1s^{m-1}+\cdots+a_{m-1}s+a_m}U(s) \tag{10-6}$$

式(10-6)可进一步改写为

$$\begin{aligned}&\frac{\hat{Y}(s)}{(b_1-a_1b_0)s^{m-1}+\cdots+(b_{m-1}-a_{m-1}b_0)s+(b_m-a_mb_0)}\\&=\frac{U(s)}{s^m+a_1s^{m-1}+\cdots+a_{m-1}s+a_m}=R(s)\end{aligned} \tag{10-7}$$

则有

$$\hat{Y}(s)=[(b_1-a_1b_0)s^{m-1}+\cdots+(b_{m-1}-a_{m-1}b_0)s+(b_m-a_mb_0)]R(s) \tag{10-8}$$

$$s^mR(s)=(-a_1s^{m-1}-\cdots-a_{m-1}s-a_m)R(s)+U(s) \tag{10-9}$$

令

$$X_i(s)=s^{i-1}R(s)\quad i=1,2,\cdots,n \tag{10-10}$$

则有

$$X_i=sX_{i-1} \tag{10-11}$$

即

$$\dot{x}_{i-1}(t)=x_i(t) \tag{10-12}$$

由式(10-9)还可得

$$\dot{x}_m=-a_1x_m-a_2x_{m-1}-\cdots-a_{m-1}x_2-a_mx_1+u \tag{10-13}$$

将上两式联合写成矩阵形式可得

$$\dot{\boldsymbol{x}}=\boldsymbol{A}\boldsymbol{x}+\boldsymbol{B}u \tag{10-14}$$

式中

$$A=\begin{bmatrix}0 & 1 & 0 & \cdots & 0\\ 0 & 0 & 1 & \cdots & 0\\ \vdots & \vdots & \vdots & \vdots & \vdots\\ 0 & 0 & 0 & \cdots & 1\\ -a_m & -a_{m-1} & -a_{m-2} & \cdots & -a_1\end{bmatrix},\quad B=\begin{bmatrix}0\\0\\ \vdots\\0\\1\end{bmatrix} \tag{10-15}$$

再由式(10－5)和式(10－6)可得

$$y = Cx + Du \tag{10-16}$$

式中

$$C=[(b_m-a_mb_0)\quad (b_{m-1}-a_{m-1}b_0)\quad \cdots \quad (b_2-a_2b_0)\quad (b_1-a_1b_0)],\quad D=[b_0] \tag{10-17}$$

以上由传递函数得到的状态空间模型称为**可控标准型**。相应地，系统的**可观标准型**状态空间矩阵为

$$A=\begin{bmatrix}0 & 0 & \cdots & 0 & -a_m\\ 1 & 0 & \cdots & 0 & -a_{m-1}\\ \vdots & \vdots & \vdots & \vdots & \vdots\\ 0 & 0 & \cdots & 1 & -a_1\end{bmatrix},\quad B=\begin{bmatrix}b_m-a_mb_0\\ b_{m-1}-a_{m-1}b_0\\ \vdots\\ b_1-a_1b_0\end{bmatrix} \tag{10-18}$$
$$C=[0\quad 0\quad \cdots\quad 0\quad 1],\quad D=[b_0]$$

由频响函数实现状态空间模型的结果是不唯一的。例如，若 P 为正定矩阵，令

$$x = P\hat{x} \tag{10-19}$$

将其代入式(10－14)可得

$$P\dot{\hat{x}} = AP\hat{x} + Bu \tag{10-20}$$

式(10－20)两边左乘 P^{-1}，得

$$\dot{\hat{x}} = \hat{A}\hat{x} + \hat{B}u \tag{10-21}$$

式中

$$\hat{A} = P^{-1}AP,\quad \hat{B} = P^{-1}B \tag{10-22}$$

由式(10－21)可见，经过相似变换后，系统的 A、B 矩阵以及状态向量均会发生改变，但控制输入不会变化，且系统的特征值也不变。由于这种相似变换有无穷多个，因此系统的状态空间表达也有无穷多个。特别地，当 A 的特征值互异时，若 P 为 A 的特征向量矩阵，则有

$$AP = P\Lambda \tag{10-23}$$

式中：$\Lambda = \mathrm{diag}(\lambda_1,\lambda_2,\cdots,\lambda_m)$ 为 A 的特征值矩阵。此时有

$$\hat{A} = \Lambda \tag{10-24}$$

在 Matlab 中，可以通过命令[A,B,C,D] = tf2ss(num,den)求取 A、B、C、D，其中 num 是传递函数的分子多项式，其行数等于系统输出数，den 是分母多项式，注意该命令仅适合于单输入情形，因此可用于单个传递函数或传递函数矩阵一列的计算。

例 10.2 求例 10.1 所得的传递函数模型的 A、B、C、D。

解：对例 10.1 所得的传递函数结果使用命令[A,B,C,D] = tf2ss(num,den)后可得

```
A =
-201.0356e-003  -399.9649e+000  -39.9748e+000  -29.9959e+003
    1.0000e+000     0.0000e+000    0.0000e+000    0.0000e+000
    0.0000e+000     1.0000e+000    0.0000e+000    0.0000e+000
    0.0000e+000     0.0000e+000    1.0000e+000    0.0000e+000
B =
    1.0000e+000
    0.0000e+000
    0.0000e+000
    0.0000e+000
C =
   -1.1743e-003    45.5431e-003    -3.3713e+000    95.5911e+000
D =
    0.0000e+000
```

例 10.3　对例 10.1 用理论公式计算所得传递函数矩阵的第一列进行系统实现。

解:用理论公式计算所得传递函数矩阵为

$$\boldsymbol{G}(s)=\begin{bmatrix}\dfrac{s^2+0.1s+200}{s^4+0.2s^3+400s^2+40s+30000} & \dfrac{100}{s^4+0.2s^3+400s^2+40s+30000}\\ \dfrac{100}{s^4+0.2s^3+400s^2+40s+30000} & \dfrac{s^2+0.1s+200}{s^4+0.2s^3+400s^2+40s+30000}\end{bmatrix}$$

在例 10.2 中的 Matlab 命令后再添加以下语句:

```
b=[1 0.1 200; 0 0 100];
a=[1 0.2 400 40 3e4];
[A,B,C,D] =tf2ss(b,a)
```

得到计算结果为

```
A =
  -200.0000e-003  -400.0000e+000  -40.0000e+000  -30.0000e+003
    1.0000e+000     0.0000e+000    0.0000e+000    0.0000e+000
    0.0000e+000     1.0000e+000    0.0000e+000    0.0000e+000
    0.0000e+000     0.0000e+000    1.0000e+000    0.0000e+000
B =
    1.0000e+000
    0.0000e+000
    0.0000e+000
    0.0000e+000
C =
    0.0000e+000     1.0000e+000  100.0000e-003  200.0000e+000
    0.0000e+000     0.0000e+000    0.0000e+000  100.0000e+000
D =
    0.0000e+000
    0.0000e+000
```

10.4 平衡实现

如果状态空间系统 $(\boldsymbol{A},\boldsymbol{B},\boldsymbol{C})$ 的可控性与可观性格莱姆矩阵为同一个对角矩阵,则称该系统是平衡实现的。由定义得

$$\boldsymbol{W}_{\mathrm{c}} = \boldsymbol{W}_{\mathrm{o}} = \boldsymbol{\Gamma} = \mathrm{diag}(\gamma_i) \quad i = 1,2,\cdots,n \tag{10-25}$$

式中:γ_i 为系统的第 i 阶 Hankel 奇异值,其定义为

$$\gamma_i = \sqrt{\lambda_i(\boldsymbol{W}_{\mathrm{c}}\boldsymbol{W}_{\mathrm{o}})} \tag{10-26}$$

非平衡实现的系统 $(\boldsymbol{A},\boldsymbol{B},\boldsymbol{C})$ 通过以下相似变换化为平衡实现系统 $(\boldsymbol{A}_{\mathrm{b}},\boldsymbol{B}_{\mathrm{b}},\boldsymbol{C}_{\mathrm{b}})$,即

$$\begin{aligned} \boldsymbol{x}_{\mathrm{b}} &= \boldsymbol{P}\boldsymbol{x} \\ \boldsymbol{A}_{\mathrm{b}} &= \boldsymbol{P}^{-1}\boldsymbol{A}\boldsymbol{P} \\ \boldsymbol{B}_{\mathrm{b}} &= \boldsymbol{P}^{-1}\boldsymbol{B} \\ \boldsymbol{C}_{\mathrm{b}} &= \boldsymbol{C}\boldsymbol{P} \end{aligned} \tag{10-27}$$

其中 $\boldsymbol{P}$ 矩阵采用以下方法求取,令

$$\begin{aligned} &\boldsymbol{W}_{\mathrm{c}} = \boldsymbol{R}\boldsymbol{R}^{\mathrm{T}} \\ &\boldsymbol{W}_{\mathrm{o}} = \boldsymbol{S}^{\mathrm{T}}\boldsymbol{S} \\ &\boldsymbol{H} = \boldsymbol{S}\boldsymbol{R} = \boldsymbol{V}\boldsymbol{\Gamma}\boldsymbol{U}^{\mathrm{T}}, \quad \boldsymbol{V}^{\mathrm{T}}\boldsymbol{V} = \boldsymbol{I}, \quad \boldsymbol{U}^{\mathrm{T}}\boldsymbol{U} = \boldsymbol{I} \end{aligned} \tag{10-28}$$

则

$$\boldsymbol{P} = \boldsymbol{R}\boldsymbol{U}\boldsymbol{\Gamma}^{-\frac{1}{2}} \tag{10-29}$$

证明如下:

因为状态空间系统 $(\boldsymbol{A},\boldsymbol{B},\boldsymbol{C})$ 的可控性格莱姆矩阵 $\boldsymbol{W}_{\mathrm{c}}$ 满足的 Lyapunov 方程为

$$\boldsymbol{A}\boldsymbol{W}_{\mathrm{c}} + \boldsymbol{W}_{\mathrm{c}}\boldsymbol{A}^{\mathrm{T}} + \boldsymbol{B}\boldsymbol{B}^{\mathrm{T}} = 0 \tag{10-30}$$

应用式(10-27)可得

$$\boldsymbol{P}\boldsymbol{A}_{\mathrm{b}}\boldsymbol{P}^{-1}\boldsymbol{W}_{\mathrm{c}} + \boldsymbol{W}_{\mathrm{c}}\boldsymbol{P}^{-\mathrm{T}}\boldsymbol{A}_{\mathrm{b}}^{\mathrm{T}}\boldsymbol{P}^{\mathrm{T}} + \boldsymbol{P}\boldsymbol{B}_{\mathrm{b}}\boldsymbol{B}_{\mathrm{b}}^{\mathrm{T}}\boldsymbol{P}^{\mathrm{T}} = 0 \tag{10-31}$$

对式(10-31)两边分别左乘 $\boldsymbol{P}^{-1}$ 和 $\boldsymbol{P}^{-\mathrm{T}}$ 后可得

$$\boldsymbol{A}_{\mathrm{b}}\boldsymbol{P}^{-1}\boldsymbol{W}_{\mathrm{c}}\boldsymbol{P}^{-\mathrm{T}} + \boldsymbol{P}^{-1}\boldsymbol{W}_{\mathrm{c}}\boldsymbol{P}^{-\mathrm{T}}\boldsymbol{A}_{\mathrm{b}}^{\mathrm{T}} + \boldsymbol{B}_{\mathrm{b}}\boldsymbol{B}_{\mathrm{b}}^{\mathrm{T}} = 0 \tag{10-32}$$

可见,经过式(10-27)变换后,系统的可控制性格莱姆矩阵变为

$$\boldsymbol{W}_{\mathrm{cb}} = \boldsymbol{P}^{-1}\boldsymbol{W}_{\mathrm{c}}\boldsymbol{P}^{-\mathrm{T}} \tag{10-33}$$

同样,系统的可观性格莱姆矩阵变为

$$\boldsymbol{W}_{\mathrm{ob}} = \boldsymbol{P}^{\mathrm{T}}\boldsymbol{W}_{\mathrm{o}}\boldsymbol{P} \tag{10-34}$$

将式(10-28)和式(10-29)代入式(10-33)可得

$$\boldsymbol{W}_{\mathrm{cb}} = \boldsymbol{\Gamma}^{\frac{1}{2}}\boldsymbol{U}^{-1}\boldsymbol{R}^{-1}\boldsymbol{R}\boldsymbol{R}^{\mathrm{T}}\boldsymbol{R}^{-\mathrm{T}}\boldsymbol{U}^{-\mathrm{T}}\boldsymbol{\Gamma}^{\frac{1}{2}} = \boldsymbol{\Gamma} \tag{10-35}$$

将式(10-28)和式(10-29)代入式(10-34)可得

$$\boldsymbol{W}_{\mathrm{ob}} = \boldsymbol{\Gamma}^{-\frac{1}{2}}\boldsymbol{U}^{\mathrm{T}}\boldsymbol{R}^{\mathrm{T}}\boldsymbol{S}^{\mathrm{T}}\boldsymbol{S}\boldsymbol{R}\boldsymbol{U}\boldsymbol{\Gamma}^{-\frac{1}{2}} = \boldsymbol{\Gamma}^{-\frac{1}{2}}\boldsymbol{U}^{\mathrm{T}}\boldsymbol{U}\boldsymbol{\Gamma}\boldsymbol{V}^{\mathrm{T}}\boldsymbol{V}\boldsymbol{\Gamma}\boldsymbol{U}^{\mathrm{T}}\boldsymbol{U}\boldsymbol{\Gamma}^{-\frac{1}{2}} = \boldsymbol{\Gamma}^{-\frac{1}{2}}\boldsymbol{\Gamma}^{2}\boldsymbol{\Gamma}^{-\frac{1}{2}} = \boldsymbol{\Gamma} \tag{10-36}$$

证毕。

在 Matlab 中可以采用[sysb,g] = balreal(sys)命令将系统转化为平衡实现形式，其中 sysb 为平衡实现系统，g 为 Hankel 奇异值。

例 10.4　将例 10.3 所得的状态空间系统转化为平衡实现。

解：在例 10.3 的 Matlab 程序中再添加以下语句：

```
sys=ss(A,B,C,D)
[sysb,g]=balreal(sys)
```

计算结果如下：

```
a =
          x1         x2         x3         x4
   x1  -0.03072        -10   -0.08806    0.04736
   x2        10   -0.06702   -0.03547     0.2591
   x3   0.08806   -0.03547   -0.02023      17.32
   x4   0.04736    -0.2591     -17.32   -0.07896
b =
           u1
   x1     0.123
   x2   -0.1809
   x3  -0.07548
   x4   -0.1488
c =
          x1       x2       x3       x4
   y1   0.123   0.1809  0.07548  -0.1488
d =
        u1
   y1   0
Continuous-time model.
g =
   246.2654e-003
   244.0413e-003
   140.8355e-003
   140.1870e-003
```

10.5 模型缩减

10.5.1 模态缩减法

工程结构的自由度一般较大，尤其是通过有限元法建立的模型。在振动控制中，模型过多的自由度数将给控制器的设计带来困难，因此常常需要对已有的模型自由度进行适当缩减。在结构振动分析中，模型的模态缩减法被广泛采用。从理论上讲，任一结构都有无限多阶模态，因此在采用模态叠加法计算系统响应时，实际上总是舍弃高阶模态的影响，仅考虑有限阶模态的贡献。这一思想也可以用于控制系统模型的缩减，为此首先从结构的物理振动方程出发。

具有 n 个自由度,受 m 个独立激励力作用的结构物理振动方程为

$$\boldsymbol{M}\ddot{\boldsymbol{u}} + C_s\dot{\boldsymbol{u}} + \boldsymbol{K}\boldsymbol{u} = (\boldsymbol{B}_0)_{n\times m}(\boldsymbol{f})_{m\times 1} \tag{10-37}$$

式中:$\boldsymbol{M}$、$\boldsymbol{C}_s$、$\boldsymbol{K}$、$\boldsymbol{u}$ 分别为结构的质量矩阵、阻尼矩阵、刚度矩阵和位移列向量,并假设结构为比例阻尼模型;$\boldsymbol{B}_0$ 为激励力施加矩阵;$\boldsymbol{f}$ 为激励力向量,即

$$\boldsymbol{f} = \begin{bmatrix} f_1(t) \\ f_2(t) \\ \vdots \\ f_m(t) \end{bmatrix} \tag{10-38}$$

$\boldsymbol{B}_0$ 的作用是将这 m 个激励力施加到结构对应的自由度上。例如,当仅有一个激励力,且该激励力作用在结构的第二个自由度,则 $\boldsymbol{B}_0 = [0 \quad 1 \quad 0 \quad \cdots \quad 0]^{\mathrm{T}}$ 。

因为假定结构为比例阻尼模型,因此其振动方程可被固有振型矩阵 $\boldsymbol{\Phi}$ 解耦。令

$$\boldsymbol{u} = \boldsymbol{\Phi}\boldsymbol{q} \tag{10-39}$$

代入式(10-37),并在其两边左乘 $\boldsymbol{\Phi}^{\mathrm{T}}$ 可得

$$\ddot{q}_i + 2\zeta_i\omega_i\dot{q}_i + \omega_i^2 q_i = \frac{\boldsymbol{\varphi}_i^{\mathrm{T}}\boldsymbol{B}_0}{m_i}\boldsymbol{f} \quad i = 1,2,\cdots,n \tag{10-40}$$

式中:$\boldsymbol{\varphi}_i$ 为第 i 阶固有振型;m_i、ζ_i、ω_i 分别为第 i 阶模态质量、模态阻尼比、固有频率。

式(10-40)对应的状态空间方程为

$$\dot{\boldsymbol{z}}_i = \boldsymbol{A}_i\boldsymbol{z}_i + \boldsymbol{B}_i\bar{\boldsymbol{f}}_i \tag{10-41}$$

式中

$$\boldsymbol{z}_i = \begin{bmatrix} q_i \\ \dot{q}_i \end{bmatrix} \tag{10-42}$$

$$\boldsymbol{A}_i = \begin{bmatrix} 0 & 1 \\ -\omega_i^2 & -2\zeta_i\omega_i \end{bmatrix} \tag{10-43}$$

$$\boldsymbol{B}_i = \begin{bmatrix} 0 \\ \dfrac{\boldsymbol{\varphi}_i^{\mathrm{T}}\boldsymbol{B}_0}{m_i} \end{bmatrix} \tag{10-44}$$

将式(10-41)的 n 个状态方程写到一起,可得

$$\dot{\boldsymbol{x}} = \boldsymbol{A}\boldsymbol{x} + \boldsymbol{B}\boldsymbol{f} \tag{10-45}$$

式中

$$\boldsymbol{x} = \begin{bmatrix} z_1 \\ z_2 \\ \vdots \\ z_n \end{bmatrix} = [q_1 \quad \dot{q}_1 \quad q_2 \quad \dot{q}_2 \quad \cdots \quad q_n \quad \dot{q}_n]^{\mathrm{T}} \tag{10-46}$$

$$\boldsymbol{A} = \begin{bmatrix} \boldsymbol{A}_1 & & & \\ & \boldsymbol{A}_2 & & \\ & & \ddots & \\ & & & \boldsymbol{A}_n \end{bmatrix} \tag{10-47}$$

$$\boldsymbol{B}=\begin{bmatrix}\boldsymbol{B}_1\\\boldsymbol{B}_2\\\vdots\\\boldsymbol{B}_n\end{bmatrix}=\begin{bmatrix}0 & \dfrac{\boldsymbol{\varphi}_1^{\mathrm{T}}\boldsymbol{B}_0}{m_1} & 0 & \dfrac{\boldsymbol{\varphi}_2^{\mathrm{T}}\boldsymbol{B}_0}{m_2} & \cdots & 0 & \dfrac{\boldsymbol{\varphi}_n^{\mathrm{T}}\boldsymbol{B}_0}{m_n}\end{bmatrix}^{\mathrm{T}} \tag{10-48}$$

令系统的物理输出为

$$\boldsymbol{y}=\begin{bmatrix}\overline{\boldsymbol{C}}_1\boldsymbol{u}\\\overline{\boldsymbol{C}}_2\dot{\boldsymbol{u}}\end{bmatrix}=\begin{bmatrix}\overline{\boldsymbol{C}}_1 & \\ & \overline{\boldsymbol{C}}_2\end{bmatrix}\begin{bmatrix}\boldsymbol{u}\\\dot{\boldsymbol{u}}\end{bmatrix}=\overline{\boldsymbol{C}}\begin{bmatrix}\boldsymbol{u}\\\dot{\boldsymbol{u}}\end{bmatrix} \tag{10-49}$$

式中：$\overline{\boldsymbol{C}}_1$ 和 $\overline{C}_2$ 分别为位移和速度输出矩阵。将式(10－39)代入式(10－49)可得

$$\boldsymbol{y}=\overline{\boldsymbol{C}}\begin{bmatrix}\boldsymbol{\Phi q}\\\boldsymbol{\Phi}\dot{\boldsymbol{q}}\end{bmatrix}=\overline{\boldsymbol{C}}\begin{bmatrix}\boldsymbol{\Phi} & 0\\0 & \boldsymbol{\Phi}\end{bmatrix}\begin{bmatrix}\boldsymbol{q}\\\dot{\boldsymbol{q}}\end{bmatrix}=\begin{bmatrix}\overline{\boldsymbol{C}}_1\boldsymbol{\Phi} & 0\\0 & \overline{\boldsymbol{C}}_2\boldsymbol{\Phi}\end{bmatrix}\begin{bmatrix}\boldsymbol{q}\\\dot{\boldsymbol{q}}\end{bmatrix} \tag{10-50}$$

令

$$\begin{bmatrix}\boldsymbol{q}\\\dot{\boldsymbol{q}}\end{bmatrix}=\boldsymbol{Tx}=\boldsymbol{T}\begin{bmatrix}q_1 & \dot{q}_1 & q_2 & \dot{q}_2 & \cdots & q_n & \dot{q}_n\end{bmatrix}^{\mathrm{T}} \tag{10-51}$$

则有

$$\boldsymbol{y}=\begin{bmatrix}\overline{\boldsymbol{C}}_1\boldsymbol{\Phi} & 0\\0 & \overline{\boldsymbol{C}}_2\boldsymbol{\Phi}\end{bmatrix}\boldsymbol{Tx}=\boldsymbol{Cx} \tag{10-52}$$

式中

$$\boldsymbol{C}=\begin{bmatrix}\overline{\boldsymbol{C}}_1\boldsymbol{\Phi} & 0\\0 & \overline{\boldsymbol{C}}_2\boldsymbol{\Phi}\end{bmatrix} \tag{10-53}$$

$$\begin{cases}\boldsymbol{T}(i,2i-1)=1 & i=1,2,\cdots,n\\\boldsymbol{T}(i,2(i-n))=1 & i=n+1,n+2,\cdots,2n\end{cases} \tag{10-54}$$

至此，得到在模态坐标下的状态方程为

$$\begin{cases}\dot{\boldsymbol{x}}=\boldsymbol{Ax}+\boldsymbol{Bf}\\\boldsymbol{y}=\boldsymbol{Cx}\end{cases} \tag{10-55}$$

式中 $\boldsymbol{A}$、$\boldsymbol{B}$、$\boldsymbol{C}$ 的表达式分别见式(10－47)、式(10－48)和式(10－53)。对状态方程采用模态缩减，即是将方程式(10－55)的高阶模态对应的方程删除。

10.5.2 平衡实现缩减法

由定义可知，Hankel 奇异值综合考虑了系统的可控性与可观性。另外，对于平衡实现而言，系统的可控和可观性格莱姆矩阵为同一对角阵，其对角元即是 Hankel 奇异值，因此根据系统 Hankel 奇异值的大小进行模型缩减对控制器的设计而言更有价值。下面用例题来加以说明。

例 10.5 图 10－3 所示梁长度 $L=1\mathrm{m}$，弹性模量 $E=71\times10^9\mathrm{GPa}$，质量密度 $\rho=2.77\times10^3\ \mathrm{kg/m^3}$，横截面宽度 $b=0.1\mathrm{m}$，横截面高度 $h=0.01\mathrm{m}$。取瑞利阻尼常数 $\alpha=0$，$\beta=3\times$

10^{-3}。在第四自由度作用有激励力 $f(t)=5\sin(20\pi t)$，求第四自由度输出响应。试对该系统进行模型缩减。

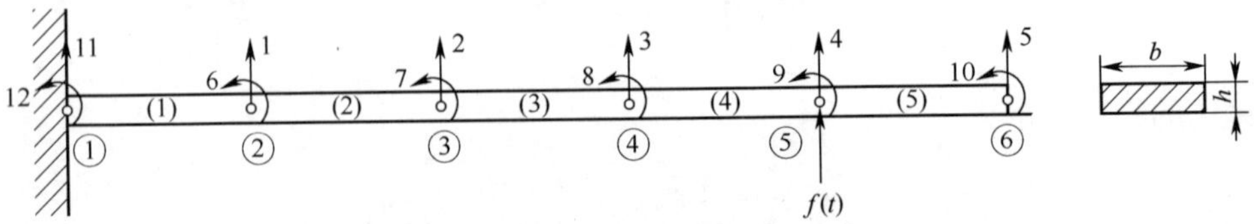

图 10-3　悬臂梁模型缩减

解：首先研究采用模态方法缩减该系统模型。该系统在物理空间共有 10 阶模态，对应的状态空间模型为 20 阶。假设缩减模型仅保留物理空间的前两阶模态，即缩减后的状态向量为4×1维。由于仅输出第四自由度位移，因此式(10-49)中的

$$\bar{\boldsymbol{C}}_1=[0\quad 0\quad 0\quad 1\quad 0\quad \cdots\quad 0]_{1\times 10},\quad \bar{\boldsymbol{C}}_2=0 \tag{a}$$

由于本例仅输出位移，因此式(10-51)中的 $\boldsymbol{T}$ 可仅取其上半部分，即

$$\boldsymbol{T}=\begin{bmatrix}1 & 0 & \cdots & & & & & 0\\ 0 & 0 & 1 & 0 & \cdots & & & 0\\ \vdots & \vdots & \vdots & \vdots & \vdots & \vdots & \vdots & \vdots\\ 0 & \cdots & & & & 0 & 1 & 0\end{bmatrix}_{10\times 20} \tag{b}$$

$$\boldsymbol{C}_1=\bar{\boldsymbol{C}}_1\boldsymbol{\Phi}\boldsymbol{T} \tag{c}$$

$$\boldsymbol{C}=\boldsymbol{C}_1(1:4) \tag{d}$$

因为降阶后仅有 4 个状态变量，所以 $\boldsymbol{C}$ 为 $\boldsymbol{C}_1$ 的前 4 个元素。又因为仅有一个力作用在第四自由度，所以

$$\boldsymbol{B}_0=[0\quad 0\quad 0\quad 1\quad 0\quad \cdots\quad 0]^{\mathrm{T}}_{1\times 10} \tag{e}$$

因而降阶后

$$\boldsymbol{B}=\begin{bmatrix}0\\ \dfrac{\boldsymbol{\varphi}_1^{\mathrm{T}}\boldsymbol{B}_0}{m_1}\\ 0\\ \dfrac{\boldsymbol{\varphi}_2^{\mathrm{T}}\boldsymbol{B}_0}{m_2}\end{bmatrix}_{4\times 1} \tag{f}$$

其次，根据 Hankel 奇异值进行降阶时，可用以下 Matlab 语句实现降阶过程：

```
sys=ss(A,B,C,D);生成原系统
[sysb,g]=balreal(sys);将原系统转为平衡实现
elim = (g<1e-6); % 设定降阶 Hankel 奇异值阈值
rsys = modred(sysb,elim,'Truncate');% 进行截断降阶
```

由模态降阶得到的 4 阶缩减系统为

$$\boldsymbol{A}_{\mathrm{m}}=\begin{bmatrix}0 & 1 & 0 & 0\\ -2641 & -7.922 & 0 & 0\\ 0 & 0 & 0 & 1\\ 0 & 0 & -1.038\mathrm{e}5 & -311.4\end{bmatrix}$$

$$\boldsymbol{B}_{\mathrm{m}}=\begin{bmatrix}0\\0.8718\\0\\0.08421\end{bmatrix}$$

$\boldsymbol{C}_{\mathrm{m}}=[0.8718\quad 0\quad 0.08421\quad 0]$

$\boldsymbol{D}_{\mathrm{m}}=0$

由平衡实现降阶得到的 2 阶缩减系统为

$$\boldsymbol{A}_{\mathrm{h}}=\begin{bmatrix}-3.661 & 51.23\\-51.23 & -4.261\end{bmatrix}$$

$$\boldsymbol{B}_{\mathrm{h}}=\begin{bmatrix}-0.08593\\-0.08593\end{bmatrix}$$

$$\boldsymbol{C}_{\mathrm{h}}=[-0.08593\quad 0.08582]$$

$$\boldsymbol{D}_{\mathrm{h}}=[0]$$

降阶后系统响应与原系统对比如图 10-4 所示，由该图可见，降阶后系统在第四自由度的响应与未降阶原系统的结果吻合很好。

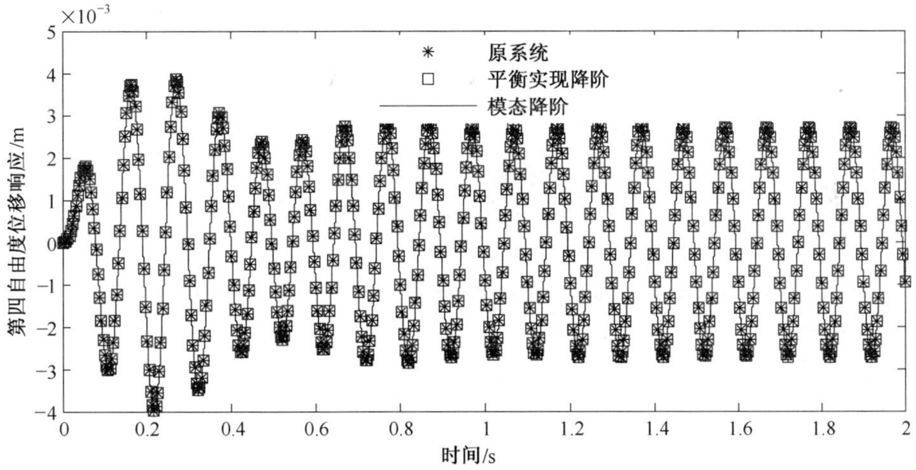

图 10-4　降阶后系统响应与原系统对比

参考文献

[1] 胡海岩.机械振动基础[M].北京:北京航空航天大学出版社,2005.

[2] 胡海岩.机械振动与冲击(修订版)[M].北京:航空工业出版社,2002.

[3] 倪振华.振动力学[M].西安:西安交通大学出版社,1989.

[4] 吴福光,蔡承武,徐兆.振动理论[M].北京:高等教育出版社,1987.

[5] 朱位秋.随机振动[M].北京:科学出版社,1992.

[6] 傅志方.振动模态分析与参数辨识[M].北京:机械工业出版社,1990.

[7] 张阿舟,张克荣,姚起杭,等.振动环境工程[M].北京:航空工业出版社,1986.

[8] 张阿舟,姚起杭,等.振动控制工程[M].北京:航空工业出版社,1989.

[9] 季文美,方同,陈松琪.机械振动[M].北京:航空工业出版社,1986.

[10] 郑兆昌.机械振动(上册)[M].北京:机械工业出版社,1980.

[11] 刘延柱,陈文良,陈立群.振动力学[M].北京:高等教育出版社,1998.

[12] 胡志强,法庆衍,洪宝林,等.随机振动试验应用技术[M].北京:中国计量出版社,1996.

[13] Thomson W T, Dahleh M D. Theory of Vibration with Applications, 5th Ed[M]. Englewood Cliffs: Prentice - Hall Inc., 1997.

[14] Meirovitch L. Elements of Vibration Analysis[M]. New York: McGraw - Hill, 1975.

[15] Meirovitch L. Fundamentals of Vibrations[M]. Singapore: McGraw - Hill, 2001.

[16] Timoshenko S, Young D H, Weaver W. Vibration Problems in Engineering, 4th Ed[M]. New York: John Wiley & Sons, 1974.

[17] Newland D E. An Introduction to Random Vibrations, Spectral & Wavelet Analysis, 3rd Ed[M]. New York: Dover Publications, 1993.

[18] Bendat J S, Piersol A G. Random Data: Analysis and Measurement Procedures, 4th Ed[M]. New York: John Wiley & Sons, 2010.

[19] Wijker J. Random Vibrations in Spacecraft Structures Design[M]. New York: Springer, 2009.

[20] Skogestad S, lan Postlethwaite I. Multivariable Feedback Control: Analysis and Design, 2nd Ed[M]. New York: John Wiley & Sons, 2005.

[21] Ogata K. Modern Control Engineering, 5th Ed[M]. New Jersey: Prentice - Hall, 2010.

[22] Gawronski W K. Advanced Structural Dynamics and Active Control of Structures[M]. New York: Springer, 2004.

[23] Zienkiewicz O C, Taylor R L. The Finite Element Method for Solid and Structural Mechanics, 6th Ed[M]. Oxford: Elsevier, 2005.

[24] Inman D J. Vibration with Control[M]. West Sussex: John Wiley & Sons, 2006.